犬から見た世界

その目で耳で鼻で感じていること

アレクサンドラ・ホロウィッツ｜著　竹内和世｜訳

INSIDE OF A DOG

WHAT DOGS SEE, SMELL, AND KNOW

ALEXANDRA HOROWITZ

白揚社

犬たちへ

目次

犬の外《ほか》では本が人間の最良の友である。
犬の中では暗くて読めない。

――グルーチョ・マルクスの言葉とされる

犬から見た世界

はじめに

最初に頭が見えてくる。向こうの丘のてっぺんによだれをたらした鼻づら《マズル》があらわれる。見えるのは頭とマズルだけだ。残りの部分はまだ見えてこない。一本の足が音を立てて視野に入ってくる。そのあと、第二、第三、そして第四の足がゆっくりと続き、六五キロの体を運んでくる。肩までの高さが一メートル、頭から尻尾まで一・五メートルもあるウルフハウンドだ。彼は長毛のチワワを見つける。背がふつうの犬の半分もないこのチワワは、飼い主の脚のあいだで草に隠れている。チワワは三キロ、どちらも震えている。ウルフハウンドは耳をピンと立て、ゆったりとひと跳びして、チワワの前に着地する。チワワはとりすましたように目をそらす。ウルフハウンドはチワワに向かって体を折り、チワワの脇腹を軽くかむ。チワワはハウンドに視線を戻す。ハウンドは空中に尻を上げ、尻尾を高く上げて、いまにも攻撃しそうな態勢だ。一見危険なこの相手から逃げるかわりに、チワワはハウンドと同じ姿勢をとり、それからハウンドの顔に向けて跳ねあがると、小さな前足でハウンドの鼻をかかえる。二匹は遊びはじめる。

五分間というもの、二匹の犬はもつれあい、相手にとびつき、噛み、たがいに突進する。ウルフハウンドが体を横倒しに投げ出し、それにこたえて小さな犬のほうはハウンドの顔や腹、そして足を攻撃する。ハウンドが前足でたたき、チワワはあわてて後ずさりして、おずおずと横によける。ハウンドが吠え、とびおきて、バサッという音とともにまた四つ足で立つ。チワワはその足の一本にとびかかってきつく噛む。いまの二匹は抱擁しあっている真っ最中だ。ハウンドの口がチワワを包みこみ、チワワのほうはハウンドの顔を後ろ足で蹴っている。そのとき飼い主がハウンドの首輪にリードをつけ、引っ張ってまっすぐに立たせ、そこから立ち去る。チワワは姿勢をたてなおし、彼らを目で追い、一回だけ吠え、それから自分の飼い主のところに小走りで戻っていく。

これらの犬たちのサイズの違いはまさに桁違いだ。まるっきり別の種のようである。そんな二匹のあいだでこれほど自然な遊びが見られるのが、わたしにはいつも不思議でならなかった。ウルフハウンドはチワワを噛み、くわえ、突撃する。それでもチワワのほうはおびえもせず、同じ遊びで応えるのだ。一緒に遊べるというこの能力は、どう解釈したらいいのだろう。なぜハウンドはチワワを獲物とみなさないのだろう？　なぜ、チワワはハウンドを捕食者として見ないのだろう？　別にチワワが犬の大きさを見誤っているせいでもなければ、ハウンドのほうに捕食衝動が欠如しているわけでもない。この手の本能が脳に配線《ハードワイヤ》されているわけでもない。

遊びがどう機能するか。そして遊んでいる犬たちが何を思い、何を知覚し、何を言っているか。これを知るには、二通りの方法がある。犬として生まれるか、あるいは多くの時間を使って、犬を注意深く観察するかである。前者はわたしには無理だ。そこでわたしは観察し、学ぶことにした。そうやって知った事柄を、これから読者とともに見ていきたい。

わたしは犬派の人間である。

わたしの家にはいつも犬がいた。わたしが夢中になった最初の犬は、家で飼っていたアスターである。目が青く、尻尾がたれていて、夜中に近所をほっつき歩く癖があった。いつもわたしは夜おそくまでパジャマを着たまま起きていて、彼が夜ふけに戻ってくるまで心配していたものだった。スプリンガー・スパニエルのハイディが死んだあと、わたしは長いこと悲しんだ。彼女は家の近くのハイウェイで車にひかれて死んだ。子どものころの思い出のなかで、彼女はいつも幸せそうに勢いよく走っており、舌が口のわきからたれ下がり、長い耳が後ろに吹き流されていた。大学生になったころには、家にはチャウチャウの雑種のベケットが引き取られていた。朝、わたしが学校に出かけるのを、彼女は悠然とした様子で見送ってくれた。そんな彼女を、いつもわたしは感嘆と愛情のいりまじった思いで見つめたものだった。

そしていま、わたしの足下には暖かい巻き毛のハアハアいう生きものが横たわっている。雑種犬のパンパーニッケル――パンプ――である〔パンパーニッケルとは黒いふすま入りのライ麦パンのこと〕。彼女が生まれてからの一六年間、わたしがおとなになってからの全歳月を、わたしたちは一緒に過ごしてきた。五つの州で過ごした日々、大学院での五年間、そして四つの仕事――その間ずっとわたしの朝は、この犬の尻尾の挨拶から始まった。わたしが目をさまして体を動かすと、彼女はすぐに気がつくのだ。犬派の人間ならだれでもわかるように、この犬がいない人生などわたしには想像

できない。

わたしは犬派の人間であり、犬を愛している。それと同時にわたしは科学者でもある。

わたしは動物行動学を研究している。科学者として、わたしは動物を擬人化するのには慎重だ。人間がみずからを表現するのに使う感情、考え、そして欲望を、そのまま動物たちに帰するわけにはいかない。動物行動学を研究するうえでの基本として、わたしは行動を表現するための基準《コード》を教えられ、それに忠実に従った。客観的であること、より単純なプロセスで説明できるときにあえて心的プロセスに頼らないこと、そしてだれもが観察したり確認できない現象は科学の対象とはならないこと、である。現在のわたしは、動物行動学、比較認知科学、心理学を教えており、数量化できる事実に基づいた権威的なテキストを使っている。それらの本は、動物の社会的行動についてのホルモンと遺伝子による説明から、条件反応、定型動作パターン〔特定の種に典型的に見られる型にはまった行動パターン〕、さらには最適採餌率まで、なにもかも同じ確固たる客観的トーンで記述している。

それでもやはり……とわたしは思ってしまう。

だいたいこれらのテキストは、わたしの学生たちが動物についてもっている疑問にほとんど答えていない。学会では、学者たちは必ずと言っていいほど、講演後の話を自分のペットとの経験に向けていく。そしてわたしはつねづね自分の犬について抱いてきた疑問を、いまだにもち続けている——そうした疑問が一挙に氷解することもない。動物たちと一緒に暮らし、その心を理解しようとしているわたしたちの経験に対して、科学のテキストはめったに取り組むことはないのだ。

大学院で、わたしは心、とくに人間以外の動物の心についての研究を始めた。だが最初の何年かは、犬を研究することなど一度も心に浮かばなかった。犬はあまりにもなじみがありすぎ、あまりにもわかりきった存在だった。犬から学ぶことは何もないというのが、研究者仲間の意見だった。犬は単純で、幸福な生きものであり、人間は彼らを訓練し、餌をやり、愛してやるだけでよい――犬について考えるべきことはそれだけだ。犬にはデータなどというものはない。それが科学者たちの伝統的な考えだった。わたしの博士論文の指導教官は、ヒヒという立派なテーマについて研究していた。ヒヒは動物認知科学の分野で好まれる霊長類である。人間に近い能力と認知が見いだされる見込みがもっとも高いのは霊長類の仲間だというのが、その根拠になっている。これは行動科学における主流の見解であったし、いまもそうである。そのうえ犬の心について理論をうちたてる仕事は、すでに犬の飼い主が引き受けてしまっているようなのである。彼らの理論は、根拠のない事例と、間違った擬人化から作り上げられている。こうして犬の心という概念が汚染されてしまっているのだ。

それでもやはり……とわたしは思ってしまう。

カリフォルニアでの大学院時代、わたしはパンパーニッケルと一緒に地元のドッグパークや海岸でよく遊んだものだった。当時のわたしは動物行動学者の卵で、二つのリサーチグループに加わって、高度に社会的な動物の観察を行っていた。ひとつはエスコンディドのワイルド・アニマル・パークにいるシロサイ、もうひとつは、同パークとサンディエゴ動物園にいるボノボ（ピグミー・チンパンジー）である。このときわたしが学んだのは、注意深い観察と、データ収集、そして統計的分析からなる科学だった。このように対象を見る方法は、やがてドッグパークでの楽しみの時間にも浸透しはじめた。犬の社会と人間の社会――この二つの世界のあいだをいともやすやすと行き来しているこれらの犬たちは、ふいにわたしにとってまったく未知の対象となった。このときからわたしは、犬の行動を単純でわかりきったものとして見るのをやめた。

パンパーニッケルと地元のブルテリアが遊んでいるのを見ても、かつてはただ微笑ましく思っていただけだったのが、いまのわたしがそこに見るのは相互の協同と、瞬時の情報交換《コミュニケーション》、そして相手の能力と欲求の査定が欠かせない複雑なダンスだった。ほんのちょっと頭をめぐらすのも、あるいは鼻の向きも、すべてが制御され、意味をもっているようだった。ドッグパークでわたしが見たのは、自分の犬が何をしているのかまったく理解していない飼い主と、彼らに連れられた犬たちだった。そんな飼い主の遊び仲間としては賢すぎる犬たちだ。人々は犬の要求を混乱と取り違え、喜びの行動を攻撃だと誤解していた。わたしはビデオカメラを持ち出し、ドッグパークに出かけるたびにビデオに収めた。家に戻ってから、わたしはビデオを巻き戻し、犬どうしで遊んでいるところ、そして人々が犬にボールやフリスビーを投げているところをあらためて見た。追いかけているところ、闘っているところ、愛撫しているところ、走っているところ、吠えているところ。完全に言語のない世界での社会的相互作用がいかに豊かなものとなりうるか。これに新しく気づいたいま、かつてはあたりまえに見えていた活動のすべては、まだ人の手の入らない情報の泉であるように思われた。ビデオを極度にスローにして再現することで、何年も犬と一緒に過ごしていながら一度も見たことのない行動が見えてきた。たんに二匹の犬が戯れているように見えたものは、同調《シンクロ》的行動、活発な役割交代、多様なコミュニケーション・ディスプレイ、相手の注意への柔軟な適応、そしてすばやく繰り出される多種多様な遊び行動からなる、目もくらむようなさまざまな行動の連続となった。

　犬たちがたがいにコミュニケーションし、まわりの人間たちとコミュニケーションしようとし、そしてまたほかの犬や人間たちの行動を解釈している光景のなかに、わたしは犬の心のスナップショットを見ていた。

それからというもの、パンパーニッケルにしろほかのどの犬にしろ、わたしは二度と同じようには見なくなった。だからといって、パンパーニッケルとの交流の喜びに水を差されることはけっしてなかった。それどころか科学の眼鏡をかけることによって、彼女の行動を新しい豊かな見方でとらえることができたのである。犬として生きるとはどういうことかを理解するための新しい見方だ。

この最初のビデオ観察からいまにいたるまで、わたしは遊んでいる犬について――ほかの犬や人間が相手だ――研究し続けている。そのときのわたしはまったく意識せずに、そのころ犬の研究に向けて科学のあり方に生まれつつあった大きな変化を体現していたのだった。変革はまだ完全ではないものの、すでに犬の研究の地平は二〇年前とは著しく違っている。かつては、犬の認知や行動についての研究はごくわずかにすぎなかった。いまでは状況は変わっている。アメリカでも世界でも、犬についての会議や、共同研究グループ、実験的および動物行動学的研究がふえており、こうしたリサーチの成果がさまざまな科学ジャーナルに散在している。研究者たちは、まさにわたしが気づいたとおりのことに気がついた――非ヒト動物の研究において、犬は完全に対象となりうる。何千年、たぶん何十万年ものあいだ、犬は人間とともに生きてきた。彼らは家畜化という人工的選択を通して、人間の認知を構成する要素に感受性をもつようになった。他者への注意は、その決定的なものである。

本書でわたしは、読者を犬の科学へと導くつもりである。実験室やフィールドにおいて、科学者たちは仕事犬や愛玩犬を研究し、犬の生物学――感覚能力と行動――について、さらに犬の心理学――認知――について、おびただしい情報を集めてきた。蓄積された数百にもおよぶ研究成果のおかげで、わたしたちは犬の絵を内側から描きはじめている。鼻の能力、耳が聞くもの、その目が人間に対してどう向けられるか、そのすべての背後にある脳のしくみ。本書ではこうした犬の認知活動を述べるにあたって、わたし自身の研究に基づくだけでなく、それ以上に最近の研究の成果を要約している。犬に関してまだ信頼に足る情報がないテーマでは、ほかの動物に関する研究成果から犬の生活の理解に役立つと思われる情報を紹介している。

リードを握る手をちょっと休めて、彼らを科学的に見てみよう。そうしたからといって、犬の魅力は変わらない。犬の能力と、彼らが世界を見る見方は、特別な関心を受ける価値がある。そしてその結果は、まさにすばらしいの一語につきるのだ。科学はわたしたちを犬から遠ざけはしない。それどころか、これによってわたしたちは犬の真の性質により近づき、驚異の念を抱くことができる。厳密に、ただし創造的に使うならば、科学のプロセスとその成果は、人々が自分の犬についてふだんからしている議論――彼らが何を知っているか、わかっているか、あるいは信じているか――に新しい光を投げかけてくれる。わたし自身、自分の犬の行動を系統的にまた科学的に見るという個人的な旅を通して、彼女をよりよく理解し、認識し、そしてより良い関係をもつようになった。

わたしは犬の内側（インサイド）に入り込み、犬が世界を見る見方をかいまみた。読者も同じことができるはずだ。いま足下にいるその大きな毛のかたまり――その中にあなたが見るものが、いま変わろうとしている。

前もってことわり——犬のこと、トレーニング、そして飼い主について

「犬というもの」（the dog）と言う

非ヒト動物の研究では、まんべんなく調べられ、観察され、訓練され、あるいは解剖された少数の個体が、種全体を代表するとされる。だが人間の場合、ひとりの人間の行動を見て、それがわたしたち全員の行動を代表するものだと考えることはけっしてない。もしある人間が一時間でルービック・キューブを完成できなくても、同じようにそこからすべての人ができないという結論は出ない（だれひとりその人に敵わなかったというのであれば別だが）。この場合、個としての感覚は、共有する生物学的感覚よりも強い。身体能力や認知能力を述べる場合、わたしたちは第一に個人であり、つぎに人類の一員となる。

動物となると、順序は逆になる。科学は動物を、まず第一に彼らの種の代表とみなし、第二に個体として見る。わたしたちは動物園に飼われている一頭か二頭の動物を見て、種の代表とみなすのに慣れている。動物園にとって、彼らは知らずして種の「大使」の役割さえ果たしているわけだ。このように種のメンバーを画一とみなす傾向は、動物の知能を比較するさいにはっきりあらわれる。脳が大きければそれだけ知能が高いという説は、昔から人気があり、この仮説をテストするため、チンパンジーとサル、そしてラットの脳の容量が人間の脳の容量と比較された。案の定、チンパンジーの脳は人間のそれより小さかったし、サルの脳もチンパンジーの脳より小さく、ラットの脳になると霊長類の小脳くらいの大きさしかなかった。ここまではかなりよく知られている話である。だが驚いたことに、比較のために使われた脳はわずか二、三頭のチンパンジーやサルの脳にすぎなかったのである。気の毒に科学の進歩の

ために脳を失うはめになったこれらの二、三頭の動物たちは、以来、サルとチンプの完璧な代表とみなされることになった。ひょっとして彼らがたまたま特大の脳をもっていたサルだったのか、あるいは異常に小さな脳をもったチンプだったのか、わたしたちにはまったくわからない[1]。

同じように、もし一頭、あるいは小集団の動物が心理学の実験でしくじった場合、種全体が失敗の烙印を捺される。生物学的類似性によって動物をグループ分けすることは、たしかに役に立つ便法ではあるけれども、そこには奇妙な結果がつきまとってくる。なんらかの種について話すとき、その種のメンバー全員が同じであるかのようにみなす傾向がそれである。人間については、このような過ちは起こらない。だがもし一匹の犬が、二〇個のビスケットの山と一〇個のビスケットの山のどちらかを選ぶテストで後者を選んだ場合、結論はしばしば、定冠詞で述べられる。「犬」(the dog) は、大小を区別することができない——「一匹の犬 (a dog)」が区別できないというのではなく。

それゆえ本書で犬 (the dog) について語るとき、そこで言っているのはこれまでに研究された犬たちのことである。多くのすぐれた実験のおかげで、最終的にはかなりの程度一般化されてすべての犬 (all dogs) になるかもしれない。だがそうなったとしても、個々の犬のあいだの違いは大きいだろう。あなたの犬は異常に匂いを嗅ぐのが得意かもしれない。あなたの目をけっして見ないかもしれない。自分のベッドにいるのが好きで、さわられるのを嫌がるかもしれない。犬のすべての行動がなんらかの意味をもつと考えるべきではないし、本質的なもの、あるいはすばらしいものとみなすべきでもない。人間同様、犬たちもまたただそうしているだけのことがときどきあるのだ。それはそれとして、わたしがここで紹介するのは、これまで知られてきた犬というもの (the dog) の能力である——あなたの犬の場合は違っているかもしれないが。

犬のトレーニング

この本は犬のトレーニング本ではない。ただし本書を読めば、知らず知らずのうちに自分の犬を訓練できるようになるかもしれない。じつは犬のほうではすでに、本の助けも借りず、人間を訓練するやり方を心得ているのだ。わたしたちが気がつかないだけなのである。そんな犬たちに追いつくためにも、この本は役に立つだろう。

犬のトレーニングに関する文献と、犬の認知と行動についての文献は、あまり重複するところはない。たしかに犬のトレーナーは心理学と動物行動学から基本的なところをつまみとって使っており、その結果はときには大きな効果をあげ、ときには惨憺たる失敗に終わる。ほとんどのトレーニングは連想学習の原理に基づいて行われる。人間を含めてすべての動物は、さまざまな出来事のあいだの連想を簡単に学習する。「オペラント」条件づけ——望ましい行動（すわる）が起こったあとで、報酬（おやつ、関心、オモチャ、愛撫）を与える——の基本にあるのは、この連想学習である。これをくりかえし適用することによって、さらに新たな望ましい行動を形成することができるわけだ——伏せることだろうと、転がることだろうと、あるいはもっと野心的にモーターボートの後ろで落ち着いてジェットスキーをやることだろうと。

だがしばしば、トレーニングの教則は犬についての科学的研究と衝突する。たとえば多くのトレーナーは、犬をどう見るか、またどう扱うかを教えるにあたり、便利なたとえとして犬を「おとなしいオオカミ」になぞらえる。だが何かにたとえるにしても、たとえる元のものについて知らなければ意味がない。のちに触れるが、科学者は自然界でのオオカミの行動についてわずかしか知らないし、現在知られている事柄も、オオカミ＝犬のたとえが根拠にしている従来の知識とは、しばしば矛盾しているのだ。

それに加えて、トレーニングの方法自体、科学的にテストされたものではない（テスト済みだと主張しているトレーナーもいるが）。科学的テストとは、訓練を受けた実験グループと、訓練を受けないだけであとは同じ生活を送っている対照グループの行動を比較して、プログラムの有効性を評価するものだが、そのようなテストを経た訓練プログラムは皆無である。トレーナーのもとに来る人々には、しばしば共通して二つの特徴が見られる。ひとつは、彼らの犬が「犬の平均」よりも「従順でない」ことであり、もうひとつはその飼い主が「飼い主の平均」よりも、それを変えたいという意欲が強いことだ。この二つの条件の組み合わせと、数ヶ月という訓練期間を考えれば、訓練のあとでその犬の行動がまったく変わるというのはきわめて考えられる――どんな訓練だったかには関係なく。

訓練が成功するのはわくわくする経験だが、だからといってその成功が訓練方法のせいだったという証明にはならない。もちろん訓練がすぐれていたためと言うこともあり得よう。だがひょっとしてそれは幸運な偶然だったかもしれないのだ。訓練期間中ずっと犬に対して大きな関心が払われていたせいかもしれない。訓練中に犬が成熟した結果かもしれない。通りの向こうの乱暴な犬が引っ越していったせいかもしれない。つまり訓練が成功したのは、犬の生活のなかで同時に起きたいくつものほかの変化の結果かもしれないのである。厳密な科学的テストなしでは、これらの可能性を見分けることはできない。

決定的なのは、訓練がふつう飼い主に合わせて行われることだ。飼い主が犬の役割をどう見ているか、犬に何をさせたいのかに応じて、その犬を変えるのである。その目標は、本書の目的とはまったく違う。わたしたちの目的は、犬が現に何をするのか、犬が飼い主に何を望み、飼い主の何を理解するのかを見ることなのだ。

犬と飼い主

近年ますます強くなる流れとして、ペットが所有する存在ではなく保護されるべきものとして、また伴侶《コンパニオン》としてみなされる傾向がある。時流にさとい作家たちは、「所有する／される」関係を逆にして、犬から見た「人間たち」について語る。本書では、わたしは犬の家族を飼い主《オーナー》と呼んでいる。理由はただ、その言葉が人間と犬の法的関係をあらわしているからだ。奇妙なことに、法的には彼らはいまだに財産である（繁殖価値以外はほとんど賠償価値のない財産だ。これについては読者のだれも個人的に経験しなくてすむように望みたい）。犬が人間の所有する財産でなくなる日が一刻も早く来てほしいとは思うけれども、それまではわたしは「飼い主」というこの言葉を、思惑とは無関係に、便宜的に、ほかの動機は一切なしに、使っていく。便宜的動機といえば、本書で使っている代名詞についても同じである。雌の犬について述べるとき以外は、わたしはたいてい犬を「彼」と呼ぶ。これがわたしたちにとって、伝統的に性的中立性をもつ単語だからだ。より中立と称せられる「それ（IT）」は、使うわけにはいかない。このことは犬を知っている人ならだれもが同意するだろう。

犬の環世界——犬の鼻から世界を見る

今朝、パンプがベッドにとびのり、激しくわたしの匂いを嗅いだので目がさめた。顔から数ミリのところで、ヒゲがわたしの唇をこすっている。わたしが起きているか、生きているか、それとも本当にわたしなのかを見ようとしているのだ。彼女はわたしの顔めがけてくしゃみを一発放ち、一連の騒ぎに「!」をつける。わたしは目を開ける。彼女がじっとわたしを見ている——笑いながら、はあはあ舌を出して挨拶しながら。

さあ、犬を見ることにしよう。そう、たぶんたったいまあなたのそばに寝そべっている犬を、犬のベッドのなかで足を折りたたんで丸くなっている犬を、あるいはまた、タイルの床の上で横向きに伸びて、草地を駆けまわる夢を見ながら足を動かしている犬を。そう、ようく見て——それからこの犬にしろほかのどの犬にしろ、犬についてあなたが知っていることは全部忘れることにしよう。

こんなことを言うのは馬鹿げているって？　たしかに。そんなに簡単に自分の犬の名前とか好きな食べもの、独特の特徴などを忘れられるはずがない。もちろん何もかも忘れるなどできない相談だ。わたしが言っているのは、たとえば瞑想の初心者に最初に求められる修行と言えないこともない。至高の状態であるサトリに入るためには、まずそれを目ざしたうえで、どれほど達成できたかを見る。科学は客観性を目ざし、人々がみずからの先入観と個人的な見方に気づくことを要求する。科学的レンズを通して犬を見ることによって、わたしたちが犬について知っていることのいくらかが完全に証明され、一方で明らかに本当だと思っていたことが、くわしく調べると疑わしいとわかってくる。そしてまた、犬を別の見地から——犬の見方から——見ることによって、人間の脳をもつわたしたちには本来なら経験しようのない新しい事柄を見ることができる。だからこそ、犬を理解するためのさしあたっての最善の方法は、自分たちが知っていると思っていることを忘れることなのである。

まず第一に忘れなくてはならないことは、擬人化である。わたしたちは犬の行動を人間の偏見に染まった視点から見、話し、想像する。そしてこれらの毛に覆われた動物に自分たちの情動と考えを押しつけるのだ。わたしたちは言う——もちろん犬は愛するし、欲望する。もちろん彼らは夢を見るし、考える。わたしたちのことがわかるし、言うことも理解できる。退屈するし、やきもちをやくし、落ち込むこともある——。朝家を出るあなたに向かって悲しげに見つめる犬を見て、ひとりぼっちにされて落ち込んでいると考える以上に、自然な説明がほかにあるだろうか？

説明はある。犬が実際に感じ、知り、理解することができる事柄に基づいた説明だ。わたしたちがこうした擬人化した言葉——擬人的見方——を使うのは、犬の行動をわかりやすく受けとめたいためである。本質的に人間の経験という偏見に染まっているわたしたちは、動物の経験については、自分の経験と相応する程度までしか理解できない。動物について自分たちが思っていることと矛盾しない話を記憶し、そうでない話は都合よく忘れる。類人猿や犬やゾウや、そのほかどんな動物についてもそうだが、ちゃんとした証拠のない「事実」を平気で語る。多くの人にとって、ペット以外の動物との出会いは、動物園の実物かケーブルテレビの映像を見るだけだ。この種の受け身的な、いわば「立ち聞き」風の出会いから手に入れられる情報は、限られたものである。[2] 隣の家の窓をのぞいて手に入る情報よりも少ないくらいだ。少なくとも隣人はわたしたちと同じ種なのだから。

本来、擬人化は忌むべきことではない。それは世界を理解しようとする努力から生まれるものであり、世界を誤った道に導こうとするためではない。自分たちが食べるための動物や、自分たちを食べるかもしれない動物に囲まれていたわたしたちの祖先は、ほかの動物たちの行動を解釈し、予測するために、つねに擬人化を行っていたことだろう。夕暮れどき、森の中でぎらぎら光る目をしたジャガーに出くわしたとする。こちらの目とジャガーの目が合う。その瞬間、「自分がこのジャガーだったら」何を考えているだろうかと想像し、逃走するのは、おそらくまっとうな反応だろう。この考えは、たとえ厳密には「真実」ではなかったにせよ、人類のサバイバルにとっては十分に真実だったのである。

今のわたしたちには、ジャガーの爪を逃れるためにその欲望を想像する必要は（ふつうは）ない。そのかわりにわたしたちは動物を家の中に連れ込み、家族のメンバーになるように求める。彼らを家族に組み込み、最高にスムーズで完全な関係を打ち立てるのに、擬人化は助けとはならない。だからといってそんなふうに思うのがつねに間違っているわけでもない。犬がさびしがっており、やきもちをやき、好奇心旺盛であり、落ち込んでおり、あるいは昼食にピーナッツバターサンドイッチを欲しがっているというのは、事実かもしれない。だが、悲しげな目や大きなため息などといった目の前の証拠から、犬が鬱状態にあると主張するのは、ほぼ確実に間違っている。動物への投影はしばしば不毛であるか、あるいは完全に的外れである。動物が口のすみを上げるのを見ると、幸せだと思いたくなるかもしれないが、じつはそうした「微笑」は誤解を招く。イルカの微笑は固定した生理的特徴であり、ピエロの気味悪く塗られた顔のように不変である。チンパンジーのあいだでは、にやにや笑いは恐怖と服従の信号であり、幸福な状態からはもっともかけはなれたものだ。人間は驚いて眉を上げたりするが、オマキザルが眉を上げるのは、別に驚いているわけではなく、疑いやおびえを示すものでもない。近くのサルたちに向かって友好的意図を表明しているだけだ。逆にヒヒが眉を上げるのは、意図的な脅しとなりうる(教訓　サルにむかって眉を上げるときは、相手のサルがどんな種類かに注意したほうがよい)。必要なのは、動物についてのこうした思い込みを確認し、あるいは論破する方法を知ることなのだ。

悲しげな目から鬱を想像するというのは、間違いだとしてもとくに害はないように思われる。だが擬人化はしばしば無害から有害へと移行する。場合によっては動物たちを危険にさらすことにもなりかねない。犬の目の表情から、その犬に抗鬱剤を投与するのは、よほど確信がないかぎり危険である。人間にとって何がベストかを知っているからといって、その基準から犬にとっても何がベストかわかっていると思い込むのは、その気はなくても犬に対してとんでもないことをしている可能性がある。たとえばここ数年来、食用に飼育されている動物について、その福祉の改善がかなり騒がれている。ブロイラー用の鶏に戸外へのアクセスを与えるとか、囲いの中に歩けるだけの空間をもたせるというのもその例である。鶏にとってだれかの腹におさまるという最終的結果は同じなのだが、殺される前の動物の福祉に関心が寄せられはじめているのだ。

はたして彼らは自由にうろつきまわりたいのだろうか?　人間にしろ、人間以外の生きものにしろ、たがいに押しつけられるのは嫌なものだというのが、世間一般の通念だろう。経験によってもこれは証明されているようだ。暑くて苛だった通勤客で混み合っている地下鉄の車両と、乗客の少ない車両のどちらに乗るかと言われれば、わたしたちはすぐさま後者を選ぶ（もちろん、ひどい臭いの乗客がいるとか、エアコンが故障しているという理由で空いている可能性もあるが）。だが鶏の生来の行動は、これとは違う。鶏は群れるのである。彼らは群れから離れようとはしない。

生物学者は、鶏がどんな場所を好むか調べるために簡単な実験を工夫した。一羽ずつ、家の内部に無作為に放ち、つぎに何をするかをモニターしたのである。実験の結果わかったのは、たとえひらけた場所が手近にあってもほとんどの鶏がそこには行かず、ほかの鶏のそばに向かうということであった。羽根を拡げるスペースがそばにあるというのに、彼らは混雑した地下鉄の車両を選んだのである。

だからといって、鶏がケージのなかでほかの鶏に踏みつけられるのを好むとか、彼らにとってそこが完全に快適な生活空間だと言っているわけではない。身動きできないほどの狭い空間で鶏を飼育するのは非人道的である。だが鶏の好みとわたしたち人間の好みを一緒にしたのでは、実際に鶏が何を好むのか知ることはできない。このように群れたがるブロイラーチキンが、六週齢になる前に殺されるというのは、偶然とは言えない。ふつうならまだ母鶏に抱かれている時期だ。母鶏の羽根の下に走り寄る可能性を奪われて、ブロイラーチキンは、ほかの鶏のそばへそばへと走るのである。

おねがい、レインコートを

こうした擬人化傾向は、犬についてもきわめて的外れな結果を生んでいる。レインコートの例をとろう。犬のためにスタイリッシュな四つ足のレインコートを作るのも、またそれを買うのも、ともにいくつかの興味深い想定に基づいている。この際、犬の好みがあざやかな黄色のレインコートなのか、タータンチェックなのか、それともどしゃぶり（RAINING-CATS-AND-DOGS）モチーフがいいのかという問題は別にしておこう（もちろん cats and dogs モチーフがお気に入りに決まっている）。自分の犬にレインコートを着せる多くの飼い主は、犬によかれと思ってやっている。おそらく彼らは、雨が降っているときに犬が外に出たがらないことに気づいたのだろう。そこから自分の犬は雨が嫌いだという結論に達するのは、いかにも道理にかなっているようである。

うちの犬は雨が嫌いだ……それはどういう意味なのか？　人間のように、体に雨がかかるのが嫌ということだろうが、はたしてそれは論理的に正しい飛躍だろうか？　ここでは犬自身がたくさんの証拠を示しているように見える。レインコートを出してくるとその犬は興奮して尻尾を振るか？　もしそうなら、先の論法は正しいようだ。だがそれはたんに、コートの出現が長いこと待っていた散歩の前ぶれだということに気づいただけかもしれない。犬はコートから逃れようとするか？　尻尾を体の下に巻いて頭を下げるか？　そうなると、さっきの論法は疑わしくなる（もっとも完全に排除されるわけではない）。その犬は雨が振ると毛がぐっしょり濡れてしまうタイプか？　興奮して体から水滴を振るうか？　これらの証拠は、先の論理を確認するようでもあり、確認しないようでもある。この場合、犬の行動は少しわかりにくい。

犬がレインコートをどう思うかについて、最大の情報を与えてくれるのは、犬と親戚の野生のイヌ科動物が示す自然の行動である。犬もオオカミも、ともに恒久的な自分のコートをもっている。コートはひとつで十分だ。雨が降ると、オオカミは隠れ場を探すかもしれないが、自然の材料で体を覆うことはない。この事実は、彼らがレインコートを必要としているとか、関心があるという主張にはマイナスである。レインコートにはまた上着として以外に、別の特異な性質がある。彼らの背中、胸、そしてときには頭を、ぴったりと――きついくらいに――覆うのである。オオカミが背中や頭をきつく締めつけられる状況はたしかにある。ほかのオオカミに支配されているときか、年長のオオカミや血縁者に叱られているときだ。

支配的なメンバーはしばしば劣位のメンバーの鼻づらを押さえて身動きできなくさせる。これはマズル・バイティングと呼ばれる行動である。口輪をかけた犬がときどき異常なほどおとなしく見えるのは、おそらくそのためだろう。さらに犬がほかの犬に「のしかかる」のは支配行動である。のしかかられた劣位の犬は、支配犬のプレッシャーを体に感じているだろう。おそらくレインコートもその感じを再現するはずだ。したがってコートを着せられた犬がもっぱら感じているのは、濡れないですむということではなく、むしろ自分より優位のだれかがそばにいるという、居心地の悪い感じなのだ。

レインコートを着せられたときに、ほとんどの犬が見せる行動が、この解釈の正しさを証明している。彼らは「支配された」と感じ、その場で静止《フリーズ》するかもしれない。風呂を嫌がる犬が、完全に濡れそぼったとき、あるいは重い濡れたタオルをかけられると、ふいにあがくのをやめることがある。それもこれと同じである。上着を着せられた犬は、外出するのに協力するかもしれないが、それはレインコートが好きだからではなく、抑制されたためなのである。[3] その結果、犬はあまり濡れないで散歩から戻ることになる。だが犬を濡れさせたくないのはわたしたちであって、犬ではない。この種の誤りをただすには、わたしたちの擬人化本能を「行動を読む本能」に置き換えればよい。ほとんどの場合これは簡単である。まずは犬に、何を望むか聞いてみる。あとは彼の答えをいかに翻訳するかを知るだけでよい。

ダニの世界観

その答えを手に入れるための最初のツールは、犬の「見方」を想像することである。動物の科学的研究は、二十世紀初頭のドイツの生物学者、ヤーコプ・フォン・ユクスキュル〔1864-1944 著書に『生物から見た世界』など〕によって大きく変えられた。彼の提案は革命的だった。動物の生活を理解したいならば、彼がウムヴェルトと呼ぶもの――動物の主観、もしくは「自己世界」〔環世界もしくは環境世界と訳されている〕――を理解することから始めなくてはならない。このウムヴェルト＝環世界とは、動物から見たその生活がどんなものかを示している。たとえば、下級生物のマダニを考えてみよう。これを読んでいる読者のなかには、何分も前からダニのことを考えていたという人もいるかもしれない――ひたすら犬の体をまさぐっては、血でふくらんだピンの頭のようなマダニを探し続けて。ダニだって？ ただの害虫じゃないか。そう、それだけ。ほとんど動物とはみなされない。だがフォン・ユクスキュルは、ダニであるとはどういうことなのかを、ダニの見方から考えたのである。

ここで少しダニについて紹介しておこう。ダニは寄生虫である。クモや昆虫を含むクモ綱（*Arachnida*）のメンバーだ。四対の足と、単純な体と、強い顎をもっている。何千世代にもわたる進化の結果、彼らの一生は徹底して単純なものに切り詰められた――誕生、交配、摂食、そして死である。生まれたときは足がなく、性器もないが、すぐにそれらのパーツを生やし、交配し、高い止まり場に上る。たとえば長い草の葉の上だ。話はここから衝撃的となる。世界のすべての光景、音、そして匂いのなかで、成虫となったダニが待っているのはただひとつだけである。あたりを見回すこともない。ダニは盲目なのだ。

どんな音もダニを悩ませない。音はダニの目的とは関係ない。ダニが待っているのは、たったひとつの匂いである。酪酸、すなわち温血動物が発する脂肪酸の匂いだ（人間の汗も、ときどきこの匂いがする）。待つのはまる一日かもしれないし、一ヶ月、あるいは一〇年以上かもしれない。待っていたその匂いを嗅ぎつけたとたん、ダニは止まり場から落ちる。それから二番目の知覚能力が働きはじめる。ダニの皮膚は感光性であり、暖かさを検知する。ダニは、暖かさのほうに向かう。幸運なら、その暖かい汗の匂いのもとは動物であり、ダニはしがみついて血の食事にありつく。食餌したあとは、そのまま落ちて、卵を産み、そして死ぬ。

このダニの話が教えてくれるのは、ダニの自己世界が想像を超えてわたしたちのそれと違っていることである。ダニが知覚し、あるいは望むこと。その目ざすところ。人間の複雑な世界は、ダニにとっては二つの刺激――匂いと暖かさ――に絞られ、ダニはこの二つの事柄に徹底的に集中する。どんな動物でも、もしわたしたちがその生活を理解したいと思うならば、その動物にとって意味をもつものが何かを知る必要がある。そのための第一の方法は、その動物が何を知覚できるかを知ることだ。何を見、聞き、嗅ぎ、あるいはほかの感覚を使って知覚できるのか。知覚される対象だけが、その動物にとって意味をもちうる。あとの世界は気づかれることさえなく、あるいはすべて同じに見えるだけだ。草のあいだをさっと吹く風？　そんなのはダニには無関係だ。子どもたちの誕生パーティのざわめき？　ダニのレーダーには映らない。床に落ちたおいしいケーキのかけら？　まったく興味ない。

第二の方法は、その動物が世界に対してどう作用するかを知ることだ。ダニの場合は、交配し、待ち、落ち、そして食べることである。それゆえ、ダニにとって宇宙の対象物はダニとダニ以外のもの、そのうえで待つことができるものとできないもの、落ちてもいい表面とそうでない表面、食べたいものとそうでないものとに分けられる。

こうして、これらの二つの構成要素――知覚と作用――は、すべての生きものにとっての世界をほぼ定義し、境界を定める。すべての動物は彼らだけのウムヴェルト＝環世界をもっている。それは彼らだけの主観的現実であり、ユクスキュルによればその動物が永久にとらえられている「石鹸の泡」である。わたしたち人間もまた、人間の環世界という石鹸の泡に閉じ込められている。そうした自己世界の中で、わたしたちはたとえばほかの人々がどこにいるか、何をし、何を言っているかに、気を配っている。(それにくらべて、わたしたちの最高に感動的なひとりごとに対してさえ無関心なダニの態度はどうだろう)。わたしたちは目がとらえる光の領域内でものを見、耳がとらえる聴覚領域内の音を聞き、鼻先の強い匂いを嗅ぐ。それに加えて、各自が自分だけの個人的環世界を作り出す。自分にとって特別な意味をもつ対象に満ちた世界だ。たとえば知らない町に行き、その町の住人に案内してもらったとする。住人にとってはわかりきった道筋も、あなたには見えない。それでも二人の世界は、いくらかの点では同じである。立ち止まって近くを飛ぶコウモリの超音波の叫びを聞くことはないし、たったいますれ違った男が発する昨夜食べた夕食の匂いに気づくこともない(よほどニンニクをたくさん食べたのでないかぎり)。わたしたちもダニも、そしてほかのどの動物も、みずからの環境のなかにぴったりはまり込む。わたしたちはおびただしい刺激で攻撃され続けている。だがわたしたちにとって意味をもつものはほんのわずかでしかない。

そのようなわけで、同じ対象が、異なる動物によって、異なって見られるわけである(というか、感知されるといったほうがいい――動物によってはよく見えない、あるいはまったく見えないものもいる)。薔薇は薔薇である――だが本当にそうなのか? 人間にとって、薔薇はたしかに花の一種であり、恋人どうしがたがいに贈りあうものであり、美しいものである。甲虫にとって、薔薇はおそらく完全なテリトリーだ。そこには隠れるべき場所（葉の裏側は空からの捕食者からは見えない）、狩りのための場所（花冠の中には幼虫がいる）、そして卵を産む場所（葉のつけね）がそろっている。ゾウにとっての薔薇は、足で踏んでもほとんど気づかない棘にすぎない。

では犬にとって、薔薇は何だろう？　いずれ見ていくように、これは、犬の構造――体と脳の両方――によって決まる。結局のところ、犬にとって、薔薇は美しいものでもなければ、それだけでひとつの世界でもない。薔薇は、それを取り巻くほかの植物と区別されない。ただしほかの犬が尿をかけたとか、ほかの動物が踏んだとか、飼い主が触れたとかした場合は別である。そうなると、それはにわかに生き生きした興味を身にまとう。そしてわたしたちにとって美しい薔薇が意味するよりも、犬にとってはるかに重要なものとなってくるのだ。

自分のウムヴェルト・キャップをかぶる

相手がダニだろうと犬だろうと人間だろうと、なんらかの動物の世界――その環世界――に特徴的な要素を見つければ、ある意味でその動物のエキスパートになれる。犬についてわたしたちが知っていると思っていることと、彼らが実際にやっていることのあいだの摩擦を解消するには、このツールが必要となってくる。それにしても、彼らの知覚経験を表現するとき、擬人化なくしてはほとんど語彙がないように思われる。

犬の見方を理解すること――これこそがその語彙を提供する。犬の能力、経験、そしてコミュニケーションの理解を通じて得られる「犬の世界観」だ。だがそれについて考えるだけでは、自分たち人間の環世界を引き出すだけで、その語彙を翻訳することはできない。ほとんどの人間は、匂いを嗅ぐのが下手である。匂いを嗅ぐ生きものであるとはどんなものなのか。これを想像するためには、考えるだけでは足りないのだ。その種の内省的な行為が効果を上げるためには、それと同時にわたしたちの環世界とほかの動物の環世界の違いがいかに奥深いかを知らなければならない。

これをかいまみるには、相手の動物の環世界のなかに「演じ入る」ことである。つまり、その動物をみずから体現しようとするわけだ（むろん真に体現するのは、感覚システムの制約からとうてい不可能であることを忘れてはならない）。たとえば午後いっぱい、犬と同じ高さから、時間を過ごしてみる。その経験は驚異的だ。出くわす対象のすべての匂いを念入りに、かつ強烈に嗅いでみる。そうすると（わたしたちのお粗末な鼻でさえ）、ふだんはなじみのある物が新しい次元を身にまとう。この本を読みながら、たったいま部屋から聞こえているすべての音に気をつけてみよう。あまりにもおなじみで、いつもは無視されている音たちだ。後ろのクーラーの音がふいに耳に入ってくる。バックするトラックの警笛。階下の部屋に入ってくる人々の声のざわめき。だれかが木の椅子の上で体を動かす。自分の心臓の鼓動。つばを飲み込む音。ページが繰られる。耳がよければ、部屋の反対側で走り書きするペンの音にさえ気がつくかもしれない。生長していく植物の音。いつも足下にいる虫の一群の超音波の鳴き声。ひょっとしてこれらの音は、ほかの動物の感覚的宇宙では最先端に位置しているのだろうか？

物の意味

部屋の中にある物でさえ、ほかの動物にとってはある意味で同じ物ではない。犬は部屋を見回して、自分が人間の物に取り囲まれているとは考えない。彼は「犬の物」を見ている。ある物体にわたしたちが付与する目的や意味は、その物の機能や意味についての犬の考えと合致するかもしれないし、しないかもしれない。物体は、あなたがそれに対してどのように取り組むかによって定義される。ユクスキュルが「作用トーン」と呼ぶものだ。ある対象物に目をおくと、その物の用途がベルのように鳴るといった感じだろうか。犬は、椅子には無関心かもしれないが、そこにとびのるように訓練されれば、椅子という物体には「すわるトーン」があることを学習する――それはすわることのできるものだ。そのうち、犬はほかの物体もまた、すわるトーンをもっていると決めるかもしれない。ソファ、クッションの山、床にすわった人間の膝。だが人間がときには椅子として見ている物でも、犬にはそう見られない物がある。スツール、テーブル、ソファの肘掛け。スツールやテーブルは犬にとってはほかのカテゴリー――おそらく障害物――に属する。台所の「摂食トーン」への通り道をふさいでいる物である。

ここでようやく、犬と人間のそれぞれの世界観がいかに重複するか、またいかに違うかがわかってくる。世界における多くの物は、犬にとって「摂食トーン」をもつ。おそらく人間が摂食トーンとみなすものより、はるかに多いだろう。糞は人間にとって食欲をそそられるものではけっしてないが、犬の場合は違う。犬にはまた、人間が絶対にもっていないトーンがある。「ローリング・トーン」、つまり、そこで楽しく転がれる物だ。人間の場合、よほど活動的な人や若者の場合は別として、ローリング・トーンの対象になる物はゼロに近い。逆にわたしたちにとって特定の意味をもつ日常品の多く――フォーク、ナイフ、金槌、画鋲、扇風機、時計など――は、犬にはほとんど意味をもたない。犬にとって、金槌は存在しない。犬は金槌を使って、あるいはそれに対して、何かをすることはない。だからそれは犬にとってまったく意味をもたないのだ。少なくとも、自分を愛してくれる人間がその金槌を使っているとか、通りの向こうのかわいい犬のおしっこがかかっているとか、あるいはその硬い木のハンドルが棒みたいに噛めるとかいった、なんらかの意味ある物に変わっていないかぎりは。

犬が人と出会うとき、環世界の衝突が起こる。その結果は、人が犬の行動を誤解することになりがちだ。人間は犬の見方から世界を見ていない。たとえば飼い主たちはよく、犬は絶対に人間のベッドに寝かせてはいけないと、わけ知り顔で主張する。この公式見解を犬にたたき込むため、飼い主はわざわざ「ドッグ・ベッド」なるものを買ってきて、床に置く。それから犬に向かって、この特別製のベッド――禁じられてないベッド――で寝るように命ずる。たいていの場合、犬はしぶしぶではあってもその命令に従うだろう。そして飼い主は満足する――またもうひとつ犬とのコミュニケーションが成功したぞ!

だがはたしてそうだろうか? 帰宅したわたしが寝室に入ると、ベッドの上のシーツがクシャクシャになっている。さわるとまだ暖かい。さっき玄関で尻尾を振ってわたしを迎えた犬のしわざか、それとも睡魔に襲われた侵入者が、さっきまで眠っていたのだろうか。人間にとっては、この二つのベッドの目的は自明である。その物体の名前そのものが状況をはっきりさせる。大きなベッドは人間のためのものだし、ドッグ・ベッドは犬のためのものだ。人間のベッドはくつろげる場所であり、上等のシーツに覆われ、ふわふわした枕やクッションが飾られているだろう。一方犬のベッドはというと、わたしたちがけっして寝そべりたいとは思わないしろものだ。(比較的)安価で、枕やクッションのかわりに噛むためのオモチャで飾られている。犬にとってはどうか？　犬から見て、もともと人間のベッドも犬のベッドもそんなに違いはない。違いはただ、おそらくわたしたちのベッドのほうが犬にとって限りなく望ましいということだろう。わたしたちのベッドにはわたしたちの匂いがする。だが犬のベッドは、犬のベッドメーカーがまき散らした何かの材料の匂いがするだけだ（もっと嫌なのが杉皮のチップである。人間には快いが、犬にとっては強烈な匂いだ）。しかも人間用のベッドは、わたしたちがいるところなのである。わたしたちがだらだらした時間を過ごし、たぶん食べものの屑や服が散らばっている場所だ。犬が好きなのはどちらかって？　むろんわたしたちのベッドに決まっている。人間にとってそのベッドをまぎれもなく特別な物体にしているさまざまな要素について、犬はすべてを知っているわけではない。もちろん犬にしても、とびあがるたびにくりかえし叱られたあげく、そのベッドには何か特別のものがあることを学習するようになるかもしれない。そうであっても、そのときの犬にとっては、「人間のベッド」対「犬のベッド」ではなく、「乗ると怒鳴られるもの」対「いても怒鳴られないもの」なのである。

　犬の環世界では、ベッドは特別な作用トーンをもたない。犬は寝られるところで眠り、そして休む——その目的のために飼い主に割り当てられた物体の上ではなく。犬から見て、寝られる場所にはいずれも作用トーンがあるかもしれない。のびのびと横になれる場所。ちょうど良い温度。自分たちの軍団もしくは家族メンバーがまわりにおり、しかも安全な場所だ。家の中の平らな場所はどこでもこれらの条件を満たす。そのうちひとつの場所を選び、これらの規準に合わせてやれば、犬はおそらくそれを、あなたの大きくて気持ちの良い人間のベッドと同じくらい気に入ることだろう。

犬に聞いてみる

犬の経験や心についてのわたしたちの考えがはたして正しいのかどうか、それを犬に聞く方法を学ぶことにしよう。犬が幸せなのか、それとも落ち込んでいるのか、何を聞くにせよひとつ困った問題がある。それらの質問が無意味だというわけではない。問題があるのはわたしたちのほうである。犬の答えを理解するのがとても下手なのだ。言葉があるおかげで、わたしたちはひどく無精になっている。たとえば友人が何週間もずっとよそよそしい行動をとっているようなとき、わたしたちはいろいろその理由を推測し、ひょっとしたら自分の言葉が相手を傷つけたのではないかなどと、やたらに心理的な表現をこねくりまわしては、ああだこうだと考えるかもしれない。だがいちばんいいのは、直接相手に尋ねることだ。そうすれば相手は理由を教えてくれるだろう。だが犬はそんなふうには答えてくれない。わたしたちが望むような、区切りのはっきりした、そして傍点で強調された文章は返ってこないのだ。それでも、もしこちらが注意して見るならば、彼らははっきりと答えてくれている。

たとえば朝、あなたが仕事に出かける支度をするのを、ため息をついて眺めている犬は、はたして落ち込んでいるのだろうか？　一日じゅう沈んだ気分で家にいるのか？　退屈しているだろうか？　それとも何ということもなくため息をついて、昼寝しようとしているのか？

最近になって、動物の行動を観察してその心的経験について学ぶという考えから、独創的な研究がいくつか行われている。それらの実験では被験者は犬ではなく、いつもの陳腐な実験用ラットが使われる。ケージ内のラットの行動は、心理学の知識の蓄積に最大の貢献をしている。ほとんどの場合、関心の対象はラットではない。驚いたことに、これらの実験は人間について調べるものなのである。人間が使う学習と記憶のメカニズム——そのいくぶんかは、ラットのそれと同じである。そのうえラットならば小さな箱に入れて、限られた数の刺激を与え、反応を手に入れるのが簡単だ。そんなわけで何百万匹もの実験用ラット（*Rattus norvegicus*）が何百万もの反応を提供し、人間心理の理解に大きく貢献してきたのである。

だが本来、ラット自身も興味深い生きものである。実験室でラットを扱う人々はときどき、彼らが「落ち込んでいる」とか、活発な性質をもっていると言ったりする。動きの鈍いラットもいれば、快活なラットもいる。悲観的なラットも楽観的なラットもいる。研究者たちはこれらの特徴の二つ——悲観的と楽観的——を行動の面から定義し、ラットのあいだで現実に違いが見られるかどうか知ろうとした。たんに悲観的になった人間の様子から推論するのではなく、悲観的なラットの行動が楽観的なラットとどう異なるかを実験によって調べようというのである。

こうしてラットの行動は、わたしたち自身のそれを映す鏡としてではなく、ほかの何か——ラット自身について、ラットの好み、そしてラットの情動について——を示すものとして調べられた。テストされるラットたちはきっちり管理された環境下に置かれた。環境のいくらかは「予測不能」であり、床に敷く材料も、同じケージにいる仲間も、明るくしたり暗くしたりする時間帯も、つねに変わっていた。一方いくらかの環境は「予測可能」で、安定していた。ケージのなかでほとんど何もすることなくぶらぶらしているラットは、新しい出来事が起こると、たちまちそれを同時に起きた現象に結びつけるようになる。実験計画はこの事実を利用して組み立てられた。まず一定の周波数の音がスピーカーを通じてケージ内に流された。その音をヒントにレバーを押すと、餌のペレットが到着する。別の周波数の音が流されたときは、ラットがレバーを押すと不快な音が出るだけで、餌は出てこない。これらのラットもまた、これまでの実験用ラットたちと同じように、たちまち連想を学習した。彼らは餌をもたらす音が流れたときだけ、レバーに走った。それはまるで、アイスクリームのトラックが鳴らすベルの音に子どもたちが集まってくる光景のようだった。すべてのラットが、簡単にこれを学習した。だがこの二つの学習済みの周波数ではなく、そのあいだに位置する新しい周波数の音をラットに聞かせた場合、ラットの行動はその環境に影響された。予測可能な環境に置かれたラットはその新しい音を餌の前ぶれと解釈したが、不安定な環境にいたラットはそうでなかった。

これらのラットは、それぞれ世界に向かうときの楽観的姿勢と悲観的姿勢を学習していたのである。予測可能な環境にいるラットがどんな新しい音にも敏感にとびつくのは、楽観主義が働いているためと見られる。環境における小さな変化は、前途の大きな変化を示唆するのに十分だった。ラットの気分についての実験室の研究者たちの直感は、まさにどんぴしゃりだったのかもしれない。

犬についてのわたしたちの直感にも、これと同じ種類の分析を当てはめることができる。わたしたちが自分の犬に使っているあらゆる擬人化に対して、二つの質問をすることができる。ひとつは、犬のこの行動の背後には、そこから進化してきたと思われる生得的行動が存在するかという問いであり、二番目は、その擬人化した主張を脱構築してみたらどういうことになるのかという問いである。

犬がキスする

舐めるのが、パンプのコンタクトのやり方だ。手をわたしに向かって伸ばし、その姿勢のまま舐めるのである。帰宅して、撫でてやろうとかがみこむわたしの顔を、ぺろりと舐めておかえりの挨拶をする。椅子でうとうとしていると、手をべろべろ舐められて目をさます。走ったあとのわたしの足をすっかり舐めて塩気を取る。わたしのそばにすわり、前足でわたしの手を押さえてこぶしをこじあけ、柔らかな暖かい手のひらを舐める。彼女に舐められるのがわたしは大好きだ。

犬の飼い主はよく、帰宅したとき犬が自分への愛情の表現としてキスをすると言う。「キス」とは、つまり舐めることだ。顔をべろべろ舐める。集中的に徹底して手を舐める。ものものしく舌をべろんべろんとさせて足を磨きたてる。打ち明けて言うと、わたしもまたパンプがわたしを舐めるのを、好意のサインとみなしている。いま述べた「愛」とか「好意」は、最近、社会でペットを小さな人間として扱う風潮（天気の悪いときに靴を履かせ、ハロウィーンの仮装をさせ、温泉に連れて行くなど）のひとつというだけではない。犬のデイケアのようなものができる前にも、チャールズ・ダーウィンは（彼が犬に魔女や小人の衣装を着せたとは絶対に思わないが）犬たちからこの舐め-キスを受けたことについて書いている。ダーウィンはその行為の意味について、つぎのように断言している。「犬はみずからの好意を表現するために驚くべき方法をもつ。すなわち彼らの主人の手や顔を舐めるのだ」。はたしてダーウィンは正しかったのだろうか？　わたしにとってそのキスは好意として感じられる。だが犬にとっては、それは好意のジェスチャーなのだろうか？

「好意」派にとって不利な情報がある。イヌ科の野生動物――オオカミ、コヨーテ、キツネなど――の研究者たちは、狩りから巣穴に戻ってきた母親の顔や鼻づらを子どもが舐めるのは、食べものを吐き戻してもらうためだと報告している。口のまわりを舐めるのは、そこを刺激して、うまい具合に半分消化した肉を吐き戻させるための合図らしい。パンプはさぞがっかりしていることだろう。一度だってわたしは半分消化したウサギの肉を吐き戻してあげたことがないのだから。

さらにもうひとつ、人間の口は犬にとってとても良い味がする。オオカミや人間のように、犬もまた、「辛い」、「甘い」、「苦い」、「酸っぱい」の味覚のほか、ウマミ——あの土くさい、キノコと海草のエキスで、風味を高めるグルタミン酸ソーダに閉じ込められているもの——にさえ味覚受容体《レセプター》をもつ。彼らの甘さの知覚は、わたしたちのそれとは少しだけ違って処理されている（塩分による甘味の増強に関して）。甘さの受容体は犬にはとくに豊富に存在する。ただし糖分のなかでもスクロース（蔗糖）やフルクトース（果糖）はグルコース（ブドウ糖）などよりも多くの受容体を活性化する。このことは犬のような雑食性動物の適応には有利だった。植物や果物が熟しているかどうかが区別できるからである。興味深いことに、純粋な塩でさえ、人間のようには犬の舌と口蓋にあるいわゆる塩受容体を始動させない。（そもそも犬が塩に特異的に反応する受容体をもっているかという問題自体、議論が分かれている）。それにしても、たっぷり食べたあとのわたしの顔をパンプがよく舐める件については、その相関関係をわざわざ分析するまでもなかったけれども。

さて今度は有利な情報である。口を舐める行為（わたしたちにとっての「キス」）は、たしかにもとはこうした機能で使われたものの、最終的にそれが儀式的な挨拶になったというのである。いいかえれば、もはや「キス」の機能は食べものをねだることだけではない。いまではそれは「ハロー」と言うために使われているのだ。犬とオオカミは、ひたすら相手が家に戻ってきたのを歓迎し、その相手がいままでどこにいたのか、何をしていたのかを匂いによって知るために、鼻づらを舐める。母犬が子犬を舐めるのは清潔にするためだけではない。ほんのちょっとのあいだ離れていたあとでも、すばやく舐めてやっているのだ。若い犬や臆病な犬は、大きな恐そうな犬の鼻づらやその周辺を舐めて、相手をなだめる。知り合いの犬たちが道で会ったときも、リードに引っ張られながらもおたがいにぺろっと舐め合う。これは匂いを通じて、自分のほうに突進してくる犬が何ものなのかを確認する方法なのかもしれない。この「挨拶舐め」をやっているとき、犬たちはしばしば尻尾を振り、口を楽しげに開けて、全体に興奮している様子を見せる。したがってその舐め行動が飼い主の帰宅を喜んでいることを示していると言っても、けっして拡大解釈ではない。

犬学者

わたし自身、パンプのことを「抜け目ない」様子だとか、「満足している」とか、「気まぐれ」な気分だとか言うことがある。こうした言葉はわたしにとっては意味をもっているが、だからといって彼女の経験そのものだという幻想はない。わたしは彼女に舐められるのが大好きだが、それでもやはりその行為が彼女にとって何を意味するのかを知りたいと思う——私にとっての意味だけでなく。

犬の環世界を想像することによって、わたしたちはほかのさまざまな擬人化(犬が靴を噛んだあとで後悔している様子を見せる、子犬が新しいエルメスのスカーフに仕返しをする……)を脱構築し、犬への理解に基づいて再構築することができる。犬の見方を理解するというのは、未知の国に足を踏み入れた人類学者になるようなものだ。その国では全住民が犬である。尻尾のひと振り、口から出る唸り声のすべて。その完全な翻訳は無理かもしれないが、念入りに観察すれば驚くほどの情報が手に入る。これからその原住民たちの行動を注意深く見ていこうではないか。

このあとの数章では、犬の環世界にかかわるさまざまな次元を見ていく。まずは歴史的次元から始め

よう。犬はどのようにオオカミから由来してきたのか。どの点で犬はオオカミに似ており、どの点でそうでないか。わたしたちが犬を交配するさいにやってきた選択は、いくらかの意図されたデザインと、いくらかの意図されなかった結果を生んだのだった。第二の次元は、犬の体――犬の感覚能力――である。犬が何を嗅ぎ、何を見、何を聞くのか、そしてほかにも彼らが世界を感じ取る手段があるとしたらそれも含めて理解する必要がある。地上六〇センチの高さからの、そしてそのすばらしい鼻づらの向こうからの、犬の見方を想像しなくてはならない。こうして犬の体について探っていけば、最後は犬の脳にたどりつく。彼らの行動を翻訳するために、わたしたちは犬の認知能力を理解する必要がある。これらの次元は一緒になって、犬が何を考え、知り、理解するかという問題に答えを与えてくれる。最終的にそれは、情報に裏打ちされた想像を犬の内側《インサイド》に飛躍させるための科学的礎石として役立つだろう――わたしたち自身がなかば名誉市民ならぬ名誉犬民になるために。

家に属するということ

彼女は台所の閾《しきい》のところで待っている。わたしの足もとからちょうど邪魔にならないところだ。どういうわけかパンプは、どこからが「台所の外」になるのか正確にわかっているようだ。その地点に彼女は寝そべり、わたしたちがテーブルに食事を運んでいると、台所にひょいと入って、落ちた食べもの屑を拾おうとする。テーブルにのっているものはどれも少しずつもらえる。口に合いそうにないものをもらったときでも、少なくとも楽しむだけはする。口の中でそれを転がしたあと、無遠慮に床の上に落とすのだ。彼女はレーズンが好きではない。トマトも駄目だ。ブドウはまあまあ――奥歯で半分に噛み切ることができればだが。そのあと、いかにも大きな堅いものを処理しているみたいに、ゆっくりとジューシーな味を味わい、それから咀嚼する。ニンジンの切れ端はすべて彼女のものだ。ブロッコリーとアスパラガスの茎もそう。差し出されたそれを彼女はそっとくわえ、ほかに何かもらえるかどうか決めかねているように、一瞬わたしを見つめ、それからラグのところまで行ってすわりこみ、しゃぶりはじめる。

犬のトレーニング本にはしばしば、「犬は動物である」と書いてある。これは本当のことだが、完全に本当というわけでもない。犬はdomesticated、すなわち家畜化された動物なのだ。これは「家に属する」という意味の語根から派生した言葉である。犬は家の周辺に属する動物なのだ。家畜化は、進化のプロセスの一変異である。選択したのは自然の力だけではなく、最終的に犬を自分たちの家に入れることを目ざした人間の力であった。

犬とは何か。これを理解するには、犬の祖先が何者かを知らなくてはならない。イヌ科（*Canidae*）動物のメンバーであるイエイヌは、コヨーテ、ジャッカル、ディンゴ、ドール、キツネ、そしてリカオンの遠い親戚である。(4) だが犬の祖先は、古代のイヌ科の一系統であり、おそらく現代のタイリクオオカミにもっとも似ているとされる動物だ。それでもパンパーニッケルが上品にレーズンを吐き出している姿を見ているとき、(5) ワイオミングのオオカミたちがムースを追跡して捕らえ、ばらばらに食いちぎっている冷徹なイメージは思い浮かばない。台所のドアのところでひたすら待ち続け、重々しくニンジンのスティックをじっと見つめる動物の存在と、忠誠の対象がもっぱら自分に向けられ、協力関係にしてもあくまで緊張をはらみ、力によって保持されている動物のそれとは、ぱっと見にはとうてい相容れないように思われる。

ムースの狩人からニンジンスティックを見つめるこの動物を生み出した第二の源泉は、わたしたち人間である。自然が盲目的にかつ無頓着に生物のサバイバルに導く形質を「選択」する一方で、古代の人間たちもまたいくらかの形質を選択してきた。これらの形質――身体的特徴と行動――こそは、現代のイヌ（*Canis familiaris*）のサバイバルを導いただけでなく、人間のあいだでこれほど広く存在する原因を作ったのである。彼らの外見、行動、好み、人間への興味、そして「人間の注意」に対する注意――これらはおおむね家畜化の結果である。今日の犬はデザインの行き届いた生きものである。ただしこのデザインの多くは、まったく意図的ではなかった。

どのようにして犬を作るか

犬を作りたいって？　材料はほんのわずかでけっこう。オオカミ、人間、少しの相互作用、おたがいの我慢。これを全部完全に混ぜ合わせ、時間をおく――そう、数千年というところだろうか。

それともロシアの遺伝学者、ドミトリー・ベリャーエフにならって、捕獲したキツネの集団を見つけて選択的に交配してみるか。一九五九年に始まったベリャーエフのこのプロジェクトは、家畜化の最初の段階がどんなものだったかを語るもっともすぐれた推測の基準となっている。現代の犬を観察し、さかのぼって推測するのではなく、彼は別の社会的なイヌ科動物を取り上げ、将来を見すえてそれらを交配させたのだった。二十世紀の中ごろのシベリアのシルバーフォックスは野生の小さな動物で、その特別長くて柔らかな上質の毛皮のために、人気を博していた。彼らは囲いの中で繁殖させられていた。ベリャーエフが使ったのは捕獲されたキツネで、飼い慣らされてはいなかった。彼がそれらのキツネをもとに、前述のレシピよりもはるかに少ない材料で作り出したものは、「犬」にはならなかった。だが驚くほど犬に近いものであった。

シルバーフォックス（*Vulpes vulpes*）は、オオカミや犬とは遠い親戚だが、それまで家畜化されたことはまったくなかった。進化のルートではたがいに近縁であるにもかかわらず、イヌ科の動物のなかで完全に家畜化されたのは犬だけである。家畜化は自然には起こらないのだ。ベリャーエフは、家畜化がすみやかに起こりうることを明らかにした。彼は一三〇頭のキツネから始め、彼の言葉を借りればもっとも「慣れた」個体を選択交配していった。現実に彼が選んだのは、人間を怖がることがもっとも少なく、攻撃的でない個体だった。キツネたちはケージに入れられていたから、攻撃が起こるケースはきわめて少なかった。そこでベリャーエフはケージに近づき、自分の手から餌を食べさせようとした。

何頭かは彼を噛んだ。何頭かは隠れた。何頭かはおそるおそる食べものを受け取った。そのなかに、彼の手から食べものを食べ、逃げも唸りもせず、さわらせ、撫でさせる個体がいた。さらに食べものを手から食べ、尻尾を振り、実験者に向かってくんくん鼻を鳴らし、相互作用を嫌がらず、むしろ歓迎する個体さえいた。ベリャーエフが選んだのはこれらのキツネだった。遺伝子コードにおける通常の変異のせいで、これらの個体は生まれつき人間のそばでも落ち着いており、人間に興味をもつようでさえあった。どのキツネも一切訓練されておらず、人間の世話係とも同じ最低限の接触をもっていた。世話係は彼らに餌を与え、その短い一生のあいだ寝床を掃除してやった。

これらの「慣れた」キツネは交配を許され、その子どもたちも同じようにテストされた。そしていちばん慣れた個体が成長してまた交配させられ、その後も同じように延々と続けられた。ベリャーエフは自分が死ぬまでこの実験を続けたが、彼の死後もこのプログラムは続いている。四〇年後、キツネの集団の四分の三が、「家畜化エリート」と呼ばれる優秀な個体となった。彼らは人々とのコンタクトを受け入れるだけでなく、それを求める。「相手の注意をひこうとくんくん鳴き、匂いを嗅ぎ、舐める」……まさに犬がするのと同じだ。ベリャーエフは家畜化されたキツネを作り出したのである。

その後行われたゲノム・マッピング〔個々の遺伝子がゲノム上のどこに位置するかを調べること〕によって、ベリャーエフの慣れたキツネと野生のシルバーフォックスとでは、現在四〇の遺伝子が異なっていることが判明した。信じがたいことだが、ある行動特性を選択することによって、半世紀のあいだにその動物のゲノムが変えられたのである。遺伝子の変化とともに、いくつかの驚くほどおなじみの身体的変化も生じた。のちの世代のキツネのいくらかは、多色でまだらの毛皮をもっている。ありふれた雑種犬によく見られる被毛だ。たれ耳で、巻き尾が背中にくるっと乗っている。頭はより広く、口吻はより短い。彼らは信じられないほどキュートである。

特定の行動が選び出されると、これらの身体的特徴もまたすべて一緒についてくる。行動が体に影響を与えるわけではなく、両者はある遺伝子、もしくは遺伝子セットの共通の結果なのである。ひとつひとつの行動は遺伝子によって決定はされないが、多少ともその可能性を与えられる。たとえ遺伝子配列によってきわめて高いレベルのストレスホルモンをもっていたとしても、四六時中ストレスを感じるわけではない。それが意味するのはストレス反応への閾値が低いことだ。ほかの人ならばストレス反応を起こさないような状況で、典型的なストレス反応――心拍の上昇、速い呼吸、多汗など――が起こりやすくなる。そうした閾値の低い人物が、たとえばドッグパーク（ドッグラン）で遊んでいる自分の子犬に向かって大急ぎで戻ってくるように怒鳴るわけだ。その人物が気の毒な子犬に向かって金切り声をあげる行為は、たしかに遺伝子に強いられたものではない。遺伝子はドッグパークのことなど知らないし、子犬のことも知らない。だが、その人物の遺伝子によって作られる神経化学的性質が、その種の状況が生じたときの行動を起こりやすくするのである。

前述の犬と似たキツネにも、同じことが言える。遺伝子のすることを考えれば[6]、遺伝子における小さな変化——たとえばふつうよりも刺激を感じるのがほんのちょっと遅いなど——でさえ、ある種の行動やある種の外見の出やすさを変えることがあるのだ。べリャーエフのキツネの例は、発達の上でのわずかな基本的な違いが広範囲に及ぶ影響をもちうることを示す。たとえば彼のキツネは、野生のキツネよりも犬によく似て早くから目を開け、最初の恐怖反応があらわれるのも遅い。この結果、世話をする人々（シベリアで実験にたずさわっていた人々のように）とのあいだの絆の形成に必要な初期の窓口が、より長期にわたることになる。野生のキツネにくらべて、彼らはおとなになってからもおたがいに遊ぶ。このことがおそらく、より長期の、そしてより複雑な社会化を可能にしているのだろう。注目すべきはキツネがオオカミから分岐したのが一〇〇〇万年から一二〇〇万年前だったにもかかわらず、わずか四〇年間の選択で彼らが家畜化されたように見えるということである。ほかの肉食動物であっても、人間が自分の庇護のもとにおいて家の中に入れるならば、同じことが起こりうる。遺伝的変化によって彼らは少しずつ犬《ドギー》のようになっていく。

オオカミはいかにして犬になったか

犬の歴史について、わたしたちはあまり考えることはない。だがあなたの犬がどのようであるかは、その犬の血統云々よりも、犬の歴史に負うところが大きい。その歴史は、あなたが犬を飼うよりもはるか昔から続いてきた。事実、犬の歴史はオオカミとともに始まったのである。

オオカミは、付属品を装着する前の、いわば原初の犬である。だが家畜化の覆いは犬をオオカミとはきわめて違った生きものにしている。(7) ペットの犬が迷子になっても、ひとりではほんの数日も生きていけないだろうが、オオカミの場合は、その身体的構造、本能的衝動、社会性が一緒になって、この動物をきわめて適応性の高い存在にしている。オオカミが住むのは、砂漠、森林、そして氷上といった多様な環境である。たいていは群れで暮らしている。一組のつがいのペアと四頭から四〇頭までのそれより若い、ふつうは血縁のオオカミたちだ。群れは共同で働き、仕事を分かち合う。年長のオオカミはいちばん若い子どもの養育を助け、大型の獲物を狩るときには集団全体が一緒に働く。彼らはテリトリー意識がきわめて高く、テリトリーの境界を定め、防衛するのに多くの時間を費やす。

今から何万年か前、いくつかのそうした境界の内側に人間があらわれはじめた。人類はホモハビリス〔約二〇〇万年前〕とホモエレクトス〔更新世前期から中期〕から、ホモサピエンスの時代となり、放浪生活から脱して居住地を作りつつあった。農耕以前からも、人間とオオカミのあいだで相互作用は始まっていた。それがどんなふうに起こったのかは、憶測するしかない。ひとつの考えは、人間が比較的固定した集落を形成し、残飯を含む大量のゴミを出すようになったというものである。オオカミは、狩猟もするが腐肉などをあさることもあるので、すぐさまこの食料源を発見したと思われる。彼らのなかでもっとも大胆な個体がこれらの新しい生きもの――裸の人間たち――への恐れを克服し、残飯の山をおおいに楽しんだのかもしれない。このようにして、人間を恐れることの少ないオオカミの偶然による自然選択が始まったのだろう。

時がたつにつれて、人間はオオカミを容認するようになっていった。おそらく子どものオオカミをペットとして、あるいは食料のないときの肉に使うために、連れ込んだのだろう。世代が進むにつれて、オオカミのなかでもおとなしい個体が人間社会の周辺部に住むようになる。こうして最終的に人間たちはとくに好ましい個体の繁殖を意図的に開始したのだろう。これが家畜化――動物をわたしたちの好みに合わせて作り替えること――の第一段階である。すべての種において、このプロセスはおおむね、人間とのあいだに徐々に関係をもつことによって生じる。時代が進むにつれて新しい世代はつぎつぎと人に慣れていき、最後には行動と体の両面で、野生の祖先とはっきり異なるに至る。このように家畜化のプロセスは、一種の偶然の選択――近くにいるとか、役に立つとか、あるいは一緒にいて楽しい動物たちに、人間社会の周辺でうろつくことを許す――から始まる。ただし家畜化の第二段階はより意図的である。そうした動物たちのうちで、あまり役に立たない、あるいは好ましくない個体は捨てられ、殺され、もしくは人間社会のそばに近づけなくなる。こうして、より飼育に適した動物たちが選ばれていく。最後にくるのが、わたしたちにいちばんなじみの深い家畜化プロセスである。特定の特徴を残すために、動物を交配していくのである。

　考古学的証拠によると、この「オオカミ犬」が最初に家畜化されたのは、一万年から一万四〇〇〇年前と考えられる。犬の遺骨が、ゴミの山の中に見つかっており（食べものもしくは所有物として使われたことがわかる）、さらに人間と一緒に埋葬された跡も発見されている。犬の骨格が人間の骨格のかたわらに丸くなって埋葬されているのだ。大多数の研究者たちは、犬がわたしたちと関係をもちはじめたのは、それよりさらに前、おそらく何万年も前のことだと考えている。ミトコンドリアDNAサンプル[8]からの遺伝学的証拠によると、一四万五〇〇〇年ほども前の時代に、本流のオオカミと、犬に進化することになったオオカミとのあいだで、微妙な分裂があったことがわかっている。後者のオオカミについては、これを原初家畜化動物《プロトドメスティケーター》と呼ぶことができるだろう。なぜならこのオオカミたちはやがて行動の面で変化を遂げ、その行動がのちになって人間たちの関心（あるいはたんに容認）を促したからである。人間たちと接触したころには、すでに彼らの家畜化の機は熟していたかもしれない。人間に拾い上げられたオオカミはおそらく、前者の純粋なオオカミにくらべて、狩りをするより腐肉をあさって食べるほうが多く、アルファ・オオカミよりも小型で、支配的でなく、より従順だったのだろう。要するに、よりオオカミ度が少なかったわけだ。こうして古代文明の初期のころには、人間はそのできたばかりの村落の壁の内側にこれらの動物たちを連れ込んでいた。ほかの動物たちが家畜化されるより何千年も前のことである。

　これらの犬の先駆者たちを、現在認められている何百もの犬種のメンバーと見るのは間違いである。ダックスフントの短い立姿、パグの平らな鼻――これらは、ずっとあとになってから人間たちが選択交配した結果である。今日わたしたちが認めている犬種のほとんどは、ここ数百年のあいだに作り出されたにすぎない。だがいま述べた初期の犬たちは、祖先であるオオカミの社会的スキルと好奇心を受け継ぎ、それを使っておたがいに対すると同じように人間と協力し、歓心を買うようになったのだろう。彼らは群れ行動への傾向をいくらか失った。食べものをあさる者にとって、共同で狩りをするのに必要な群れ行動は必要ない。そのうえ自分ひとりで生き、食べものを取るときには、いかなるヒエラルキーも関係ない。彼らは社会的だったが、社会的ヒエラルキーはもたなかった。

　オオカミから犬への変化の速度は、まさに衝撃的である。人間がホモハビリスからホモサピエンスへと変身するまでには、ほぼ二〇〇万年かかった。だがオオカミは、わずかな時間のうちに、それこそカエル跳びのように犬そのもの《ドッグネス》に変わっていったのである。自然が何百世代にもわたり自然選択を通じて実現することを、家畜化は再現する。それは時計の針を早める一種の人工的選択である。犬は家畜化された最初の動物であり、いくつかの点でもっとも驚異的な存在なのだ。たとえばほとんどの家畜は本来捕食者ではない。捕食者を人間の家に入れるのは賢明な選択ではないはずだ。肉を食べる動物に何を餌として与えるかという問題ばかりでなく、人間が肉とみなされるリスクもある。犬が捕食動物だったことは、狩猟の伴侶として役に立ったかもしれないが(現実にいまも猟犬として使われている)、過去数百年にわたって彼らの主な役割は人間のための働き手ではなく、友であった。それも、何でも受け入れてくれる親友だったのである。

だがオオカミには、人工的選択を行う対象として理想的な特徴がある。このプロセスでは、行動に柔軟性をもち、その行動をさまざまな状況に適応させられる社会的動物のほうが好都合である。オオカミは群れのなかで生まれるが、そこにとどまるのは生まれてから数年間だけだ。そのあと彼らは群れを去り、配偶者を見つけ、新しい群れを作り、あるいはすでに存在している群れに加わる。変化する地位と役割へのこのような柔軟性は、人間を含む新しい社会単位とかかわるのには有利である。群れの内部で、または群れから群れへと移動しながら、彼らは仲間の行動に注意を払う必要があっただろう——ちょうど犬が彼らの飼い主に注意を注ぎ、その行動に敏感となる必要があるように。初期の定住者たちと出会った初期のオオカミ犬は、たいして人間の役には立たなかったはずである。したがって彼らは、ほかのなんらかの理由のために評価されたに違いない。たとえばコンパニオンシップ、つまり「ともにいる存在」としての役割である。こうした新しい環境に対する開放性が、彼らを新しい群れに適応させたのだった——たとえそれがまったく違った種の動物を含むような群れであったとしても。

オオカミではない

そのようなわけで、オオカミと犬の両方の祖先——オオカミに似たイヌ科動物——のうちの何頭かが、放浪する人間の周辺に思いきってうろつきはじめ、最終的に受け入れられ、そのあとはもっぱら自然の気まぐれによってではなく、人間によって作り上げられたのだった。このため現代のオオカミは、犬の研究者にとって興味深い比較の対象となっている。両者はおそらく多くの形質を共有していると思われる。現代のオオカミは、犬の祖先ではないが、ともに同じ祖先を共有している。現代のオオカミでさえ、祖先のオオカミとはおそらくまったく違っていることだろう。今日の犬とオオカミに見られる違いは、最初のオオカミ犬（プロト・ドッグ）が人間社会に受け入れられるのに役立ったいくつかの特徴に加えて、それ以来人間が彼らに対して行ってきた選択交配によるものであろう。

事実、違いは多い。違いのいくつかは発達にかかわっている。たとえば、犬の目は生まれてから二週間以上開かないままだが、オオカミの子どもは生後一〇日で目を開ける。このわずかな違いが、なだれのようなカスケード効果をもつのである。おおむね犬は身体的にも行動的にも成長が遅い。発達において大きな節目《マイルストーン》となるものに、歩くこと、口に物をくわえて運ぶこと、はじめて噛み合う遊びをするなどがあるが、こうした行動をする時期はオオカミよりも犬のほうがだいたいにおいて遅い(9)。この小さな違いは、やがて大きな違いへと発展する。つまり社会化の窓が犬とオオカミでは違うのである。他者について学び、環境のなかのさまざまな対象に慣れるうえで、犬にはオオカミよりも時間の余裕がある。もし発達の最初の数ヶ月のあいだに、犬以外の動物——人間、サル、ウサギ、猫などなど——にさらされたならば、その犬はこれらの種に対してほかのものに対するよりも愛着や好みを形成し、本来感じると思われる捕食衝動や恐怖衝動に打ち克つことになる。この時期は社会的学習の感受期もしくは臨界期と呼ばれ、子犬たちはだれが犬か、味方か、部外者かを学ぶ。仲間がだれか、いかに行動すべきか、そしてまたさまざまな出来事の関連について学ぶうえで、犬はもっとも有利な立場にあるわけだ。オオカミの場合、仲間か敵かを学ぶ時期は犬より短い。彼らにとって社会化の窓は小さいのである。

社会的組織にも違いがある。犬は本当の意味で群れを形成しない。むしろ彼らは食物をあさり、あるいは小さな獲物をひとりで、もしくは複数の個体で同時に、狩りを行う。[10] 彼らは共同で狩りをしないが、協力的である。たとえば鳥猟犬や介助犬は、飼い主と同調して行動することを学ぶ。犬にとって、人間のあいだで社会化するのは自然だが、オオカミにとってはそうではない。彼らは生まれつき人間を避けるようになる。犬は人間の社会グループのメンバーである。人間やほかの犬たちのあいだこそが、彼らの生来の環境なのだ。犬は人間の幼児と同じく、いわゆる「愛着」を示し、ほかの者よりも世話をしてくれる者を好む。彼らは世話をしてくれる者から離れることに不安を感じ、戻ってきた相手に特別な挨拶をする。オオカミも群れのメンバーに挨拶するが、離れていたあと一緒になっても、特定の個体に愛着を示すようには見えない。人間のまわりで暮らす動物にとって、特定の相手に愛着をもつのはあたりまえのことだろうが、群れで生きる動物にとっては適切とは言えない。

身体的にも犬とオオカミは違っている。いまだに四足歩行の雑食性動物なのは同じだが、犬の場合、体のタイプとサイズが異常なほど多様である。ほかのイヌ科動物で、あるいはほかのどの種においても、種の内部でこれほどの多様な身体タイプが見られるものはない。体重二キロのパピヨンもいれば、一〇〇キロのニューファンドランド犬もいる。長い鼻づらとムチのような尻尾をもった細身の犬、短く縮まった鼻と切り株のような短い尻尾をもったずんぐりした犬。四肢、耳、目、鼻、尻尾、被毛、臀部、そして腹部……これらすべてのパーツにおいて、犬は形を変えられ、それでも依然として犬なのだ。それにくらべてオオカミのサイズは、大部分の野生動物と同じように、同一環境ではほぼ均一である。だがたとえ「平均的な」犬であっても（典型的な雑種犬といったらいいだろうか）、オオカミとは区別できる。犬の皮膚はオオカミより厚い。歯の数と種類は同じだが、犬の歯のほうが小さい。そして頭の大きさも、犬のほうがオオカミよりも二割がた小さい。つまり同じ体サイズの犬とオオカミをくらべると、犬のほうが頭蓋が小さく、したがって脳も小さいということになる。

いま述べた犬のほうが脳が小さいという事実は、広く喧伝されている。知能が脳のサイズによって決められるという（現在では間違いだと判明している）考えが、いまだに人々に訴えかける魅力をもっているためだろう。脳のサイズから脳の質に話が移るのはいかにも自然に見えるため、逆の証拠が出ているにもかかわらず、この説はいまだに根強い人気がある。問題を解決する能力についてオオカミと犬を比較研究したところ、当初は犬の認知能力が劣っていることが確かめられたかに思われた。人間の手で育てられたオオカミは、学習能力をテストする課題（三本のロープを決まった順序で一連のロープから引っ張る）で、犬よりもはるかに成績がよかった。オオカミたちは、最初にどのロープを引っ張るか、そしてそのあとどういう順序でロープを引っ張るかを、犬よりもすみやかに学習した（このときオオカミがばらばらに引き裂いたロープは犬よりも多かったが、これが彼らの認知について何を示すかについて、研究者たちは沈黙している）。オオカミは閉じられたケージからの脱走にも巧みである。犬はうまくない。イヌ科動物研究者は、オオカミが犬よりも対象物に多くの注意を払っており、ずっと巧みにそれを扱うと考えている。

こうした実験の結果から、オオカミと犬とのあいだには認知的な違いがあるという考えが生まれた。つまりほとんどの場合、オオカミのほうが洞察力に満ちた問題解決者であり、犬が「愚かもの」だということだ。実際のところ、昔から犬とオオカミのどちらが賢いかをめぐって、理論は揺れ動いてきた。科学というものはしばしば、その背景となる文化によって決まってくるわけで、これらの理論もまた、動物の心についてのそのとき優勢な考え方を反映している。だが犬とオオカミの行動についてこれまで蓄積された科学データは、もっと微妙な違いを浮き彫りにする。オオカミは、ある種の物理的パズルを解くのには犬よりすぐれているが、その理由は彼らの自然の行動を見ればいくらか説明がつく。なぜオオカミは、ロープを引っ張る課題をすぐに学ぶのか？ それは彼らがその自然の環境内で、物体を（獲物など）つかみ、引っ張る行動を数多くやっているからだ。犬はそうではない。両者の違いは、一部には、犬が生きていくのに必要とされるスキルがオオカミよりも少ないことによる。人間の世界に組み込まれた犬にとっては、もはやサバイバルに必要とされるスキルのいくつかは必要ではない。これから述べるように、犬はその物理的スキルで欠けているものを、「人間スキル」で補っているのだ。

そしてわたしたちの目が合った……

この二つの種のあいだには、最後にもうひとつ、見たところマイナーな違いがある。オオカミと犬のあいだに見られるこのひとつの小さな行動の違いが、じつはめざましい結果を生む。違いとはこれである――犬はわたしたちの目を見るのだ。

犬はアイコンタクトをし、情報を求めてわたしたちに目を向ける。求める情報は、食べもののありかであり、わたしたちの感情や気分であり、いま何が起こっているのかへの答えである。一方、オオカミはアイコンタクトを避ける。アイコンタクトはオオカミにとっても犬にとっても脅威となりうるのだ。凝視は、権威を主張する。人間でも同じである。大学院の心理学クラスで、わたしは学生たちに簡単なフィールド実験をやらせている。キャンパスに立って、目の前を通りすぎる人々の全員にアイコンタクトを行うのである。学生たちも、また学生たちの視線を受けた人々も、きわだって同じ行動を見せる。全員がアイコンタクトを続けるのに耐えられなくなるのだ。学生にとって、それはストレスに満ちた経験である。ふいに臆病になり、心臓がぱくぱくしてくると言う者が多い。わずか数秒間、だれかに視線を固定しているだけで汗がにじんでくるというのだ。相手がなぜ目をそらしたのか、なぜ半秒だけ長く凝視を続けたのかを説明するのに、その場で彼らは手のこんだ話を作り上げる。たいていの場合、凝視した相手は目をそらす。学生たちにはこのあと、この実験と関係した別の実験もやらせてみた。人間には他者が凝視している対象を追う傾向があるが、これを実験によって確認するのだ。ひとりの学生が、建物、樹木、歩道など、みんなから見える対象物に近づき、その上の一点をじっと見つめる。もうひとりの学生が、そばに立ってこっそりと通行人の反応を記録する。たまたまラッシュアワーの時間帯だったり、雨が降っていた場合は別だが、少なくとも何人かの人々はその場で立ち止まり、学生の視線を追って不思議そうにその魅力ありげな歩道のスポットをじっと見つめる——きっと何かがあるに違いない。

　この行動が別に驚くに当たらないとしたら、それがいかにも人間的だからである。わたしたちは「見る」のだ。犬もまた見る。犬の場合、あまり長いあいだ見つめることを嫌う祖先からの傾向が残ってはいるけれども、それでも情報を求め、安心を求め、指示を求めて、わたしたちの顔を見つめたがるように思われる。これはわたしたちにとって楽しいことだ。犬の目をじっと見つめ、その目がこちらをじっと見返しているのを見ると、わたしたちはある満足を覚える。だがこれは楽しいばかりでなく、じつは彼らが人間と一緒にやっていくためにぴったりの性質なのである。のちに述べるように、これもまた彼らの社会的認知スキルの基礎をなしているのである。わたしたちは、見知らぬ人とのアイコンタクトを避けるが、同時に親しい人とのアイコンタクトを大事にしている。ひそかな一瞥には情報がある。たがいに見つめ合う視線には、深いものが感じられる。人間どうしのアイコンタクトは、通常のコミュニケーションに不可欠の行為なのである。

したがって犬がわたしたちの目を探り、凝視することができたというのは、犬の家畜化において最初の段階のひとつだったのかもしれない。わたしたちが選んだのは、わたしたちを見つめる存在だった。そしてそのあと、わたしたちが犬にしたことは特異である。わたしたちは彼らをデザインしはじめたのだ。

鑑賞され愛玩される犬たち

ケージの上のラベルにはこうあった――「ラブのミックス」。保護施設《シェルター》にいた犬たちはみなラブラドールのミックスだった。でもパンプの親はスパニエルに違いない。黒い、絹のような毛がほっそりした体格を流れるように覆っているし、ビロードのような耳が顔を囲んでいる。眠っているときの彼女は完全な子グマだった。まもなく、尻尾の毛が長くなり、羽根のような飾り毛が出てきた。そうか、この子はゴールデン・レトリーバーだったんだ。そのうち下腹の柔らかな巻き毛がぴったりした密毛に変わり、少しだけ頬にたるみが出てきた。よろしい、この子はウォーター・ドッグだ……。成長するにつれて、彼女の腹は大きくなり、がっしりした樽のような体型になった――なるほど、やっぱりラブだったんだ。そのうちに尻尾がトリミングしたいほど旗みたいにふさふさしてきた――オーケイ、ラブとゴールデンのミックスだね。一瞬静かにしていると思うとつぎの瞬間には跳ねている――あ、プードルだ。そうそう、おなかは巻き毛でまるい。シープドッグの血が入っているのね。かわいいヒツジと茂みのなかに入り込んでいたのだろう。要するに彼女は世界で一匹だけの犬なのだ。

元来、犬は雑種だった。つまりコントロールされた血統からきたものではない、という意味である。だがわたしたちが飼っている犬の多くは、雑種だろうとそうでなかろうと、何百年ものあいだの厳密にコントロールされた交配の産物である。この交配の結果、形、サイズ、寿命、気質[11]、そしてスキルの面でさまざまに異なった、ほとんど亜種としか言いようのない犬たちが作り出された。体高二五センチ、体重四・五キロの外向的なノリッジ・テリアは、穏やかでやさしい気性をもつ巨大なニューファンドランド犬の頭の重さしかない。ボールをとってくるように言うと、困った様子を見せる犬もいるが、ボーダー・コリーには一度言えばもうそれで十分だ。

今日見られるさまざまな犬種の違いはよく知られているが、それらは必ずしも意図的選択の結果ではない。獲物の回収、体格の小型化、巻き尾など、いくらかの行動や身体的特徴は選択されているものの、あとはいわば「つきあい」で一緒についてきたようなものだ。交配の生物学的な事実とは、形質と行動の遺伝子が束になって伝わることである。数世代にわたって、とくに長い耳の持ち主の犬たちを交配させれば、全員が強い首と、伏し目と、立派な頬といったほかの特徴ももつようになるかもしれない。迅速にあるいは長距離を疾駆するために交配された視覚を使う猟犬《コーシング・ドッグ》は脚が長い。彼らの足の長さは胸の深さと同じか（ハスキー）それ以上だ（グレイハウンド）。それにくらべてダックスフントのように地上を追跡する犬の脚は、胴体の長さにくらべてはるかに短い。同じように、ある特定の行動のために選択すると、思いがけなくついてくるいくつかの行動をも選択することになる。動きにきわめて敏感な——おそらく過剰な網膜桿状体細胞をもつ——犬を交配すれば、その動きへの鋭い感受性にともなって興奮しやすい気質をもつ犬ができるかもしれない。また夜間にものを見るために大きな球状の目になるなど、外貌も変わる可能性がある。ある犬種で望ましいとされている形質が、最初は意図せずにもたらされることがときどきある。

はっきりした「犬種」が五〇〇〇年も前に存在したという証拠がある。古代エジプトの絵には、少なくとも二種類の犬が描かれている。頭と体が大きいマスチフに似た犬と、カールした尾をもつほっそりした犬だ。[12] マスチフは番犬として使われていたのかもしれない。ほっそりした犬のほうは狩猟のコンパニオンだったようだ。こうして特定の目的のために犬をデザインすることが始まり、以後もそれらの系統に沿って長いあいだ続けられた。十六世紀までには、ほかのハウンド犬種、鳥猟犬種、テリア犬種、牧羊犬種が加わっていた。十九世紀になると、さまざまなドッグ・クラブや品評会が広まり、犬種の命名とその系統の監視がさかんになった。

現代のさまざまな犬種はおそらくすべて、この四〇〇年のあいだの交配の激増によって生まれたものであろう。アメリカン・ケンネル・クラブ（AKC）のリストにはいま、ほぼ一五〇の犬種が登録され、もともとの仕事にしたがって[13]グループ別に分類されている。狩猟のコンパニオンは、「スポーティング（銃猟犬種）」、「ハウンド」、「ワーキング」、「テリア」のカテゴリーに分けられている。このほか、仕事をする「ハーディング（牧畜・牧羊犬種）」グループ、たんに「ノンスポーティング」グループ、そしてあらためて説明するまでもない「トイ（愛玩犬種）」グループがある。狩猟用に交配された犬種もさらに細分化されている。分類の基準は、彼らが提供する仕事の内容そのものによるほか（ポインターは獲物をポイントする〔鼻・背・尾を一直線にして獲物の場所を示す〕。レトリーバーは獲物を回収《レトリーブ》する。アフガンハウンドは獲物を疲れさせる）、彼らが追う獲物の種類（テリアはネズミをとる。ハリアは野ウサギを追う）、そして彼らが好む手段（ビーグルは地上を走り、スパニエルは水中を泳ぐ）による。このほかにも世界にはまだ数百種もの犬種がある。それぞれの犬種は、人間による使われ方だけでなく、身体的にも甚だしい差がある。体のサイズと形、頭のサイズと形、尻尾のタイプ、被毛の種類と色——。ペットショップに純血種の犬を探しに行けば、まるで新車のカタログのようにあなたの将来の犬について、耳の形から気性にいたるまですべてを詳細に述べた仕様書をつきつけられる。長足、短毛、下顎の張った犬をお望みですか？　それじゃグレート・デーンはどうです？　それとも短い鼻で、皮膚がひだになっている、巻き尾の感じがお好きですか？　パグなんかぴったりですよ——。犬種を選ぶのは、擬人化された選択肢から選ぶようなものだ。たんに「犬」を手に入れるのではなく、「威厳があり、堂々として、しかめつらしく、まじめで、お高くとまった」シャーペイだとか、「陽気で愛情深い」イングリッシュ・コッカー・スパニエル、「知らない人にはうちとけないが明敏な」チャウチャウ、「陽気な性格《パーソナリティ》の」アイリッシュ・セッター、「きわめて尊大な」ペキニーズ、「勇気があって無頓着で向こう見ずな」アイリッシュ・テリア、「性格の穏やかな」ブーヴィエ・デ・フランダース、そして驚いたことに「根っからの犬」と言われるブリアールなどを手に入れるのである。

　こうしたＡＫＣのグループ分けと、遺伝子類似性に基づいた犬種のグループ分けとが一致しないことを知ったら、愛犬家たちは驚くのではないだろうか。ケアン・テリアはハウンドに近いし、シェパードとマスチフはゲノムの多くを共有している。ゲノムの分析は、犬とオオカミの類似度についても、ほとんどの人が考えている想像を裏切る。長毛の、鎌のような尾をしたハスキーは、長い体で忍び歩きをするジャーマン・シェパードよりも、

オオカミに近い。バセンジーは、オオカミとは身体的にほとんど似ていないが、それでもこの犬はさらにオオカミに近いのだ。これは、彼らの家畜化プロセスの大部分を通じて、犬の外見が交配の偶然の副産物だったことを裏付けるもうひとつの証拠である。

犬種は比較的閉ざされた遺伝子集団であり、各犬種の遺伝子プールは外部から新しいゲノムを受け取っていない。ある犬種のメンバーとなるのは、その犬種のメンバーである親から生まれた犬でなければならない。したがって子孫に出てくるどんな身体的変化も、ランダムな遺伝子突然変異によるだけで、人間を含めて動物が交配するときにふつう起きる異なる遺伝子プールの混合によることはない。突然変異、遺伝的多様性、そして遺伝子混合は一般的には、集団にとって好ましく、遺伝的疾患を防ぐのに役立つ。繁殖ラインを通じて祖先をたどれるという意味で「良い血統」と考えられている純血種の犬が、雑種の犬より多くの身体的障害をもちやすいのはこのためである。

閉ざされた遺伝子プールのもつひとつの利点は、犬種のゲノムが染色体上に位置づけられるということであり、最近になって実際にそれがなされた。最初に取り上げられたのはボクサーのゲノムで、遺伝子数はおよそ一万九〇〇〇であった。こうして科学者たちは、ゲノムのどこに特徴的形質や異常、たとえばいくつかの犬種（とくにドーベルマン）によく見られるナルコレプシー〔ふいに完全な無意識の眠りに陥る症状〕を起こしやすい遺伝子変異があるかをつきとめはじめている。

研究者らによれば、犬種の閉ざされた遺伝子プールにはもうひとつの利点があるという。その犬たちが将来どんな犬になるか、比較的わかりやすいというのだ。それゆえ「家族にとって友好的」な犬にしろ、有能な家の番犬にしろ、好きなように選ぶことができるというのだが、事はさほど単純ではない。人間と同じように、犬もまたゲノムだけでは説明できない。どんな動物も真空の中で成長するわけではないからだ。遺伝子は環境と相互作用しながら、いまあなたが知っている犬を作り出す。正確な公式を特定するのはむずかしい。ゲノムが犬の神経と体の発達を形づくり、環境の中で何が知覚されるかをなかば決定する。そしてその後に知覚されたことが何であれ、それ自体さらなる神経と体の発達を形づくるのである。したがって遺伝子が受け継がれるとはいえ、子犬は彼らの両親のカーボンコピーではない。さらに加えてゲノムにおける巨大な自然変異がある。したがって、万一あなたが愛するペットを複製しようという気持ちになったとしても、そのクローン犬は、オリジナルの犬と同じではないだろう。犬が何を経験するか、だれと会うかが、その犬がどういう犬になるかに無数の形で影響を及ぼす。それがどのような形で影響を及ぼしたかは、とうていわたしたちにはつきとめられないのだ。

長年にわたって人間は犬をデザインしようとしてきた。だが今日わたしたちが見ている犬は、なかば偶然の産物なのである。多くの人が「パンプの犬種は何?」と聞く——ほかのどの犬よりもたくさん聞かれたものだ。そしてわたしもほかの犬たちのことを聞く。雑種だということは、その犬が何を遺産として相続してきたかを推測するというすばらしいゲームを提供する。そしてわたしたちはいろいろと当て推量をし、満足する——たとえひとつとして実証されることはなくても。(14)

犬種によって違うひとつのこと

犬種についての文献はおびただしいが、犬種による行動の違いを科学的に比較したものはひとつもない。科学的というのは、それぞれの動物の環境を管理下に置き、同じ物を与え、犬や人との接触も同じにするなど、何もかも同じにすることによって可能となる比較実験である。そのような実験がひとつもなされていないにもかかわらず、各犬種についていかにも大胆な説明がなされているのは、信じがたいほどだ。もちろん犬種間の違いがごくわずかだとか、存在しないとか言っているわけではない。犬種によって犬たちは、疑いなく違った行動をとる。たとえば、近くを走るウサギを見せられた場合などがそうだ。だが純血種か否かには関係なく、ある犬がウサギを見れば一定の行動をとると考えるのは間違いである。この同じ間違いは、ある犬種を「攻撃的」だとして、飼育禁止を立法化する動きに通じている。[15]

ウサギに対するラブラドール・レトリーバーの反応とオーストラリアン・シェパードの反応のはっきりした違いを知らなくても、犬種間での行動の多様性を説明するひとつの事実がある。刺激に気づき、それに反応するための閾値のレベルが違っているのだ。たとえば同じウサギの存在が、それぞれの犬に喚起する興奮の量は異なるのである。同様に、その興奮を引き起こすホルモンの量が同じでも、異なる反応の度合いを引き起こす——穏やかな関心で頭を上げる程度から、フルスピードの追跡まで。

これは遺伝子によって説明できる。わたしたちは犬をレトリーバー（回収犬）とかシェパード（牧羊犬）とか呼んでいるけれども、選択されたのは、回収する行動でもヒツジを見張る行動でもない。選択の基準は、さまざまな出来事や光景に対して適切な程度で反応する見込みであった。だが、ここで指定できる単一の遺伝子というのはない。どんな遺伝子も、回収行動やほかの特定行動を直接導くことはないのだ。だが一連の遺伝子は、動物が特定のやり方で行動する可能性に影響を与えうる。人間の場合でも、個人個人の遺伝子の違いは、特定の行動への傾向の差としてあらわれるだろう。興奮性ドラッグ中毒へのかかりやすさはなかば、その人の脳が快の感情を作り出すためにどのくらいの刺激を必要とするかに基づいている。したがって薬物常用行動は、脳をデザインする遺伝子に原因が求められるのだが、常用に直接結びつく遺伝子はないのである。ここでもまた、環境が明らかに重要である。いくらかの遺伝子は、ほかの遺伝子の発現を制御する——その発現は環境の状態に依存するかもしれない。箱の中で育てられ、薬物との接触がなかったなら、たとえドラッグ常用への傾向があったにせよ、ドラッグの常用癖をもつことはけっしてないのである。

同じように、それぞれの犬種は、一定の出来事に対する反応傾向によって区別することができる。どんな犬も目の前で鳥が飛び立つのを見ることができるが、何かが飛び上がるときの小さなすばやい動きにとくに敏感な犬もいる。狩猟犬種の場合、この動きに対する反応への閾値は、ほかの犬にくらべてはるかに低い。そしてわたしたちの反応閾値は、犬にくらべてさらに高いのだ。人間は鳥が飛び立つのを見ることができるが、鳥が目の前にいても気づかないかもしれない。狩猟犬種はその動きに気づくだけでなく、直接に別の傾向——そんなふうに動く獲物を追いかけること——に結びつく。この傾向を鳥の追跡行動へと導くためには、もちろん鳥なり鳥様のものをまわりに持ち込まなくてはならない。

同様に、ヒツジの群れを管理して一生を過ごす牧羊犬は、一連の特定傾向をもっている。群れのなかの個々の個体に気づき、見失わないようにすること、群れからの逸脱した動きを検知すること、群れをまとめようとする衝動。その最終的な結果が牧羊犬なのである。だが牧羊犬の行動は断片的な傾向からできあがっており、それらの傾向をヒツジのコントロールに向かわせるのは羊飼いである。さらに牧羊犬になるには、生後早い時期からヒツジに接触させなくてはならない。さもないとこれらの性癖は、ヒツジにではなく幼い子どもや、公園でジョギングをする人々、庭のリスなどにでたらめに向かうことになる。

こう考えると、攻撃的と呼ばれる犬種は、脅威的な動きに気づいてそれに反応する閾値が低いのかもしれない。この閾値が低すぎると、その犬に近づくなどといった当たりさわりのない動きでさえ、脅威として知覚されるのだろう。ただこの傾向にしても、とことん助長されることがなければ、犬種の特徴として悪名高い攻撃行動に走ることはけっしてないだろう。

犬種を知ることは、その犬を理解するための一次通過証を手に入れることである――現実にその犬と会う前でさえもらえる通過証だ。だが犬種を知ったからといって、言われているような行動が保証されていると考えるのは間違いである。それが保証しているのは、たんに一定の傾向をもっているということなのである。雑種犬が良いのは、純血種に見られる過激さが和らいでいることだ。気性はもっと複雑になる。それは彼らの交配された祖先たちの平均バージョンなのである。いずれにせよ、犬種の名を言うことは、犬の環世界の真の理解に向かうための最初の一歩にすぎず、けっして最終目的地ではない。それだけでは、犬から見た犬の生活がどんなものであるかはわからないのだ。

注釈つきの動物

雪が降っている。もうすぐ夜明けだ。あと三分で着替えて、公園に行かなくては――ほかの人たちがきて、きれいな雪を踏み荒らしてしまわないうちに。暖かくくるまって外に出たわたしは深い雪を不器用にかきわけて歩き、一方のパンプは大きくジャンプしながら突進し、巨大ウサギさながらの足跡をあとに残していった。わたしが雪の中に倒れ込み、手足をばたばたやって雪の上に天使《スノーエンジェル》の形を作っているあいだ、パンプは近くで体を投げ出し、仰向けになって体をごろごろしてはスノー・ドッグエンジェルを作っていた。一緒に同じ遊びをしているのがなんともうれしくて、わたしはパンプを眺めた。その瞬間、彼女のいる方向からものすごい悪臭が漂ってきた。すぐにわたしは気がついた。パンプはスノー・ドッグエンジェルを作っているのではなかった。彼女は腐った小動物の死体の上に転がっているのだ。

犬を根っこの部分で野生動物と考える人々と、人間が作った動物だと見る人々は一種の緊張関係にある。前者は、犬の行動を説明するのにオオカミの行動に目を向ける。最近もてはやされている犬のトレーナーたちは、犬のもつオオカミ的側面を完全に受け入れることで人気を博している。しばしば彼らは、後者のグループを馬鹿にしている。馬鹿にされているほうのグループは、自分たちの犬を四つ足でよだれをたらす「人」として扱っているのだ。どちらも「これだ」という答えにはなっていない。正解はこの二つの姿勢の真ん中にある。もちろん犬は動物であり、先祖返りの傾向をもつ。だがここで止まっては、犬の自然史をまったく見ていないことになる。彼らは再構成された動物なのだ。いわば注釈《アスタリク》つきの動物なのである。

犬を人間心理学の産物としてよりもむしろ動物として見ようとする姿勢は、本質的には正しい。擬人化を避けるために、人によっては、いわば非共感的生物学とでも言えるようなものに向かう。主観を避け、もしくは意識とか、選好とか、心情とか、個人的経験のようなややこしい問題を考慮しない生物学のことである。彼らの主張はこうだ。犬は動物にすぎない、そして動物とは生物学的システムにすぎず、その行動と生理学はより簡単な汎用的専門用語で説明できる――。最近わたしは、ある女性がテリアを連れてペットストアから出てきたのを見た。そのテリアは四つの足に小さな新しい靴を履かされていた。道路の汚れを家に持ち込みたくないから、と彼女は説明した。その犬は女性に引っ張られ、不潔な道路をこわばった四つ足ですべりながら歩いていった。自分の犬をぬいぐるみのように扱っているこの女性は、その犬の動物としての本性についてもっとよく考えたほうがよい。これから見ていくように犬の複雑さについていくらかでも考えることは（彼らの鼻の鋭敏さ、彼らが見ることができるもの、できないもの、恐怖心の消失、尻尾振りが示す単純な意味）、犬そのものを理解するのにおおいに役立つ。

だがその一方で、犬をただの動物と呼び、犬のすべての行動をオオカミの行動から説明することは、いろいろな意味で不完全であるばかりか、間違いでもある。犬が人間の家で人間とともに暮らすことに成功したのは、犬がオオカミではないという、まさにその事実によるのである。

たとえば、犬が人間を自分たちの「群れ《パック》」として見ているという間違った理解については、これを修正すべき時期にきている。「群れ」という言葉は――「アルファ」犬とか、支配とか、服従といった概念を引きつれて――人間と犬からなる家族を描写するのにもっとも使われている隠喩《メタファー》のひとつである。その主張は犬の起源から出ている。犬はオオカミに似た祖先から出現した、そしてオオカミは群れを形成する、したがって犬は群れを形成する……。この論法の流れは一見きわめて無理がなさそうだが、オオカミから（わたしたちが）犬に伝えなかったいくらかの属性を見ればわかるように、これは誤りである。オオカミはハンターである。だがわたしたちは、犬に狩りをさせて餌をとらせはしない[16]。子ども部屋の戸口に犬を置いても安心していられるが、オオカミを眠っている新生児（簡単に狩猟できる三キロの肉だ）と部屋に一緒にしておくことは、絶対にやらない。

それでも、多くの人々にとって、犬とわたしたちが暮らす家というものを、支配－群れ組織になぞらえるのは、ひどく魅力的である。わたしたちが優位の個体で、犬が劣位の個体というのがとくにいい。「群れ」という人気ある概念がいったん適用されると、それはわたしたちと犬とのあらゆる種類の相互作用のなかに入り込む。人間が最初に食べる、犬はつぎだ。人間が命令する、犬はそれに従う。人間が犬を歩かせる、犬に主導権をもたせてはいけない——。一緒に暮らす動物をどう扱うべきか自信のないわたしたちにとって、「群れ」の概念は体系を与えてくれる。

残念ながらこの概念は間違っている。それはわたしたちが犬とのあいだにもちうる理解と相互作用を制限するばかりでなく、現実に誤った前提に基づいているのである。こうやって再現された「群れ」は、現実のオオカミの群れとはほとんど似ていない。群れの伝統的なモデルは、直線的ヒエラルキーのそれである。支配するアルファ・ペアがおり、彼らの下にさまざまな「ベータ」、さらには「ガンマ」や「オメガ」までいるという構成だ。だが現代のオオカミ研究者は、このモデルがあまりにも単純すぎると考えている。これは捕獲されたオオカミの観察から作られたモデルなのだ。小さな囲いのなかで、制限された空間と資源のもと、血のつながっていないオオカミたちは自然に組織化され、結果として力のヒエラルキーを作り出す。どんな社会的動物でも、小さな部屋に閉じ込めておけば、同じことが起こるかもしれない。

野生ではオオカミの群れは、ほとんど完全に、血縁もしくはカップルの個体からなっている。彼らは「家族」であり、トップの地位をめぐって争う仲間集団ではない。典型的な群れには、つがいのペアと、一世代か複数の世代の子孫が含まれる。群れは社会的行動と狩りの行動を組織する。群れのなかでひとつのペアだけが交配し、ほかのおとなや若者など、群れのメンバーは子育てに参加する。めいめいが狩りをし、食べものを分かち合うが、ひとりでは手に負えない大きな獲物のときは、多くのメンバーが一緒に狩りをする。血のつながっていない動物もときおり一緒に加わって群れを形成し、複数の配偶カップルができる。だがこれは例外であり、おそらく環境的な圧力に適応したのであろう。群れにけっして加わらない個体もいる。

一組のつがいのペア――全員もしくは大部分のメンバーの親――がグループの方針と行動を決める。だが彼らを「アルファ」と呼ぶのは必ずしも正確でない。「アルファ」という言葉はまさに、トップの座をめぐる争いを暗示しているからだ。人間の親が家族のアルファではないように、彼らもまた群れの最優位者《アルファ・ドミナント》ではないのである。同様に、若いオオカミの服従的ステータスも、厳密なヒエラルキーというより、その年齢に関係がある。「支配的」もしくは「服従的」と見られる行動は、力をめぐる争奪のためではなく、群れのまとまりを維持するために使われる。こうしたランクは序列というよりは、むしろ年齢のしるしであり、挨拶や交流の姿勢においてくりかえし誇示される。年少のオオカミは年長のオオカミに近づくとき、尾を低く振って、体を地面すれすれにすることで、相手の生物学的優越性を認める。若い子犬は当然従属的レベルにいる。ただ複数の家族が混じり合った群れでは、子どもたちは両親のステータスをいくらか受け継ぐかもしれない。ごくたまに、群れのメンバーのあいだで緊張した、そしてときには危険な対決が起こり、ランクが強化されることもあるが、これが起こるのは侵入者への攻撃よりもまれである。群れの子どもたちは強制によるのではなく、仲間たちとの相互作用と観察を通じて、自分たちの居場所を学ぶ。

現実のオオカミの群れの行動は、ほかの点でも犬の行動とくっきりした対照をなす。イエイヌはふつう狩りをしない。ほとんどの犬は、彼らが生活することになる家族単位（人間が圧倒的に多い）のなかで生まれることはない。ペットの犬たちの交配は、彼らを受け入れた人間たち――いわばアルファカップル――の交配計画とは（喜ばしいことに）無関係である。人間の家で一度も暮らしたことがないいわゆる野犬〔feral dog　犬が野生化したもの、野良犬とは区別されているが実際のところその違いは不明瞭〕でさえ、伝統的な社会的群れをふつうは作らない。ただ一緒に移動することはあるかもしれない。

同じように人間もまた、犬の群れではない。わたしたちの生活はオオカミの群れよりはるかに安定している。オオカミの群れは、そのサイズもメンバーもつねに流動的であり、季節や子孫の割合、さらには若いオオカミが成長して群れを離れたり、獲物の入手可能性が変わるにつれて変動する。たいていの場合、人間の家に受け入れられた犬はそこでそのまま生を終える。翌春に家から追い出されることもなければ、冬のムース狩りのためだけに人間たちと行動をともにするわけでもない。イエイヌがオオカミから受け継いだと思われるのは、群れの社会性である。要するにほかの者たちと一緒にいたがるのだ。実際に、犬は社会的オポチュニストである。彼らは他者の行動に適応する。しかも人間は、彼らが適応するにはきわめて都合のよい動物だったのである。

時代遅れの単純な「群れ」モデルを採用することによって、わたしたちは犬とオオカミの行動の本当の違いが見えなくなり、オオカミの群れのもつもっとも興味深い特徴のいくらかを見逃すことになる。犬がわたしたちの命令を聞き、わたしたちに従い、わたしたちを喜ばすことを説明するには、自分たちが群れのアルファだと考えるよりは、彼らの食料源だと考えるほうがうまくいく。わたしたちはたしかに、犬を完全に服従させることができる。だがそれは、生物学的に必要でもなければ、わたしたちのどちらにとっても、とくに価値を高めるものでもない。群れというアナロジーは、擬人化を一種の「擬獣化」で置き換える以外の何ものでもない。その馬鹿げた哲学は「犬は人間ではない、それゆえわたしたちは、彼らをあらゆる点ではっきりと非人間として見なくてはならない」としているようだ。

わたしたちと犬は、群れというよりも仲良し集団《ギャング》に近い。ふたりからなるギャングだ（もしくは三個体、四個体、あるいはもっといるかもしれないが）。わたしたちはひとつの家族である。わたしたちは習慣を、好みを、家を共有する。一緒に眠り、一緒に起きる。同じルートを歩き、同じ犬に立ち止まって挨拶する。わたしたちはギャングである。それも、楽しく、無為に、ギャングの維持のほか何も求めずに自己満足しているだけのギャングだ。このギャングが機能するためには、行動の基本的前提を共有することが必要となる。たとえば家での行動基準に同意する。いかなる環境下でも居間の敷物《ラグ》の上に排尿するのは許されないということに、同意する。うれしいことに、これは暗黙の合意である。犬は家での行動に関するこの前提を教えられなくてはならない。ラグの値打ちを知っている犬などいない。むしろ犬にとっては、ラグは膀胱を空っぽにするのにぴったりの、素敵な足触りをもつ地面かもしれないのだ。

群れというメタファーを信奉するトレーナーは、群れの「ヒエラルキー」要素を抜き出して、それのもととなっている社会的状況を無視する。(彼らはまた野生におけるオオカミの行動については、間近で追跡するのがむずかしいためわかっていないことが多いという事実をも無視する。)。オオカミ派のトレーナーは、人間が群れのリーダーであり、規律と服従の強制に責任を負うと言う。たとえばこれらのトレーナーは、尿のかかったラグを見つけると、罰によって教育する。犬を怒鳴ることもあれば、押さえつけたり、鋭い言葉で叱る、あるいは首輪を引っ張ったりする。犬を犯行現場に連れてきて罰するというのはよく知られているが、これはとくに間違った方法なのである。

このやり方は、わたしたちがオオカミの群れの現実について知っていることとは相容れない。むしろこれは、人間が頂点にいてほかの者を支配する「動物王国」といった古くさいフィクションに近い考え方だ。オオカミはおたがいを罰するのではなく、おたがいを観察することによって学習するようである。犬もまた人間の反応を鋭く観察する。罰を与えるかわりに、彼ら自身にどの行動が報酬を受け、どの行動が無駄に終わるかを気づかせるならば、学習は最高にうまくいくだろう。犬とあなたの関係は、たとえばあなたが家に戻って床におしっこの水たまりを発見した瞬間に何が起きるかで決められる。犬がしでかした不行跡（それもたぶん数時間前にしたもの）に対して、前述の支配戦略で罰を与えるのは、弱い者いじめに似た関係を作るだけだ。そうやってトレーナーが犬を罰したあと、問題行動は一時的には少なくなるかもしれない。だが作り出されたその関係は、トレーナーと犬のあいだだけである（トレーナーがあなたの家に引っ越さないかぎり長続きしないだろう）。しかもその結果、犬はひどく神経質になり、ひょっとすると恐怖心さえ抱くようになる。けっしてこちらが教えたいことを理解する犬にはならないだろう。ではどうしたらよいか。犬にみずからの観察能力を使わせるのである。望ましくない行動をしたら、飼い主の関心も、食べものも、何ももらえない。あなたからほしいものは、何も手に入らないのだ。ちゃんと行動すれば、それが全部手に入る。このプロセスは、子どもがおとなになる道のりにおいて不可欠の部分である。そしてそれこそが、犬と人間のギャングが家族としてまとまるための方法なのである。

CANIS UNFAMILIARIS

その一方で忘れてはならないのは、オオカミと犬を分けるのが、わずか何万年の進化の年月でしかないという事実である。人間がチンパンジーから分かれた跡をたどるためには、何百万年という年月をさかのぼらなくてはならない。あたりまえだが、人間は子どもの育て方を学ぶのに、チンパンジーの行動に頼ったりはしない。[17] オオカミと犬は、彼らのＤＮＡのうち、ほぼ〇・三パーセントを除いた残りのすべてを共有している。ときたまわたしたちも、ペットのなかにオオカミの断片を見ることがある。犬の口から大好きなボールを引き出そうとするときの一瞬の唸り声。相手の犬が、遊び仲間というより獲物のように見える荒っぽい取っ組み合い《ラフアンドタンブル》。犬が肉の骨にとびつくとき、目に宿る野生の光。

わたしたちにとって、犬との相互作用の大半は穏やかで平和だが、彼らの先祖返りの側面はそれと激しい対比を見せる。ときどき裏切り者の太古の遺伝子が、ほかの遺伝子が作り出した家畜化の部分を支配してしまったかのように感じられることもある。犬が飼い主を噛む、家族の猫を殺す、隣人を攻撃する、といったときだ。わたしたちは、犬のもつこの予測不能な野生の側面を認めなくてはならない。犬は何千年間にわたって人間によって交配されてきたが、その前の何百万年もの年月を、わたしたちなしで進化してきたのである。かつて彼らは捕食者だった。彼らの顎は強く、歯は肉を噛みちぎるようにできている。彼らの脳は、意図するより前に行動するよう配線されている。彼らには自分自身と自分の家族、そして自分の領域を防衛しようとする衝動がある。いつ彼らがその衝動に駆り立てられるのかは、必ずしも予測できない。しかも彼らのほうは、文明社会に住む人間たちの共有する前提に、自動的に注意を払ったりしないのである。

その結果、散歩しているときに犬が自分のかたわらから勢いよくとびだし、道筋から外れて草むらのなかの見えないものを狂ったように追いかける光景にはじめて遭遇したとき、あなたはパニックに陥るかもしれない。だがそのうちにおたがいに慣れてくるだろう——犬はあなたから期待されるものに、そしてあなたは彼らのすることに。「道筋から外れて」いるのは、あなたにとってそう見えるだけである。犬にとっては、それは歩くことの自然な延長なのだ。そのうちに彼は、道筋について学ぶだろう。あなたのほうは、草むらのなかの見えないものを見ることはけっしてないかもしれないが、一〇回も散歩をするうちに、見えないものが草むらのなかにあること、やがて犬はあなたのもとに戻ってくることを学ぶ。犬と一緒に暮らすことは、おたがいが知り合うための長いプロセスである。噛む行為さえ、同じものではない。恐怖から噛むこともあれば、挫折感から噛むこともあり、苦痛や不安による噛み行動もある。攻撃的な噛みつき《スナップ》は、調べるために口にくわえる行為とは違う。遊び噛み《プレイバイト》とグルーミングで軽く噛むのも、また違うのだ。

ときおりの野生回帰にもかかわらず、犬はけっしてオオカミには戻らない。野良犬（stray dog：人間と一緒に暮らしていたが、そのあと捨てられたか逃げだした犬）や、放浪犬（free ranging dog：食べものは与えられるが人間から離れて生きている犬）が、オオカミに似た性質を飼い犬より多く身につけるわけではない。野良犬は都会の住民に似た暮らし方をしている。ほかの犬と一緒の行動や協力もしているが、たいていはひとりである。単一のペアからなる群れを形成するなどの社会的組織化は行わない。オオカミがするように子犬のために巣穴を作ったり、彼らのために食事を運んでくることもない。放浪犬はほかのイヌ科の野生動物のように社会的順位を形成するかもしれないが、闘いや競争によるよりも年齢によって組織されるほうが多い。協力して狩りを行うこともない。彼らは食べものをあさり、あるいはひとりで小さな獲物の狩りをする。家畜化が彼らを変えたのだ。

一方、オオカミを生まれたときから人間のあいだで育て、社会化してみても、彼らは犬にはならない。彼らの行動は中間に位置する。社会化されたオオカミは、野生に生まれ育ったオオカミよりも、人間に対して関心をもち、注意を払う。人間のコミュニケーション・ジェスチャーにも、野生のオオカミよりもよく従う。だが彼らはオオカミの衣を着た犬ではない。人間の世話係に育てられた犬は、ほかの人間よりもその世話係と一緒にいることを好むが、オオカミはそれほど区別をしない。人間が出す手がかり《キュー》を解釈する点でも、人の手で育てられたオオカミは、犬にはるかにひけをとる。オオカミがリードをつけられ、命令どおりにすわり、伏せをしているのを見ると、社会化されたオオカミと犬のあいだにはほとんど違いはないと思うかもしれない。だがそこにウサギを放したときのオオカミの行動を見れば、両者のあいだにまだどれほどの違いがあるかは歴然としている。人間の存在は忘れ去られ、ウサギは容赦なく追いかけられる。同じウサギを前にしても、犬は飼い主から走ってよいとの許可が出るまで我慢強く待っている。人間との交《コンパニオンシップ》わりが、犬にとっての動機づけの肉となったのである。

あなたの犬を作る

一腹の子犬たちのあいだから、あるいは保護施設の吠えたてる雑種犬たちのなかから犬を選んだときから、人はまた「犬を作ること」を始める。家畜化の歴史を再現するわけだ。犬と交流するたびに、毎日毎日、あなたは彼の世界を規定する——限界を定めると同時に拡げていくのだ。あなたと一緒に過ごす最初の数週間、子犬の世界は、たとえ完全には白紙状態《タブラ・ラサ》ではないにしろ、生まれたての赤ん坊が経験する「途方もない混乱」状態にひどく近い。保護施設のケージの中で、自分をのぞいている人間にはじめて目を向けたとき、どんな犬もその人間が彼に何を期待しているのか知らない。少なくともアメリカでは人々が犬に求めるものは、かなり似通っている。友好的で、忠実で、かわいがることのできる存在だ。わたしを好きになってね、でもわたしがご主人だということは忘れちゃ駄目よ。家の中でおしっこしちゃ駄目。お客にジャンプするのも駄目。わたしのパンプスを噛むのは駄目。ゴミ箱に顔を突っ込んでは駄目……。どういうものか、言葉は犬に届かない。どの犬も人間と暮らすためには、これらの要素を教えられなくてはならない。犬は、あなたを通じて、あなたにとって何が重要かを学ぶ。それとともに、彼にとって重要な（とあなたが思う）事柄も学ぶのだ。わたしたち人間もまた、ある意味で飼い慣らされている。自分たちの文化の規範を教え込まれ、いかに人間になるか、いかに他者と行動するかをたたき込まれる。言葉がこれを容易にしているが、言葉の存在がどうしても必要というわけではない。そのかわり必要なのは、犬が何を知覚しているかに気づくことであり、わたしたちが何を知覚しているかを犬にはっきり知らせることなのである。

一世紀のローマでプリニウスが編纂した膨大な『博物誌』には、クマの誕生について大胆な主張がある。「子グマは白く、形のない肉のかたまりで、大きさはハツカネズミとほとんど変わらない。目もなく、毛もなく、爪が突き出ているだけだ。このかたまりを、母グマはゆっくりと舐めて形にする。」クマはただ純粋に未分化の存在として生まれ、そして母グマは、まことの経験主義に則り、それを舐めることによってクマの赤ん坊からクマを作るのだ。パンプを家に入れたとき、わたしは自分のやっていることがまさにこれだと感じた。わたしは彼女を舐めて形にしていた（わたしたちがたっぷり舐め合ったというだけでない。第一、舐めていたのはもっぱら彼女のほうだった）。彼女をいまの彼女にしたのは、そう、ほとんどの人が一緒に住みたいと思うような犬にしたのは、わたしたちの交流なのだ。わたしたちの出入りに関心をもち、わたしたちに注意を払い、邪魔になりすぎず、遊び好きでありながら、遊ぶべき時をわきまえているような犬である。彼女は世界と取り組むことにより、ほかの人々が行動するのを見ることにより、示されることにより、そしてわたしとともに世界に取り組むことによって、世界を解釈した。そして家族の良きメンバーへと成長したのである。一緒の時間を過ごせば過ごすほど、彼女は彼女になっていき、わたしたちふたりは絡み合う蔓のようにおたがいに離れがたくなっていく。

嗅ぐ

その日最初の匂い嗅ぎ。朝、ドッグフードをボールに入れていると、パンプがぶらぶらと居間に入ってくる。見たところ眠そうだが、鼻孔は大きく広がって、朝の体操をしているみたいに、四方八方に伸び縮みしている。体はそのままにして鼻だけフードのほうに伸ばし、匂いを嗅ぐ。わたしにちらと視線を向けて、それからもう一回嗅ぐ。判断がくだされた。彼女は餌入れから後ずさりすると、まあいいや、というふうにわたしの伸ばした手に鼻をくっつける。湿った鼻がわたしの手のひらを探り、ヒゲが皮膚をくすぐる。わたしたちは外に行く。彼女の鼻は体操をしているようだ——貪欲に、幸せに、鼻先をかすめる匂いを取り入れて。

わたしたち人間は、嗅ぐという行為についてあまり考えないで過ごす。日々の感覚のなかで、匂いはマイナーな存在である。逆にたえず取り入れ、たえず頭から離れないのはおびただしい視覚情報だ。い

まわたしがいる部屋はさまざまな色彩、表面、濃度が走馬燈のように混じり合った、小さな動きと影と光のミックスである。もちろんよく気をつければ、そばのテーブルに置いたコーヒーの香りを嗅ぐことができる。そしてたぶん、ぱっと開いたときの本の新鮮な香りも。だがそれも、そのページに鼻を突っ込めばの話である。

このように、わたしたちはいつも匂いを嗅いでいるわけではない。そればかりかわたしたちが匂いに気づくのは、たいていそれが良い匂いか悪い匂いだからである。匂いがなんらかの情報をもたらすなどということはめったにない。わたしたちはほとんどの匂いを、魅惑的か、あるいは不快とみなす。視覚のように中立的性格をもつ匂いはほとんどないのである。わたしたちは匂いを楽しみ、あるいは避ける。わたしがいまいる世界は比較的匂いがないように思われる。だが、けっしてそんなことはない。弱い嗅覚のおかげで、わたしたちには世界がどう匂うかについての好奇心が欠けているのだ。科学者たちは協力してそれを変えようと努力しており、彼らが嗅覚動物（犬も含む）について発見した事実は、わたしたちを羨ましがらせるのに十分である。人間が世界を見るように、犬は世界を嗅ぐ。犬の宇宙は、複雑な匂いの層からできている。匂いの世界は、少なくとも視覚の世界と同じくらい豊かなのだ。

嗅ぐ者たち

……家畜が草を食《は》むように彼女は嗅ぐ——鼻を草むらに深く埋《うず》め、地面をくまなく探し、息もつかずに匂いを吸い込む。それから吟味するためにも嗅ぐ——差し出された手を鑑定するのだ。さらには目覚まし時計のかわりに嗅ぐ——眠っているわたしの顔に顔を近づけ、ヒゲでくすぐってわたしを起こす。瞑想しているような嗅ぎ方もある——鼻づらを高く上げ、じっと微風を追っていく。どんな嗅ぎ方であれ、そのあとには中途半端なクシャミが続く。ハックションではない、ただクシャンというだけ。たったいま吸い込んだ匂いの分子が何であろうと、それを鼻孔から一掃しようとでもいうかのように……。

犬は世界を相手にするとき、人間のように対象に手を触れたり、見つめたり、ほかの者に指示したり、頼んだりすることはない（臆病者がこれをしそうだ）。犬は新しい未知の対象に向かって勇敢にまっすぐ闊歩し、そのとびきり素敵な鼻づらを対象から数ミリのところまで伸ばして、思いきり深くその匂いを嗅ぐ。ほとんどの犬種に共通して、犬の鼻は敏感そのものである。鼻づら（口吻《マズル》）は前に突出し、犬自身が到着するより何秒か前に、見知らぬ人物を調べている。マズルの上の鼻はたんなるお飾りではない。それは主役を演じる濡れたスターだ。その突出ぶりが示唆するのは（すべての科学が確認しているように）、犬が鼻の生きものだということである。

嗅ぐという行為は、匂いのあるものを犬のところに連れてくるための偉大な手段である。化学物質の匂いを加速させ、犬の鼻の空洞に沿って待機している受容体細胞《レセプター》まで届かせる空中ケーブルだ。嗅ぐというのは空気を吸う働きだが、ふつうに吸うというより、たいていは短く一気に何度か空気を吸い込む行為が含まれる。嗅ぐ、つまり鼻をくんくんさせるのはだれでもやる。鼻をすっきりさせるためもあれば、料理の匂いを嗅ぐ、あるいは瞑想時の準備呼吸の一部ということもある。人間の場合、情緒的に、あるいは意味をもたせるために使うことさえある。さげすみ、軽蔑、驚き、そして文の終わりの句読点として使うのだ。知られているかぎり、ほとんどの動物が匂いを嗅ぐのは世界を探るためである。ゾウはその長い鼻を空中にかかげて「潜望鏡方式」で匂いを嗅ぐし、カメはゆっくりと近づいてから鼻孔を広げて嗅ぐ。キヌザル《マーモセット》は鼻をこすりつけながら匂いを嗅ぐ。行動生物学者たちは、動物を観察するさい、しばしばこうした嗅ぎ行動に注目する。この行動は、交配、社会的相互作用、攻撃もしくは採餌に先だって見られることがあるからだ。動物が鼻を地面や対象に近づけるとき（ただし触れない）、もしくは対象が鼻までもってこられるとき（ただし触れない）、その動物は「嗅ぐ」行為をしているとみなされる。このような場合に動物ははっきり匂いを吸入していると科学者たちは考えている。だが実際にその動物の鼻孔が動き、あるいは吸引される小さな空気の渦が鼻の前で起こるのが見えるまでに近づくのは、不可能かもしれない。

嗅ぐという行為において実際に何が起きているのか、細密に調べた人はほとんどいない。だが最近になって、ある研究グループが、空気の流れをとらえる特殊な撮影法を使って、犬の嗅ぎ行動がいつ、いかにして起きるかを検知した。研究者たちは、その嗅ぎ行動がけっして「鼻で笑える」ようなものではないことをつきとめた。実際それは、単純な吸入でもなければ、ただ一回の吸入でもなかった。嗅ぎ行動はまず、鼻孔の中の筋肉が緊張して空気の流れを中に引き寄せることから始まる。これによって空気に含まれる大量の匂いが鼻に入る。一方鼻の中にすでにある空気は邪魔にならないように入れ替わる必要がある。ふたたび鼻孔がわずかに震えて、鼻の中の空気をより深くに押し入れるか、あるいは鼻のわき、鼻翼のスリットを通して鼻から逆に押し出す。これによって吸い込まれた匂いはすでに鼻の中にある空気とぶつからずに、内側の受容体にアクセスできる。さらにこれが特別だというのは、このときの排出によって引き起こされたかすかな風が、新たに空気の流れを作り出すことで、新しい匂いをさらに大量に中に押し入れるのに役立っているのである。

この作用は人間の場合ときわめて異なる。わたしたちのほうは、「同じひとつの鼻孔から、入れて出す」という不器用なやり方である。もしわたしたちが何か良い匂いを嗅ぎたいと思ったら、いわば匂いの過呼吸をしなくてはならない。ほとんど排出せずにくりかえし吸い込むのだ。犬は排出のさいに小さな風の流れを作り出し、それが空気の吸い込みを促す。したがって犬が匂いを嗅ぐ行為には、それを助ける排出の要素が含まれる。これは目でも確認できる。犬が鼻で地面を調べているとき、地面から立ちのぼる小さな土埃が見えるはずだ。

わたしたちがあれほど多くの匂いを不快に感じがちであることを考えれば、人間の嗅覚システムが環境内の匂いに順応するというのはありがたいことだ。一ヶ所にとどまっていれば、時間がたつにつれてどんな匂いも薄れていき、しまいにはまったく気づかれなくなる。朝のコーヒーを淹れる最初の素敵な匂い……だがそれも数分のうちに消えていく。ポーチの下から漂う胸が悪くなりそうな腐った匂い……これも数分のうちに消えてしまう。犬の場合は、その嗅ぎ方式のおかげで、まわりの嗅覚地図に順応するのを避けることができる。彼らはたえず鼻の中で匂いをリフレッシュし続けているのだ——あたかも視線をたえず動かしてくりかえし見続けているように。

鼻の鼻

車に乗り込むと、わたしは彼女の側の窓を開ける。ただしドッグサイズの頭に合う隙間だけだ（以前、道路わきでヒッチハイクしていたリスを追って、開いた窓から体ごととびだしたときのことを忘れちゃいけない！）夜のドライブのあいだ、パンプは座席の肘掛けのうえにとびのり、鼻づらを窓から突き出す。目を細め、顔を風で流線型にして、突進してくる空気の中に鼻を深く突き出す。

いったん匂いが鼻に吸い込まれると、おびただしい細胞組織が大喜びでそれを受け入れる。純血種の犬の大部分、そして雑種犬のほとんど全部は長いマズルをもち、その鼻のなかには特別の皮膚組織で内張りされた迷路のようなチャンネルがある。この内張りは、わたしたち自身の鼻の内張りと同じく、空気が運ぶ「化学物質」を受け取る用意ができている。匂いとして知覚される、さまざまなサイズの分子だ。わたしたちが世界で出会うどの物体も、これらの分子の靄《もや》の中に入っている。カウンターの上の熟した桃。ドアのところで脱ぎ捨てられた靴。わたしたちがつかんだドアのハンドルまでも。鼻の内側の組織は、小さな嗅覚受容体細胞で一面に覆われており、それぞれの細胞で繊毛の兵隊たちが特定の形の分子をとらえて感知する役目を果たす。人間の鼻にはおよそ六〇〇万の嗅覚受容体がある。牧羊犬の鼻は二億以上、ビーグルの鼻は、三億以上である。犬は人間にくらべ、嗅細胞にかかわる遺伝子がもっと多く、細胞自体の数や種類ももっと多く、検知できる匂いの種類ももっと多い。犬と人間では、匂いの経験の違いはすさまじいものがある。くだんのドアのハンドルからいくらかの分子を検知するときも、ひとつの細胞だけではなくいくつもの細胞の組み合わせが一緒に発火して、情報を脳に送る。信号が脳に届いたときはじめて、それは匂いとして経験される。その匂いを嗅いだのがわたしたちだとしたら、そのときわたしたちは言うわけだ――ああ、匂いがするぞ！　と。

けれども十中八九まで、わたしたちはドアのハンドルの匂いなど嗅ぎはしない。だがビーグル犬は嗅ぐ。彼らの嗅覚はわたしたちのそれより何百万倍も敏感だとされている。彼らにくらべればわたしたちは完全に嗅覚欠如症であり、まったく匂いを感じないに等しい。わたしたちはスプーン一杯の砂糖をコーヒーに入れて、甘くなったのに気づくかもしれないが、犬は同じコーヒー一杯の砂糖を一〇〇万ガロンの水に入れても、それを検知することができる。一〇〇万ガロンというのは、オリンピックサイズのプールを二つ満杯にする水量である。(18)

このような嗅覚をもつということは、どんなふうなのだろうか？　わたしたちの視覚世界のあらゆる細かな部分が、匂いと組み合わさっているとしたら？　薔薇の花びらはどれも違った香りがする。虫が訪れて、遠くの花の花粉の足跡をつけていったかもしれない。たった一本の茎が、だれが、そしていつ、それを持ったかという記録を保持しているというのは、いったいどんな感じだろうか。ちぎられた葉には、おびただしい化学物質が残されている。葉にくらべて水分をふっくらと含んだ花びらの肉は、さらに違った匂いを乗せている。葉の表面のひだには匂いがある。棘に結んだ露の玉にも。そしてどの細部にも「時間」の情報が含まれる。わたしたちは花びらが枯れて茶色くなるのを見ることができるけれども、犬はこの枯れゆく老化のプロセスを嗅ぐことができる。視覚世界の細部を分刻みで嗅ぐというのはどういう感じのものだろうか。つまり犬にとっての薔薇とは、そういうことなのかもしれない。

鼻はまた、情報を脳に届けるための最速のルートである。視覚もしくは聴覚のデータが最高の情報処理センターである大脳皮質に行く途中、中間の準備領域を通っていくのにくらべて、鼻の中の嗅覚受容体は直接、皮質内の「嗅球」（球状の形から）につながる。犬の嗅球は脳の質量のおよそ八分の一に当たる。この割合は、わたしたちの脳の中心的視覚処理センターである後頭葉が脳全体に占める割合よりも大きい。だが犬が特別に鋭い嗅覚をもつのは、彼らが匂いを知覚するために使うもうひとつの方法のせいでもある。鋤鼻器《じょび》がそれだ。

鋤鼻の鼻

この「鋤鼻（vomeronasal）」という言葉で心に浮かぶのは、なんという特異なイメージだろう！　吐いた（vomit）ばかりの嘔吐物の匂いをたっぷり嗅いだときの不快さを喚起するこの「鋤骨」（vomer）という言葉は、じつは感覚細胞が位置する鼻腔内の小さな骨の部分の名称なのだ。それでもこの名前はなんとなく、食糞の悪名をもつうえ、地面から離れた場所に残されたほかの犬の尿の跡を舐めたりする動物たちにはぴったりのような気もする。どちらの行動も、犬にとっては吐き気を催させるものではない。それは地域のほかの犬やほかの動物たちについて、より多くの情報を集める手段にすぎない。鋤鼻器は最初は爬虫類で発見された。これは上顎部、あるいは鼻腔内にある特化した嚢であり、ここでもまた分子を受容する細胞で覆われている。爬虫類はそれを使って方向を検知し、食べものを見つけ、交配相手を見つける。トカゲは舌をパッと突き出して未知の物体に触れるが、味わったり嗅いだりしているのではない。自分の鋤鼻器に向けて化学物質の情報を引き寄せているのだ。

この化学物質というのはフェロモンである。動物から放出され、同じ種の動物によって知覚されるホルモン物質で、ふつうは特定の反応を促進したり（セックスの準備を整えるなど）、さらにホルモンのレベルを変えることさえある。人間が無意識にフェロモンを知覚しているという証拠がいくらかある——鼻腔中の鋤鼻器を使っているという推測さえも。[19]犬には明らかに鋤鼻器がある。それは上顎と鼻腔のあいだに位置している。ほかの動物と違って、犬のこの受容体領域は分子を奥へ進めるための繊毛に覆われている。フェロモンはしばしば液状で運ばれる。とくに尿は、ある動物がその個人的情報（とくに交配を切望していること）を、異性のメンバーに伝える重要な手段である。尿中のフェロモンを検知するために、いくらかの哺乳動物はその液体に触れ、唇をめくり上げて無念そうな独特のしかめつらをする。これはフレーメンと呼ばれるものだ。フレーメンをしている動物の顔は愛らしさとはほど遠いものだが、これこそは愛の相手を求めている動物の顔なのだ。フレーメンは、その液体を鋤鼻器に突進させるための姿勢のようだ。このようにしてその液体は組織の中に注ぎ込まれ、あるいは、毛管現象を通じて吸収される。サイやゾウなどの有蹄類は始終フレーメンをする。コウモリや猫もそうだ。フレーメンにはそれぞれの種によってバリエーションがある。人間も鋤鼻器をもっているかもしれないが、フレーメンはしない。犬もしない。だが犬をつねに観察していれば、彼らがほかの犬の尿にきわめて強い関心を抱くのに気づくだろう。ときにはその関心があまりにも強くて、彼らをその尿の真ん中におびき寄せることもある……こら、やめなさい！　舐めちゃ駄目！　そう、犬は尿を簡単に舐める。とくに発情期の雌の尿だ。これはフレーメンの犬バージョンなのである。

フレーメンよりもさらに効果的なのが、鼻の外側を湿らせておくことである。犬の鼻が濡れているのはおそらく鋤鼻器のせいだろう。鋤鼻器のある動物はほとんどが、やはり濡れた鼻をしている。空中の匂いがまっすぐに鋤鼻器に到着するのはむずかしい。なぜならそれは顔の安全な暗い内側のへこみにあるからだ。強く嗅ぐのは分子を鼻腔の中に持ち込むだけではない。小さな分子のかけらはまた、鼻の湿った外側の組織にくっつく。そこにいったんとどまると、分子は溶解し、内部の管を通って鋤鼻器にたどりつく。犬があなたに鼻づらをこすりつけるとき、彼はあなたの匂いを鼻の上に集めているのだ。あなたがあなたであること――これはいつも確認しておくにこしたことはない。このようにして、犬は世界を嗅ぐための手段を二重にもっているわけだ。

石の勇敢な匂い

パンプが鼻を草のなかの素敵な匂いに突っ込んだとき、そう、まさに地球のなか深くに鼻を突っ込んだとき、つぎに何が起ころうとしているかがわたしにはわかる。彼女はとびまわるだろう。さまざまな角度からくりかえしその匂いを嗅ぎ、それから試しに前足でたたいてみて、芝土をひっくり返したりする。そのあともっと深く嗅ぎ、ちょっと舐め、鼻を地面に押し込む……クライマックスはそのあとだ。匂いのなかに思いっきりとびこむ。最初は鼻、続けて体全体を使って、気が狂ったように前後に体をくねらせて転がりまわるのだ。

それではこの鼻を使って、犬は何を嗅ぐことができるのだろうか？　鼻という立地点から、世界はどんなふうに見えるのだろうか？　最初に簡単な問いから始めよう。彼らは人間の――そしておたがいの――何を嗅いでいるのか。そしてそのあとは、彼らが時間を嗅ぎ、川の石の歴史を嗅ぎ、そして嵐の襲来を嗅ぐことについて、探っていくとしよう。

匂う類人猿

人間は匂う。人間の腋の下は、あらゆる動物が作り出す匂いのなかでもっとも強烈な匂い源のひとつだ。息は混乱した匂いのメロディである。外性器は匂いを放つ。皮膚は汗腺と皮脂腺で覆われ、つねに個人ブランドの匂いつきの液体と脂を生み出している。何かにさわると、わたしたちは自分自身を少しだけそこに残す。皮膚の壊死組織だ。バクテリアの小集団がたえずそれを食べ、排泄している。これがわたしたちの匂いであり、匂いの署名である。たとえば柔らかなスリッパなどのようにその物体に浸透性があり、足を入れたり、手でつかんだり、腕に抱えて運んだりして長時間それに触れているものなら、鼻の生きものにとって、その物体はわたしたち自身の延長となる。ふつうはスリッパがそんなに犬の興味をひくとは考えられもしないだろうが、家に戻ってぼろぼろにされたスリッパを見つけたり、スリッパに残した匂いによって追跡されたことのある人間ならば、だれでもそのことを知っている。

わたしたちが何にもさわらなくても、彼らはわたしたちの匂いを手に入れる。わたしたちが動くと、皮膚細胞の跡を残す。空気にはわたしたちの体からたえず排出される汗の匂いが含まれる。そのうえわたしたちは、今日食べたもの、キスした相手、触れた物の匂いを身にまとっている。どんな香水の匂いも、その不協和音に加わるだけだ。さらにわたしたちの尿は、腎臓から排出される道中でほかの器官や腺からの匂いをとらえる――副腎、腎尿細管、そしてひょっとすると性器。体と服についたこの混合物の痕跡は、わたしたちについてほかに類のない独自の情報を与える。その結果、犬は信じられないほど簡単にわたしたちを匂いだけで区別する。訓練された犬は、一卵性双生児を匂いで区別することができる。わたしたちの芳香《アロマ》は立ち去ったあとでも残るから、犯人を追跡する犬が「魔法のような」能力を発揮するのもあたりまえである。これらの優秀な嗅ぎ手たちは、わたしたちがあとに残す分子の雲の中にわたしたちを見ているのだ。

犬にとってのわたしたちはすなわち、「わたしたちの匂い」である。犬が人々を嗅覚によって認めるのと、わたしたちが視覚的に人を認めるのとは、いくつかの点できわめてよく似ている。人の外見に影響するイメージには、多様な要素がある。髪型を変えたり、新しい眼鏡をかけると、少なくとも瞬間的にはだれなのかわからなくなることがある。ごく親しい友人でも、違った角度から見たときや、遠くから見たときに、いつもと違って見えるのに驚くことがある。それと同じようにわたしたちの嗅覚イメージもまた、状況が違えば、違ったものになるに違いない。（人間の）友だちがドッグパークに到着しただけで、わたしの顔には微笑が浮かぶが、犬が自分の友だちに気づくのは一拍遅れる。さらに匂いは腐食と分散の作用を受けるが、光はそうでない。近くの物体からの匂いも、風が逆の方向に吹いていれば、届かないかもしれない。しかも匂いの強さは時間とともに薄れていく。わたしの友だちが木の後ろにでも隠れないかぎり、彼女の視覚イメージをわたしから隠すのはむずかしい。風は彼女を隠さない。だが同じ風は、瞬間的に彼女を犬から隠すかもしれない。

一日の終わりに家に戻ると、犬はわたしたちの匂いのカクテルに対して、いつものようにすばやく、そしていとしげに挨拶する。外出先で別の香水をつけたり、ほかの人の服を着て家に戻ったら、犬は一瞬、当惑するかもしれない。ここにいるのは「わたしたち」ではない……だがすぐにわたしたちの自然の匂いが発散して犬に気づかせる。匂いによって「見る」のは犬だけではない。サメは水中で、しばらく前に傷ついた魚が逃げたジグザグルートをたどる。魚は自分のあとに、血だけでなく、ホルモンという形で自分自身を少し残していくのだ。だが犬がユニークなのは、視覚的にはずっと前に見えなくなってしまった者のあとを、匂いによって追跡するよう仕向けられ、訓練されるということなのである。

ブラッドハウンドは、犬のなかでも特別優秀な嗅覚をもっている。彼らの超強力な嗅覚能力は、鼻の神経組織が多い——鼻がたくさんあるということだ——だけでなく、備わった多くの身体的特徴によるもののようだ。耳はずばぬけて長いが、音をよく聞きとるためではない。頭の両脇にぴったりとたれているからだ。そのかわり頭をわずかに振るだけで、その長い耳が動き、匂いをもった空気をより多くかき立てて鼻にとらえさせる。たえずたれているよだれは、さらに多くの液体を鋤鼻器に集めるために最適なデザインである。バセット・ハウンドは、ブラッドハウンドから交配されたと考えられているが、祖先より一歩先を行っている。短い足にされた結果、頭全体がすでに地面の――つまり匂いの――レベルにあるのだ。

これらのハウンド犬は、生まれつき匂いを嗅ぐのにすぐれている。特定の匂いに注目させてほかの匂いを無視させるという訓練の結果、彼らはだれかが数日前に残した匂いをたどることができる。二人の人間がどこで進路を別にしたかさえ特定できるほどだ。しかもそのために、とくに大量の匂いを必要としないのである。ある研究グループがこれをテストしている。完全に汚れのないガラスのスライドを五枚用意し、そのうち一枚のスライドにだけ、指紋をひとつつける。これらのスライドを数時間から三週間のあいだほかの場所に保管したあと、犬たちに見せて、人間が触れたスライドを選ばせたのである。正しいスライドを当てればおやつがもらえるから、もちろん彼らは立ち上がってガラスのスライドを嗅ぎに行く。一匹の犬は、一〇〇回のトライアルで六回間違えただけだった。そのあと一週間、スライドは屋根の上に置かれた。七日の間、太陽や雨にさらされ、さまざまな堆積物が吹き寄せられたにもかかわらず、その犬はまたもやトライアルのうちの半分を当てた。これはもはや偶然とは言えない。

彼らが追跡に能力を発揮するのは、匂いそのものに気づくだけでなく、匂いに生じたあらゆる小さな変化に気づくからである。足跡はどれも、その人の匂いをほぼ同じ量だけつけているだろう。そうなると（理屈では）、もしわたしがめちゃめちゃに走りまわり、地面全体にわたしの匂いをしみ込ませたならば、犬はわたしのたどったルートがわからないはずだ。わかるのはただ、わたしがそこに確実にいたという事実だけである。だが訓練された犬は匂いに気づくだけではない。彼らは、時間の経過による匂いの変化に気づくのである。たとえば、走って足跡をつけた場合、地面に残された匂いの濃度は毎秒薄れていく。わずか二秒のあいだに、走り手は足跡を四つか五つ残したかもしれない。訓練された追跡者には十分だ。彼は第一の足跡と第五の足跡から出る匂いの違いに基づいて、相手がどの方向に走ったかを見分けることができる。あなたが部屋を出るときに残した足跡は、その直前の足跡よりももっと多くの匂いをもっている。こうしてあなたのルートが再現されるのだ。匂いは時間をマークする。

わたしたちが時間とともに匂いに慣れてしまうのにくらべて、犬の場合は都合のいいことに、鋤鼻器と鼻がたえず役割を交替して、匂いを新鮮に保っている。消えてしまった人間の匂いから正しい位置を確認しなくてはならない救助犬を訓練するとき、利用されるのはこの能力である。同じように犯人を追跡する犬は、わたしたちの「個人的な匂いの生成」とふつうお上品に呼ばれているもの、すなわちわたしたちが四六時中無意識に作り出している酪酸の臭跡を追うよう訓練される。彼らにとって、この訓練はいとも簡単であり、これをはじめとしてほかの脂肪酸の匂いを嗅ぐスキルまで学習してしまう。完全に匂いを遮断するビニール製のボディスーツを着ているのでもないかぎり、ハウンド犬はあなたを見つけるだろう。

怖がってるのがわかった

あなたが犯罪の現場からの逃亡犯や、救助を待つ遭難者でなくとも、犬の嗅覚を過小評価してはならない。犬は匂いで個人を識別できるだけでなく、その個人の特徴をも識別できる。犬には、あなたがセックスしたか、煙草を吸ったか（この両方を続けてしたか）、たったいまスナックを食べたところか、さらには一マイル走ったあとなのかさえわかってしまう。だからといって、別に害はなさそうに見える。たぶんスナックは別として、いずれも犬にとってとくに興味はないかもしれない。だが問題はそれだけでない。彼らはあなたの情動を嗅ぐことができるのだ。

いまも昔も子どもたちは、知らない犬に対して「怖がっているところを見せてはいけない」と教えられている。[20] たしかに犬が不安や悲しみだけでなく恐怖もまた嗅ぐというのは、十分ありうる。ここで犬の神秘的能力を持ち出す必要はない。恐怖は匂うのだ。ミツバチからシカまで、多くの社会的動物では、仲間の一匹が不安を感じてフェロモンを出すと、全員がそのフェロモンを感知して、安全な場所に逃れるための行動をとる。フェロモンは無意識かつ不随意的に、さまざまな手段で放出される。たとえば損傷を受けた皮膚はフェロモンの放出を引き起こすかもしれないし、警戒フェロモンを放出するための特別な腺もある。そのうえ不安や恐怖をはじめとするすべての情動自体が、心拍の変化、呼吸の速さ、そして発汗や代謝の変化にいたるまで、生理学上の変化とつながっている。嘘発見器《ポリグラフ》の働きは、これらの自発的な身体反応の変化の計測に基づいている（本当に嘘を発見するかどうかは別として）。動物の鼻も、こうした自発的身体反応の変化を敏感に感じ取って「働く」のかもしれない。ラットを使った実験はこのことを裏付けている。ケージの中で一匹のラットにショックを与え、ケージを怖がるように学習させる。すると近くにいるほかのラットたちもそのラットの恐怖に気づき（そのラットがショックを受けたのを目撃しないでも）、自分たちもケージを避ける。そのケージ自体は、周辺のほかのケージとなんら変わりのないものだった。

恐そうな知らない犬が近づいてくるとき、こちらの不安や恐怖を彼はどうやって嗅ぎ取るのだろうか？　まずストレスを感じるとわたしたちは自然に汗をかき、その汗がストレス下にあるわたしたちの匂いを運ぶ。それが犬にとっての最初の手がかりだ。もうひとつ、体が危険なものから全速力で逃げるのに必要なアドレナリンは、わたしたちの鼻では嗅げないが、犬の敏感な鼻はそれを嗅ぎ取る。これが二番目の手がかりである。血流の増加という単純な活動だけでも、体の表面にケミカルをすみやかにもたらし、皮膚を通して放散するのを助ける。恐怖を感じたときのわたしたちの匂いがこうした生理学的変化を反映しているとすれば（そしてまた人間のフェロモンに関する最新の研究成果からも）、犬がわたしたちの不安や恐怖を感じ取るというのはおおいに考えられる。そのうえのちに述べるように、犬は人間の行動を読むのがきわめて巧みである。わたしたちがほかの人々の表情のなかに恐怖を見てとることがあるように、犬もまたわたしたちの姿勢や歩き方から、恐怖の発信情報をたっぷりとらえるのだ。

このようにして、犬が逃亡犯を追跡するとき、その追跡手段は二重構造になっている。訓練された犬は、特定の人間の匂いを追うだけではなく、特定の匂いの種類に基づいて追跡する――近くにいるはずの人間の最新の匂い（隠れ場所を見つけるのに役立つ）、あるいは恐怖（警官から逃げている犯人はこれを感じるはずだ）、怒り、そして苛だちなど、苦しい情動下にある人間の匂いである。

病気の匂い

犬がドアのハンドルやスライドの指紋に残された微量な化学物質を検知できるならば、病気を示す化学物質もまた検知できるのではないだろうか？　診断のむずかしい病気にかかったとき、ひょっとしたら医者はあなたの体から発散する焼きたてのパンの匂いが腸チフスによるものだと気づき、あるいはまた肺から吐き出される腐ったような酸っぱい匂いが結核菌によるものだと気づいてくれるかもしれない。

多くの医師が、さまざまな感染症、糖尿病、癌、あるいは統合失調症さえも、それぞれの病気特有の匂いに気づくようになったと述べている。彼ら医術のエキスパートは、犬の鼻こそ備えてはいないものの、病気を識別する腕は犬よりも確かである。それにしても、いくつかの小規模な実験が示唆しているように、よく訓練した犬に頼めばさらに精密な診断をしてもらえるかもしれない。

　研究者たちはその種の訓練を始めている。癌におかされた不健康な組織が出す化学的匂いを犬に認識させようというのだ。訓練は単純である。犬がその匂いのとなりにすわるか伏せるかすればおやつを与え、間違えれば与えない。そのあと科学者たちは、癌患者とそうでない患者について、それぞれ少量の尿サンプルを取るか、試験管の中に息を吐かせて排出された分子をとらえる方法で、匂いを集めた。訓練された犬の数は少なかったが、結果はめざましかった。犬たちは、どれが癌患者のサンプルかを検知できたのである。ある実験では、一二七二回のトライアルでミスは一四件だけだった。二四の犬を使った別の小規模実験では、犬たちはほぼ確実に黒色細胞腫《メラノーマ》を嗅ぎあてた。最新の研究では、訓練された犬が皮膚癌、乳癌、膀胱癌、そして肺癌を高い確率で検知することがつきとめられている。

　これらの結果が示すのは何か。万一あなたに小さな腫瘍ができたとき、犬がそれを知らせてくれるということだろうか。おそらくそうではあるまい。実験の結果が示唆しているのは、犬にはその能力があるということだけだ。たしかに病気になれば違う匂いがするかもしれないが、その匂いの変化は徐々に起こっていくだろう。人も犬も訓練が必要である。犬は匂いに注意する訓練が必要だし、人間のほうは、犬が何かに気づいたことを示す行動に注意する訓練が必要なのだ。[21]

犬の匂い

このように匂いは犬にとってきわめて気づきやすいため、犬の社会において大きな役割を果たしている。わたしたちが自分の匂いを気づかずに残していくのに反して、犬は故意に匂いを残すばかりか、ふんだんに浪費しまくる。ひょっとして犬は、わたしたちの体の匂いがいかにわたしたち自身をあらわしているか（本人がいないときでも）に気づいて、自分もこれを利用しようと決めたのだろうか。すべてのイヌ科動物は（野生の犬でも飼い犬でも、また彼らの親戚の動物たちも）、ありとあらゆるものに尿を目立つようにふりまく。尿マーキングと呼ばれるこのコミュニケーション手段は、メッセージを伝えるのに使われる。ただしそのコミュニケーションは、会話というよりメモを残すという感じである。それらのメッセージはある犬の後尾《リアエンド》（尻）から発せられ、別の犬の先端《フロントエンド》（鼻づら）によって回収される。どんな犬の飼い主でも、犬が消火栓、電信柱、立木、草むら、そしてときには運の悪い犬や人間のズボンに向かって片足を上げるという、このマーキングのことはよく知っている。たいていの場合、マーキングする場所は高いか突出しているところだ。ほかの犬から見られやすく、また尿の匂い（フェロモンとそれにともなうケミカル・シチュー）を嗅ぐのに都合のよい場所である。犬の膀胱は、尿を貯める以外の用途は知られていないが、一度にほんの少しずつ尿を放出できるため、犬はくりかえし、しかも頻繁にマーキングすることができるのである。

　こうして匂いを残してから、彼らはまたほかの犬の匂いの調査にとりかかる。匂いを嗅いでいる犬の行動を観察すると、どうやら尿の中の化学物質は雌犬ではその発情状態を、雄犬ではその社会的自信についての情報を与えているようである。犬が「テリトリーをマークする」ために排尿するという神話は根強い。尿が残すのは「ここは俺のものだ！」というメッセージだという考えは、二十世紀初頭の偉大な動物行動学者であるコンラート・ローレンツによって提唱された。彼の仮説はいかにもうなずけるものであった。尿は犬にとって植民地に立てる旗のようなもので、所有権を主張したい場所にマークするというのである。だがローレンツがその理論を提唱してから今日にいたるまで五〇年にわたって続けられてきた研究によっても、それが尿マーキングの唯一の理由だという根拠は実証されていないし、支配的な理由だという根拠さえ見つかっていない。

たとえば、インドの放浪犬について行われた研究では、完全に犬の自由に任された場合どう行動するかが観察された。雄も雌もマーキングを行ったが、そのうちテリトリーに結びついたマーキング（テリトリーの境界に尿をかける）は二〇パーセントにすぎなかった。マーキングは季節によって変化し、また求愛時や食べものをあさるさいに頻度が増した。テリトリーのためのマーキングという概念が間違っていることは、犬が暮らしている家やアパートの隅っこで排尿することがほとんどないという単純な事実からもわかる。むしろマーキングが残すメッセージは、だれが排尿したのか、どのくらい頻繁にこのスポットのそばを通るか、その犬の最近の勝利、そして交配への関心についての情報のようだ。つまり消火栓に堆積している見えない匂いの山は、コミュニティ・センターの掲示板なのである。そこではボロボロになった古い通知や要望が、最近の活動ぶりや成功を伝えるメッセージの下から顔をのぞかせている。いちばん頻繁にそこを訪れる者は、メッセージの山のてっぺんに情報を残すことになる。自然のヒエラルキーがこうして明らかにされるわけだ。だが古いメッセージもいまだに読まれ、情報をもつ。そうした情報のひとつが彼らの年齢である。

さまざまな動物の尿マーキングのやり方をくらべてみると、犬はとくに印象的なプレイヤーというわけではない。カバは尻尾を振って尿を噴射し、スプリンクラーのように四方八方にまき散らす。サイは茂みに向かって高圧水流の排尿をしたあと、その茂みを、角と蹄《ひづめ》で壊す——おそらく尿をできるだけ遠くまで広げるためだろう。もし自分の犬が高圧の回転スプリンクラー方式の効果に気づいた最初の犬だったとしたら……飼い主は気の毒なことになる。

ほかの動物もまた、地面に尻をこすりつけ、糞などの肛門からの臭いを放出する。マングースは逆立ちをして、高い小枝や止まり木に体をこすりつける。犬のなかにも、それなりの妙技を披露するものもいる。見たところ故意に、大きな岩などの露出部の上で排泄するのだ。尿マーキングを補うかたちではあるが、糞もまた識別に役立つ匂いをもつ。排泄物自体ではなく、そのてっぺんにかけられた化学物質の匂いだ。これらの化学物質を排出するのは肛門嚢である。エンドウ豆くらいの大きさで、肛門のすぐ内側にあり、近くの腺からの分泌物を含んでいる。この分泌物はきわめて臭く、「汗がたっぷりしみ込んだソックスの中の死んだ魚のような」匂いなのだが、どうやらどの犬も自分だけの「汗がたっぷりしみ込んだソックスの中の死んだ魚の匂い」をもっているようである。これらの肛門嚢の分泌液もまた、犬が恐怖や不安を感じると自発的に放出される。多くの犬が動物病院の診察室でおびえた様子を見せるのも不思議はない。定期診療の一部として、よく獣医師は犬の肛門嚢を絞って中身を放出する。充満したままにしておくと感染の危険があるからだ。おなじみの抗生剤入り石鹸の匂いでカバーされていても、その匂いは獣医師の体全体から発散しているに違いない。しみ出しているのはまさに犬の恐怖である。

最後に、これらの匂いの名刺でも不十分だった場合にそなえて、犬にはもうひとつ別のマーキング戦略がある。排便もしくは排尿のあとに地面をひっかくのだ。研究者たちは、これは足の肉球にあるエクリン腺からの新しい匂いをその混合物に加えるためだと考えている。だがそれだけでなく、これにはほかの犬たちにもっとくわしく調べたいと思わせるための視覚的手がかりという補助的要素があるかもしれない。風の強い日には、犬はいつもより激しく地面をひっかいたり跳ね回ったりする傾向があるようだ。実際に彼らは、こうでもしなければ風に吹き飛ばされてしまうメッセージのサイトに、ほかの犬たちを連れてこようとしているのかもしれない。

草と糞

悪臭を放つ草のなかのスポットでパンプが気が違ったように転がりまわる――この種の行動について、これまで科学がはっきり説明してこなかったのは、慎み深さからなのか、それとも無関心のせいだろうか。草の中のその匂いは、興味をもっている犬の匂いか、知っている犬の匂いか。それとも動物の死体かもしれない。自分の匂いを消すために転がりまわるというよりはむしろ、彼女はその豪勢な芳香そのものを楽しんでいるようだ。

これに対するわたしたちの行動は簡単明瞭だ。即、石鹸で対応する。犬を頻繁に洗うのだ。わたしの近所には、犬の手入れをする店がいくつもあり、巡回のバンが家々をまわって、犬を石鹸で洗い、ふわふわにし、ほかにもいろいろと脱犬化ケアを行っている。たくさん歩き、外でよく遊んだ犬は、泥を家じゅうに持ち込む。家が汚れることにわたしほどのんきでない飼い主たちは、気の毒にさぞかしいらいらすることだろう。それにしても、犬を頻繁に洗うことで、わたしたちは犬から何かを奪っている。わたしたちの文化における過剰な清潔志向（犬の寝床を含めて）は言うまでもない。わたしたちにとっての清潔な匂いとは、人工的な化学物質の匂いであり、完全に非生物学的なものである。洗剤についてくるもっとも穏やかな香りさえ、犬の嗅覚を攻撃する。わたしたちは視覚的に清潔な空間を好むけれども、有機的な匂いを完全に除去した場所は犬にとっては無味乾燥である。ときには着古したTシャツをそこらへんに散らかしておくことだ。始終床を洗うのも避けたほうがいい。犬自身は、「清潔な犬」になりたい衝動などまったくもっていない。洗ったあとの犬が一目散に逃げていき、ラグの上や草の中で転がりまわるのも、不思議ではない。犬をココナッツ・ラベンダーの香りつきシャンプーで洗うことによって、わたしたちは一時的にせよ犬から、そのアイデンティティの重要な部分を奪っているのだ。

さらに最近の研究によると、犬に抗生物質を与えすぎると体臭が変化し、ふだん放出している社会的情報が一時的に混乱してしまうらしい。もちろん医薬品を適切に使うことは必要だが、その際は体臭の変化とその影響について気を配るべきである。あの馬鹿げたエリザベス・カラーについても同じことが言える。もっぱら犬が傷の縫合部位を噛まないようにするためのこの巨大なカラーは、自傷行為の予防にも使われる。だがこのカラーを装着したために、ふだんの社会的行動がどれほど妨げられるだろう。攻撃的な犬から目をそらす、だれかが側面から駆けてくるのを見る、ほかの犬の尻に近づいて匂いを嗅ぐ——こうしたことがすべてできなくなるのだ。

都会の犬は気の毒だ。匂いそのものが病気を引き起こすという、古くから社会全体に広がっていた恐怖が、いまだに都会の住民を支配している。十八世紀と十九世紀、都市計画の重点は入念な都市の「脱臭化」へと移った。匂いを閉じ込めるために街路が舗装され、泥の道はコンクリートに変えられた。マンハッタンの街路システムは碁盤の目のようになった。こうすれば町の匂いは、楽しげな隅っこや路地にとどまるかわりに、まっすぐに川に向かうだろうと考えられたのである。そしてたしかにこのせいで、犬たちは、舗装されていなかったころのように、落ち葉や草の葉の隙間にひそむ匂いを楽しむチャンスを失ったのだった。

ブランビッシュとブランキー*

一緒に外ですわっていて、パンプがじっと動かないでいる姿に、わたしはいつもだまされていた。あるときいつもより注意して彼女を見ていて、わたしは気がついた――じっとしている全身のうち、一ヶ所だけが動いている。鼻孔である。彼女の鼻孔は情報を攪拌して穴の中に吸い込み、鼻の前の光景をじっくりと味わっていた。何を見ていたのだろう？　ここからは見えない向こうの角を、どこかの知らない犬が曲がっていったのか？　丘の下でやっているバーベキューか？　バレーボールで汗をかいた人々が焼ける肉のまわりに集まっているはずだ。近づく嵐が、遠い土地から雷鳴とどろく空気の爆発をつれてくるのを見ているのだろうか。ホルモン、汗、肉、そして嵐の到来に先だつ気流（見えない匂いの跡を残して上に向かう風の流れ）さえ、犬の鼻はすべて検知できる――実際に検知され理解されるかどうかは別にして。「見ている」ものが何であったにせよ、パンプはけっして見かけほどぐうたらしていたわけではなかったのである。

犬の世界における匂いの重要性を知ったわたしは、パンプが訪問客に向かってやる陽気な挨拶――股間めがけてまっしぐら――についても、考え方が変わった。口と腋の下と並んで、外性器はきわめてす

*ビル・ワタースンによる漫画『カルビンとホッブス』で、動物には動物しか形容できない匂いの言葉があるとして、作者が作った「寒い冬の日の焚火の匂い」を意味する言葉

ぐれた情報源である。犬にこの挨拶を許さないのは、知らない人が来たときに目隠ししてドアを開けるのと同じだ。ただし実際問題として、お客が犬の環世界《ウムヴェルト》をそれほどよく理解していないかもしれないので、彼らにはかかわりに手を出すか（間違いなく芳香がある）、膝をついて頭や体を嗅がせてやるように頼んでいる。

同じように、近所の新しい犬の尻の匂いを嗅ぐといって犬を叱るのは、人間だけの考え方である。人間の社会慣習では尻の匂いを嗅ぐ行為はもちろん嫌がられるけれども、犬にしてみればそれは見当違いである。くっつけばくっつくほどいいのだ。犬がこんなふうに親密に調べられても平気なようなら、そこからおたがいのコミュニケーションが始まるだろう。これに介入すれば、彼らの片方または両方とも興奮させてしまう。

そうなると犬の環世界を理解するためには、わたしたちはさまざまな物、人間、情動——一日のうちの時間さえ——が、はっきりした特有の匂いをもつものと考えなくてはならない。人間には匂いをあらわす言葉があまりにも少ないため、例のブランビッシュやブランキーのたぐい——動物だけが感じられる匂い——を想像するのはむずかしい。ひょっとして犬は、詩人が表現する匂いをも検知できるかもしれない——「水の輝かしい匂い／石の勇敢な匂い／朝露と嵐の匂い……」〔G・K・チェスタートン〕（最高は「……地中に埋められた古い骨……」だ）。犬にとってもすべての匂いが良い匂いというわけではないだろう。目に見える汚れがあるように、匂いも汚れるのである。たしかに言えるのは、匂いを見る者は匂いで記憶しなくてはならないことだ。犬の夢や白昼夢は匂いで作られた夢のイメージである。

パンプの匂いの世界に気づいてから、わたしはときどき彼女を外に連れ出し、ただすわって匂いを嗅ぐことがある。また、匂いの散歩もする。このときは彼女が興味を示すありとあらゆる目印に立ち止まる。彼女は「見て」いる。外にいるときは、彼女の一日のうちでもっとも匂いに包まれたすばらしい時間なのだ。わたしはそれを中断しようとは思わない。このごろでは彼女の写真を見ても、前とは違って感じられる。遠くをもの思いにふけるかのように眺めている写真を見るとき、今のわたしにはそのとき彼女が本当に何をしていたのかがわかる。遠く離れた場所からの新しい魅力的な空気を嗅いでいたのだ……。

とりわけわたしがいちばん幸せなのは、彼女がわたしの匂いを嗅ぎ、わたしを認めて尻尾を振るときだ。そして、わたしもまた彼女のうなじに鼻を突っ込み、お返しに嗅ぐ。

もの言わぬ……

パンプはわたしのそばにぴったりすわり、静かに舌を出してあえぎながらわたしを見つめている。何か訴えているのだ。散歩しているときなど、もうたっぷり歩いたから帰りたいということもある。とびあがり、後ろ足を軸にしてくるっとまわると、来たところをまっすぐに戻ろうとする。バスタブに湯を入れ、ほほえみながらふり返る――彼女の尻尾はたれて、低く振られている。耳はぴったりと頭にくっついている。どれもみんなパンプのおしゃべりだ。言葉を使わないおしゃべりなのだ。

動物のことを「わたしたちの口のきけない友だち」とよくいうが、この言葉にはどこか心に訴えるものがある――犬の「無表情な当惑した様子」に気づき、そうか、犬は「もの言わぬ」存在なんだ、とうなずく。これは人々が犬のことを言うときの常套表現だ。人間が語りかけるのと同じやり方で、犬が答えることはけっしてない。犬の愛らしさの要素のうちで少なからぬ部分が、彼らに対するわたしたちの感情移入だと言える。こちらを黙ってじっと見つめている犬の中に、わたしたちは自己の感情を投入する。だがこうした犬についての描写は、心をそそるものではあっても、二つの面で完全に間違っている。第一に、話すことを望み、それができないのは犬自身ではないとわたしは思う。「彼らが話すこと」を望み、それを実現できないのはわたしたちなのだ。第二にほとんどの動物、とくに犬は、無表情でもなければ、じつのところ「もの言わぬ」わけでもない。犬は、オオカミと同じように、目、耳、尻尾、そして姿勢そのものでコミュニケーションを行う。楽しげに沈黙しているどころか、彼らは金切り声をあげ、ウウッと唸り、満足げに鼻を鳴らし、キャンキャン鳴き、クンクン鳴き、悲しげに鼻を鳴らし、吠え、あくびをし、そして遠吠えする。どれもこれも、すべて生まれてからほんの数週間のうちに始まるのだ。

犬は話す。犬はコミュニケーションを行い、宣言し、自分を表現する。これは別に驚くことでもないが、驚かされるのは、いかにしばしば——そしていかに多くの手段で——彼らがコミュニケーションをしているかということだ。彼らはおたがいに話す。あなたに話しかける。閉じたドアの向こう側の、あるいは高い草に隠された物音に話しかける。この「社交性」はわたしたちにはおなじみの性質だ。多くの伝達事項をもっているというのは、人間と同様、社交的であることを意味する。社会的集団で暮らさないキツネのようなイヌ科動物は、はるかに狭い範囲の伝達事項しかもたないようだ。キツネが出す音の種類を見ても、彼らが孤独だということがわかる——長い距離をよく通る鳴き声を立てるのだ。犬がけっして無口でないことは、ときには大声で吠え、ときには小声でささやくその発声からも明らかである。発声、匂い、身構え、顔の表情はいずれもほかの犬に伝達するために働く。そして、もしわたしたちが耳を傾ける方法さえ知っていれば、わたしたちにも伝達されるはずなのだ。

大きな声ではっきりと

二人の人間がおしゃべりしながら公園を散歩している。会話の内容は空気の暖かさについてのコメントから、権力をもつ人間の性質について、おたがいへのほめ言葉、前に言ったほめ言葉について、さらには目の前の木への注意の呼びかけにいたるまで、簡単に移っていく。これらすべては主に、舌の位置や口の空洞を小さな奇妙な形にゆがめ、空気を声道に通し、唇をすぼめたり拡げたりして行われる。だがコミュニケーションしているのはその二人だけではない。散歩中ずっと彼らのわきでは、犬たちがおたがいにののしりあい、友情を確認しあい、たがいに求愛し、支配を宣言し、口説きをはねつけ、落ちている棒が自分のものだと断言し、自分たちの主人への忠誠を主張する。人間を除くきわめて多くの動物がそうであるように、犬もまた非言語による無数の相互伝達手段を発達させてきた。もちろん人間のコミュニケーションの簡単さは疑いをいれない。わたしたちは象徴による精巧な言語で会話する。これはほかの動物にはけっして見られないものだ。ただときどきわたしたちは、言語のない動物たちもまたきわめて活発な会話をしているかもしれないことを忘れてしまう。

動物にあるのは、情報を送り手（話し手）から受け手（聞き手）に伝えるひとまとまりの行動システムである。これはまさにコミュニケーションたるものの本質である。伝えられる情報は重要であったり関連性があったりする必要はなく、興味深いものである必要さえない。だが動物のあいだでは伝えられる内容は、しばしばその種のものだ。動物のコミュニケーションはほんのときどきしかわたしたちの耳に届くことはないし、声によるだけでもない。動物たちはしばしばボディランゲージ（四肢、頭、目、尻尾、もしくは体全体）を使い、あるいは色を変えるとか、排泄、あるいは自分を大きく、もしくは小さくするといったコミュニケーション手段を使う。

ある動物がなんらかの音を出し、あるいはなんらかの行動をとったあと、別の動物がそれに応えて行動を変えれば、コミュニケーションがなされたと考えられる。情報は伝えられたのだ。わたしたちの耳はそうした動物たちの声をとらえられない。たとえばクモやナマケモノの言葉をわたしたちは知らない（現在、研究者たちはこれらの生物のコミュニケーション・システムを知ろうとしている）。それでも動物はたえず話している。過去一〇〇年にわたる自然科学の成果は、このおしゃべりがどれほど多様な形をとるかを示している。鳥はさえずり、ぴいぴい鳴き、そして歌う――ザトウクジラも同じだ。コウモリは高周波のクリック音を出し、ゾウは低周波のゴロゴロ音を出す。ミツバチが尾を小刻みに振るダンスは、食べものが存在する方角、その良し悪し、そして距離を伝える。サルのあくびは威嚇を伝える。ホタルの光の信号はその種を示す。ヤドクガエルの色は毒があることを示す。

そうした多様なコミュニケーションのうちでわたしたちが最初に気づくのは、人間の言語ともっとも似ているもの――大声のコミュニケーションである。

まさに犬の耳だね

外では雷が鳴っている。いつもだとパンプの耳は、ビロードの正三角形になって頭の両脇にたたまれているのだが、いまは長い二等辺三角形の形にピンと立っている。彼女は頭を持ち上げ、目を窓に向けて、音を識別する――嵐、恐いもの。耳が後ろ向きに回転し、無理やり閉じておこうとするかのように頭にぴったりつく。わたしは彼女をやさしく慰めてやり、耳がどうなっていくかを見守る。耳の先が柔らかくなる。だが彼女はほんのちょっとリラックスしただけで、まだその雷鳴に対して耳をピンと立てている。

耳がそんなに立派でないわたしたち人間にとって、犬の誇らしげな耳は羨ましいほどだ。犬の耳には、あらゆる形の素敵なバリエーションがそろっている。極端に長い葉っぱのような耳、小さくて柔らかくてピンと立っている耳、顔のわきに優美にたたまれている耳。よく動く耳もあれば、堅い耳もあり、三角の耳もあれば丸い耳もある。たれ耳の犬も、立ち耳の犬もいる。ほとんどの犬では、翼状部（外側の見える部分）が回転し、音をその源から内耳まで通すチャンネルを開く。たれ耳をピンと立たせるために耳介を切断する断耳という慣習は、多くの犬種スタンダードで長いあいだ要求されてきたが、いまは以前ほど人気がなくなっている。犬のこのデザインについては、耳の感染症を予防するとして弁護するむきもあるものの、犬の聴覚の働きに計り知れない影響を及ぼす。

自然のデザインによって、犬の耳はある種の音を聞きとるように進化した。幸運なことに、それらの音はわたしたちが聞ける音や出せる音と重複している。その種の音をわたしたちが出せば、少なくとも近くにいる犬の鼓膜には響くわけだ。わたしたちの聴覚の幅は二〇ヘルツから二〇キロヘルツ、パイプオルガンのいちばん長いパイプが出すいちばん低いピッチから、最高に甲高い金切り声までである。[22]わたしたちは一日のほとんどを、一〇〇ヘルツから一キロヘルツまでの音を理解しようとして過ごす。これがまわりで聞こえる（興味をひかれる）話し声の領域である。犬は人間に聞こえる音の大部分を聞くだけでなく、さらに多くを聞く。犬は四五キロヘルツまでの音を検知することができるのだ。人間の耳の有毛細胞がとらえる音よりもはるかに高い。犬笛はこれを利用している。人間の耳には聞こえないが、周囲何ブロックも離れたところにいる犬の耳をピンと立てさせる魔法の道具だ。この音を「超音波」と呼ぶのは、それが人間の知覚の範囲を超えているからである。だがこの音波は、わたしたちのまわりにいる多くの動物にとっては聞こえる範囲内だ。ときおりの犬笛はともかく、そうした高い音域の世界が犬にとって静かだとはけっして思ってはならない。いつもいる部屋でさえ、高周波の音は響きわたっており、犬の耳はたえずそれをとらえている。朝、目をさまして部屋が静かだと思ったら大間違いだ。デジタル式目覚まし時計に使われている水晶振動子は、犬の耳には聞こえる高周波のパルス信号を止むことなく送っている。壁の後ろでネズミが発する甲高い誘導の鳴き声。壁の内側でシロアリが体を振動させる。どれも犬には聞こえるのだ。エコのために置いたコンパクトな蛍光ランプはどうかって？ ブーンというその低い雑音は、あなたには聞こえないかもしれないが、犬にはたぶん聞こえるはずだ。

わたしたちがもっとも集中して出している音の高さ《ピッチ》は、話し声のそれである。犬は話し声に含まれるすべての音を聞き、ピッチの変化にもわたしたちとほとんど同じくらいに気づく。英語ではたとえば、平叙文は低いピッチで終わり、それに反して質問は高いピッチで終わる。「散歩に行きたい？」このクエスチョンマーク（高いピッチ）のおかげで、犬は一緒に散歩に行けるという期待でわくわくする。それがなければたんにノイズだ。最近、すべての文の文末をはね上げる口調にする話し方──「アップトーキング」──がはやっているが、これではさぞかし犬も混乱してしまうだろう。

このように犬が話の強調《ストレス》や抑揚《トーン》──韻律──を理解するというのなら、彼らが言葉を理解していると思っていいのだろうか？ 当然の疑問だが、答えるのはなかなか厄介でもある。言語の使用は人間という種とほかのすべての動物種のあいだのもっとも明らかな違いのひとつであり、知能の基準として究極かつ無二のものだと考えられてきた。何人かの動物研究者たちはこれに対して毛を逆立《ハックル》てて怒っており

（皮肉なことに彼らはハックル系の種とは考えられていない）、動物が言語能力をもつことを実証しようとしている。知能には言語が必要だと考えている研究者たちでさえ、人間以外の動物の言語能力について証拠を提供している。だがいずれの立場も、動物が人間のような言語を持たないことには同意している。人間の言語とは、しばしば多くの定義をもった、無限に結合しうる単語の集大成である。そこにはまた、それらの単語の組み合わせによって意味のある文章に作りかえる規則がある。

だが、たとえ自分では言葉を作り出さないとしても、動物が人間の使う言葉のいくぶんかでも理解しないというわけではない。たとえば、動物が近くにいる別の種のコミュニケーション・システムを利用する例は多く見られる。近くの鳥たちが発する捕食者への警告の鳴き声を聞いたサルは、自分も身を守るための行動をとる。擬態でほかの動物をあざむく動物も（いくらかのヘビやガ、そしてハエさえも）、ある意味でほかの種の言語を利用していると言える。

犬についての研究が示しているのは、犬がある程度まで、たしかに言語を理解するという事実である。その一方で、犬が「単語」を理解すると言うのは間違いである。単語は言語のなかに存在しており、言語は文化の産物である。犬はその文化に参加しているが、参加のレベルは人間とはきわめて違っている。彼らが単語の適用を理解するための枠組みは、人間とはまったく異なる。たしかに彼らの世界の単語は、ゲイリー・ラーソンの漫画「ザ・ファーサイド」〔人間のようにふるまう動物が登場する〕が示唆するもの——食べる、歩く、そして取って《フェッチ》くる——だけではない。間違いなくそれ以上だ。だが、これらの単語をわたしたちとの相互作用を構成する要素とした点で、ラーソンはある真実に気づいている。つまり、わたしたちは犬の世界を小さな一組の活動に制限しているのだ。仕事犬は町のペットにくらべて、反応と集中度が信じられないほどすぐれているように見える。だがそれは彼らが生来敏感で集中力があるからではなく、飼い主が新たになすべき種類の事柄を語彙に加えただけのことなのである。

単語を理解するために必要な要素のひとつは、それをほかの単語から区別する能力である。発話の強勢や抑揚を感じ取る能力からすると、犬は必ずしもこれに秀でているわけではない。ある朝、あなたの犬に「散歩に行くか?」(go for a walk?) と尋ねてみる。つぎの朝、同じ声で、「スノー・フォーティ・ロックス?」(snow forty locks?) と聞いてみるとよい。ほかのすべての条件が同じなら、犬は大喜びで尻尾を振るだろう。ただし言葉の最初の音は、犬が感じ取るさいに重要なようである。したがって口ごもった子音 (W) を明確な子音 (P) に変え、長母音 (GO) を短母音 (MA) に変えて、たとえば「マ・フォー・ラ・ポーク?」(ma for a polk?) と言ってみたら、犬は混乱するだろう。もちろん人間もまた強調や抑揚のなかに意味を読み取る。英語の韻律には構文上の力はないけれども、「たったいま言われたこと」を解釈する手段のひとつになっている。

わたしたちが犬に言う言葉の「音」にもっと敏感になれば、犬からももっと良い反応が期待できるかもしれない。高音は低音とは違った意味をもつ。語尾が上がる音は下がる音と対極をなす。わたしたちが幼い子どもをあやすとき、高い浮ついた口調 (母親言葉《マザリーズ》と呼ばれる) になり、尻尾を振る犬にも同じような赤ちゃん言葉で話しかけるのは、けっして偶然ではない。幼い子どもは言葉のほかの音も聞こえるが、もっとも関心を寄せるのはこの母親言葉なのである。犬もまた赤ちゃん言葉に活発に反応する。一部にはそれによって、彼らの頭上でたえず続けられていたおしゃべりがようやく彼らに向けられたことがわかるからだ。そのうえ彼らは低音より高音でくりかえされる呼び声のほうに、すぐに反応する。生態学的にこれらは何を意味するのか? 犬は生まれつき高音に興味をひかれる。理由は、それが取っ組み合いでの興奮や、傷ついた獲物の悲鳴を示唆するからかもしれない。犬がいますぐ来いという飼い主の命令をきかないとき、鋭い調子で低い声に変えるのはやめるべきである。それは飼い主の心理状態を——そして続いて起こるかもしれない罰を——示唆する。同様に、犬に「すわれ《シット》」と命じるときは語尾を上げてくりかえすよりも、語尾を下げた長目のトーンでゆっくりと命じたほうがよい。このトーンなら、犬の緊張を緩和してやり、うるさい飼い主から出るつぎのコマンドに向けて、対応を引き出すことができるだろう。

　言葉をきわめて巧みに使うことで有名な犬がいる。リコというドイツのボーダー・コリーで、二〇〇個以上のオモチャを名前で区別できる。それまでに見たことのあるオモチャやボールの山から、飼い主が要求したものを確実に引き出して持ってくることができるのだ。なぜ犬に二〇〇個もオモチャが必要なのかは別として、たしかにこの能力は印象的である。子どもに同じ課題を与えてもなかなかクリアできない（オモチャをもとに戻すことはさらにまれである）。さらにすごいのは、リコは新しいオモチャの名前をすぐに覚えるのである。これをするのにリコは消去法を使う。実験者たちはリコの知っているオモチャのなかに新しいオモチャを混ぜ、それから彼が一度も聞いたことがない言葉を使って、それを取ってくるように言う。たとえば「スナークを取ってこい、リコ」というふうに。こちらとしてはリコに同情したくなる。きっとまごついて、お気に入りのオモチャを口にくわえてぶらぶら戻ってくるのではないだろうか。だがそうではなかった。リコはちゃんと新しいオモチャを選び出したのだ。彼はそれに「名前をつけた」のである。

　もちろんリコは、わたしたちが（あるいは幼い子どもでさえ）やるように、言葉を使っていたのではない。どのくらい彼が「理解」していたのか、それともただ新しい物への好みを示していただけなのか、これについては議論の余地がある。その一方で彼は、人間たちが作るさまざまな音と関係あるものを拾い集めては、彼らを満足させる鋭敏な能力を見せていた。リコが成功したからといって、すべての犬がリコのようにできるというわけではなかろう。リコが、単語の使用に特別すぐれた犬だったということは考えられる。[23] それに彼は、正しいオモチャを取ってくればもらえるほうびにも、異常なまでに反応している。だが、たとえリコがこれをやれた唯一の犬だったとしても、この事例は言語を正しい状況で理解するのに、犬の認知能力が十分にすぐれていることを示している。

意味を伝えるのは、話の示す内容や音だけではない。言語を巧みに使用するには、言語使用の実際面を理解しなくてはならない。何かを言うときの手段、形式、そして前後関係が、いかに意味の伝わり方に影響するか。二十世紀の哲学者ポール・グライスは言語使用を規定するものとして、有名な「会話の原則」を述べている。人が暗黙裏に知っているこれらの原則を使用することで、協調的な会話者になれるわけだ。原則の明らかな侵犯さえ、しばしば意味をもつ。それらの原則のなかには、関係性という魅惑的な原則（適切であること）をはじめとして、様態の原則（簡潔かつ明確であること）、そして質（真実を語ること）と量（必要なことだけを語ること）の四つがある。

うまくいけば犬はグライスの原則にそっくり従う。あなたの犬が、通りの向こうに胡散臭い男を見たとしよう。犬は吠えるかもしれない（適切である——相手はごろつきのようだ）。しかも鋭く吠える（きわめて明確である）。だが吠えるのはその男が周辺にいるあいだだけだ（真実の警告である）。吠える回数はせいぜい数回である（必要なだけの量だ）。犬には有能な言語使用者としての資格はほとんどないが、それはこうしたコミュニケーションの実際面ができていないからではない。彼らに資格がない理由はただ、その語彙の少なさと、言葉の組み合わせが制限されているためなのである。

多くの飼い主は自分たちの犬が、その広い聴覚域にもかかわらず、リコのようにすぐれた聞き手でないことを残念がる。だが公平に言うなら、イヌ科の動物たちにとって聴覚は、頼れる感覚としては主要なものではないのである。人間の耳と比較してさえ、音源をつきとめる彼らの能力は不正確である。彼らは音を音源から切り離した状態で聞く。そしてわたしたちとまったく同じように、よく聞こえるように音のほうに注意を向けなくてはならない。まずはおなじみのスタイルだ。首をかしげて、耳をわずかに音源のほうに向けるか、耳介のレーダーアンテナ調整をするかである。彼らの聴覚は音源を「見る」ためではなく、補助的機能を果たしているようだ。聴覚によって、犬は音がやってくるおおよその方向を見つける。方向がわかったら、もっと探るために犬はより鋭い感覚をそこに向ける。たとえば嗅覚とか、あるいは視覚さえも。

犬自身は一連の音域にまたがるさまざまな音を出す。それらの音はまたテンポや周波数が微妙に異なっている。彼らはとてつもなくうるさい動物なのだ。

もの言わぬどころか

ゆっくりした、軽いあえぎ《パンティング》。口を半分開けて、舌を出して……舌は濡れて紫色で申し分ない。パンプのパンティングはおのずから会話だった——彼女がわたしに向かってパンティングするとき、いつもわたしは話しかけられているように感じるのだった。

満員のドッグランでの不協和音は、まさに意味不明の音の集まりのようだ。だがよく注意すると、怒鳴るような大声と喜怒哀楽で思わず叫ぶ声の違い、キャンキャン鳴きと吠え声の区別ができるようになる——さらに遊び吠えと脅し吠えの違いも。犬が音を出すのは意図的な場合もあれば、そうでないときもあり、どちらも情報を伝えているかもしれない。耳に達する音がたんなる「ノイズ」ではなく「コミュニケーション」となるためには、この「情報」をもっていることが最低限必要なのだ。科学者の関心は、その情報の意味をつきとめることにある。犬がこれらのノイズをさまざまに操っている様子を見れば、間違いなくどの音も異なる意味をもっていることがわかる。

こうして無数の時間を動物の叫び声、ハトのような甘えたクウクウ音、歯をカチッといわせる音、うめき声、怒鳴り声に耳を傾けることに費した結果、研究者たちは音の信号が共通してもついくつかの特徴を発見した。すなわち音の信号は、世界についての何か（発見、危険）、もしくは信号を発する自分自身についての何か（アイデンティティ、性的ステータス、ランク、集団のメンバーであること、恐怖、もしくは快感）のいずれかを表現する。それらの音の信号は他者に変化をもたらす——相手を近くに呼びよせて、信号を発する者と相手のあいだの社会的距離を縮めるとか、あるいは相手を脅して追い払い、社会的距離を広げるなどである。それに加えて、音の信号は集団をまとめるのに役立つ（たとえば捕食者もしくは侵入者への警戒など）。さらに母性的もしくは性的親密関係を誘い出すこともありうる。最後に、これらの目的はすべて、動物自身あるいは血縁のサバイバルを確保するという意味で、進化の道理にかなっている。

それでは、犬は何を言っているのだろうか。そしてどのようにしてそれを言うのだろうか。「何を言っているか」に対する答えは、犬が音を発するときの場面を観察することによって得られる。場面というのには、音だけでなく、それらの音を発する手段も含まれる。同じ単語でも金切り声のそれと、情熱的なささやきとでは違った意味をもつ。犬が楽しげに尻尾を振りながら出す音と、歯をむき出しにして出した音とでは、同じ音でも違った意味をもつ。

発せられた音の意味はまた、それを聞いた者の行動を観察することによって、見分けることができる。人間の場合、ある発言、たとえば「いかがですか?」と聞いたときに返ってくる返事は、適切なもの(元気ですよ)から、一見突飛なもの(ああ、バナナはないんだよ)まで幅があるかもしれない。だが犬をはじめとして、人間以外の動物はまっすぐに答えると考えてよいだろう。多くの場合、音は周辺にいる者たちにはっきりした効果をもたらす。「火事だ!」とか「無料だよ!」などが良い例だ。

「どのようにして」音の信号を出すかは、犬の場合単純である。犬が発する音のほとんどは口を使うか、口から出るものである。少なくとも、わたしたちにわかる音はそうだ。これらの声帯音は、喉頭の振動か、呼気作用による音である。ほかの音はまったく声ではないが、口を使って出す。たとえば歯をかちっと鳴らす機械的な音がそれである。声帯音は四つの次元でそれぞれ異なり、完全に聞き分けられる。まずピッチ(周波数)が異なる。子犬がくんくん鳴くのはほとんどいつも高いピッチであり、唸り声は低いピッチだ。唸り声を高くしてみると、別のものになってしまう。つぎに持続性においても異なる。一回だけパッと発せられ、半秒も続かない声もあれば、引き延ばされた音声もあり、何度もくりかえされる音もある。音声はその形状においても異なる——あるものは基本音で波形が一定だが、ほかのものは割れていたり、変動したり、あるいは上がったり下がったりする。遠吠えは、長時間にわたってほとんど変化がないが、吠え声は騒々しく、さまざまに変化する。最後に、音声は大きさや強さにおいて差がある。うめき声は大きい音にはならず、キャンキャン鳴きはささやき声にはならない。

クウンクウン、ウウウウ、キイキイ、そしてクスクス笑い……

彼女は見ている――わたしが出かける支度をしているのを。彼女にはわかっている――わたしの用意がほとんどできているのを。頭を両脚のあいだの床につけて、パンプはわたしを目で追う――わたしが部屋を横ぎり、バッグと、本と、キイを取ってくるのを。わたしは彼女の耳のまわりを指でくすぐって慰めてやり、それからドアに向かう。彼女は頭を上げ、声を出す。悲しげなキャンキャン声だ。わたしの足が止まる。ふり向いたとたん、彼女は尻尾を振りながら急いでやってくる。わかった、わかったよ。一緒に連れてってあげるから。

犬の出す音で典型的とされるのは吠え声だが、この吠え声はほとんどの犬が日常出す音のなかでとくに優勢だというわけではない。彼らが出す音のなかには、高い音から低い音、偶発的に出る音、遠吠え、さらにはクスクス笑いまで含まれる。高周波の音――叫び声、キイキイ音、クンクン、キャンキャン、悲鳴――が出るのは、犬がとつぜん痛みを感じたり、注意をひく必要があるときだ。これらは子犬が最初に立てる音でもあり、このことはその意味を知る手がかりとなる。これらの音は母親の注意をひきやすいのだ。踏みつけられたり、さまよい出てしまった子犬はキャンキャン鳴くかもしれない。耳も聞こえず、目も見えない子犬にとって、その音を立てればママにすぐに見つけてもらえるのだ。連れ戻されてもしばらく鳴き続ける子犬もいるが、母犬のもとで騒ぎはしだいにおさまっていく。キャンキャン音は悲鳴とは違う。オオカミの場合、この悲鳴は母オオカミを刺激して子どもをグルーミングさせ、子どもの正常な成長に必要なコンタクトを与えさせる。叫び声やキイキイ音を出しても母犬からは無視されるだろう。したがってキイキイ音にはたいして特定の意味があるわけではなく、むしろほかの者たちがどう反応するかを見るだけのための多目的の音であるようだ。

低いうめき声もまた、子犬ではきわめてふつうに聞かれる。これらは苦痛のサインというよりは、猫の「喉を鳴らす音」の犬版といった音のようだ。鼻をふんふんさせるうめき声と、ため息のようなうめき声がある。後者を「満足の唸り声」と呼ぶ人もいる。これらはすべて同じ意味をあらわしているようだ。子犬がこの声を立てるのは、きょうだい、母親、あるいは世話をしてくれるなじみの人間とぴったり接触しているときである。この音は、たんにゆったりした深い呼吸の結果かもしれない。そうであれば、これは意図的とは言えないわけだ。犬が意図的にうめき声をあげるという証拠はない（逆の証拠もない）。どちらにしてもうめき声にはおそらく、家族のメンバーどうしの絆を確認する働きがあるのだろう——低い振動として聞かれようと、皮膚の接触を通じて感じられようと。

ウォーという低い響きの唸り声と、歯をむき出して唸る間断ない不吉な声は、言われなくてもわかる攻撃的な音である。子犬は攻撃をしない傾向があるため、こうした音はあまり出さない。これらの音が攻撃的に聞こえるのは、一部にはその低いピッチのためである。小さな動物が立てる高いピッチのキイキイ音と違って、大型の動物が出すタイプの音なのだ。ほかの動物との敵対的な出会いに際して、犬は相手に自分が実際より大きく、また強く見せようとして、大型犬の音を出す。高いピッチの音を出せば、ひたすら小さく思われてしまう。こちらのほうは逆に友好的な、あるいは相手をなだめるのに使われる。このように攻撃的な意図があっても、唸り声は社会的な音である。犬が恐怖や怒りを感じたときに発する音というだけではないのだ。だいたいにおいて、犬は生命のない対象に向かって唸ることはないし、[24]生命ある対象でも自分に向けられず、あるいは直面しないものに対しては、唸らない。その音はわたしたちが思っているより微妙である。とどろくような低い音からほとんど野獣の吠え声に近いものまで、異なる状況で別々の唸り声が使われる。「引っ張りっこ」をしながら出す唸り声の音は恐ろしげに聞こえるかもしれないが、これは大事な骨の所有権をめぐる警告の唸り声とは違う。こちらのほうの唸り声を、うまそうな骨の真ん前においたスピーカーから再生すれば、近くの犬たちはその骨を避ける。しまいにはあたりに犬は一匹もいなくなるだろう。だがスピーカーが再現したのが遊びの唸り声や知らない犬への唸り声であれば、近くの犬たちは骨のまわりに集まり、だれのものでもない骨に食らいつくだろう。

偶発的な音にしても、ときには特定の状況できわめて確実に起こるため、効果的なコミュニケーション手段となっている。プレイスラップと呼ばれる、二本の前足を同時に床につけて音を立てるのは、欠くことのできない遊びの一部である。一緒に遊ぼうよと相手を誘う意図は、これだけで十分伝えることができる。不安な犬が動揺して歯をガチガチさせることもあるが、こんなふうに歯を鳴らすのは、その犬が用心していることを示す警告として役立つ。遊びのなかで乱暴に鼻で押されたり、噛まれたりしたときに出すおおげさな悲鳴は、儀式化された偽装にさえなりうる。不安を感じる社会的相互作用から逃れる方法なのだ。鼻づらを人間の口元まで伸ばし、食べものの匂いを嗅いでフンフン音を立てるのは、たんに食べものを探すためだけでなく、食べものへの要求にもなりうる。相手の体とぴったりくっついて寝ているとき、鼻が押しつぶされて出す騒々しい呼吸音でさえ、犬が満足してリラックスしている状態を示している。

ハウンド犬と一緒に暮らしている人なら、遠吠えには慣れているはずだ。スタッカートが続く太い唸り声から、哀しげにむせぶような甲高い声まで、犬の遠吠えは社会的群れで暮らしていた祖先からの名残りと思われる。オオカミは、集団から離されると遠吠えする。狩りのために集団と一緒に出発するときや、その後の再会のさいにも遠吠えする。ひとりのときの遠吠えは、仲間を求めるコミュニケーションである。一緒に遠吠えするのはたんに仲間を呼び集める叫びか、集団の儀式かもしれない。遠吠えには伝染性があり、近くにいる者たちはすぐさま参加して、交互に追いかけるように遠吠えを始める。おたがいに、あるいは月に向かって、彼らは何を言っているのだろうか。

　人間の出す音のなかでもっとも社会的なものは、部屋に響きわたる高笑いである。はたして犬は笑うだろうか？　そう、何かとてつもなく愉快なときだけだが。たしかに犬は、笑いと呼べるものをもっている。だがそれは人間の笑いと同じではない。人間の笑い声は、何かおかしかったり、驚いたり、もしくは怖かったりするとき、それに反応して自発的に出される音である。そして人間が甲高い笑いや、クスクス笑いや、さざめくような笑いを作るのにくらべて、犬の笑いにはそれほどバリエーションはない。その笑いは、息の発散であり、興奮して一気にパンティングした感じである。遊んでいるとき、あるいは相手に一緒に遊んでもらおうとしているときにだけ聞かれるパンティングで、いわば「社会的パンティング」と言えるだろう。犬がひとり笑いをすることはなさそうだ。部屋の隅にすわって、今朝公園にいた黄色い犬が飼い主をうまく操っていたのを思い出してくすくす笑うようなことはない。犬が笑うのは、社会的相互作用をしているときである。犬と遊んだことがある人なら、たぶんその笑い声を聞いたことがあるだろう。じつを言うと、あなた自身が犬に向かって社会的パンティングをすることが、遊びを引き出すもっとも効果的な方法のひとつなのである。

　わたしたちの笑いがしばしば無意識で反射的な反応であるように、犬の笑いもそうかもしれない。ちょうど人間がさんざん転がりまわった結果ハアハア息を切らすのと同じである。この社会的パンティングは、コントロールされたものではないにしろ、犬が楽しんでいることを示す信号《サイン》なのは確かなようだ。それと同時に、ほかの者たちを楽しませ、あるいは少なくともストレスを軽くするのに役立っているかもしれない。犬の保護施設《シェルター》のなかで、録音した犬の笑い声を流すと、犬たちのあいだで吠えたり、ペーシング〔一定の歩調で言ったりきたりする行動〕する頻度が減るほか、ほかのストレスのサインもまた少なくなることがわかっている。笑いが犬にとってどういう気分のものなのか、はたして人間と同じなのかは、今後の研究を待たなくてはならない。

ワンワン吠える

はじめてパンプが吠えたときのことを覚えている。たぶん三歳くらいのときだ。それまで彼女はとても静かな犬だった。ある日のこと、よく吠えるジャーマン・シェパードの友だちと過ごしたあとで、彼女から吠え声がとびだしてきたのである。それは吠え声というよりも吠え声に似た声だった――吠え声とはされているけれども本当は吠え声ではないような。「ワワン！」と一声、それと同時に前足で小さく跳ね、尻尾を激しく振る。そのときから何年もかけて彼女はこの素敵なディスプレイに磨きをかけてきたが、それでも彼女がそれをやるときはいつも何か新しい「犬のとくいわざ」を試しているような感じがしたものだ。

吠えるというのがこれほどうるさい行為なのは残念なことだ。吠え声は怒鳴り声なのである。公園を散歩している二人のあいだに交わされる静かな会話がおよそ六〇デシベルだとすれば、犬の吠え声は七〇デシベルで始まる。長い吠え声にはときどき一三〇デシベルまでの音が混じるかもしれない。音の大きさを測る単位であるデシベルの増加は、幾何級数的である。一〇デシベル増加すると、経験する音の強さは一〇〇倍上昇する。一三〇デシベルは雷鳴や飛行機の離陸のさいの音と同じだ。吠え声は瞬間的ではあるが、わたしたちの耳には不快な瞬間なのである。これがまことに残念なのは、ほとんどの犬の研究者が同意するように、吠え声には多くの情報が含まれているからである。オオカミが比較的吠えないことから、犬が吠えるという言語を発達させてきたのは、まさしく人間とコミュニケーションを行うためだったと考える人々もいる。それにしても受け止める側の人間たちが、どの吠え声も同じだと考えるなら、それはコミュニケーションというより迷惑行為になるだろう。

研究者たちは、吠え声を「迷惑行為」とは呼ばないかもしれないが、それを「無秩序」で「騒音に満ちている」と形容する。「無秩序」という言葉は、吠え声に含まれる音の変わりやすさをあらわすには良い表現である。「騒音」というのは、大きくて不快な音という意味だけでなく、音自体の構造が不安定だということも意味する。吠え声は大きな音であり、使われる状況に応じて、調和成分〔声帯の振動による周期的な音声の成分〕の数は異なっている。

それでも、犬が作る音のなかで吠え声は話し声にいちばん近い。犬の吠え声は、話し声の音素のように、声帯の振動と、その声帯に沿って口蓋を通る空気の流れによって作り出される。吠え声のなかにわたしたちが言葉に似た意味を探したい気になるのはおそらく、その周波数――一〇ヘルツから二キロヘルツまで――が話し声の周波数と重なっているためだろう。わたしたちは自分たちの言語から取り出した音素を使って、吠え声に名前をつけることさえする――犬は「ウフ」し、「ルフ」し、「アルフ」し、あるいは（そう言う犬をわたしは知らないが）「バウーワウ」と吠える。フランスでは犬は「ウアーウア」と吠え、ノルウェーでは「ヴォフーヴォフ」だ。イタリアの犬は「バウーバウ」と吠える。

だが、吠え声が基本的には何も伝達していないと考える動物行動学者もいる。吠え声は「曖昧」であって、「意味がない」というのだ。たしかに吠え声の意味の謎を解くのは困難である。なぜなら犬はときどき、はっきりしたきっかけがなくとも、また聞き手がいなくても吠えるし、メッセージ(あったとして)が伝わったと思われてからも長いこと吠え続けるからだ。犬はほかの犬の前で何十回も続けて吠えるが、もし吠え声になんらかのメッセージがあるのなら、一回か二回くりかえすだけで十分ではないだろうか?

相手に質問することができないまま、動物の主観的経験を決定することのむずかしさがこれなのだ。動物の行動は瞬間ごとにとらえられ、細かく吟味されて意味を調べられる。人間の行動はほとんどそのような精査に耐えられないし、耐えられたとしてもその人間を正確に査定できるわけではない。たとえばわたしが自宅にいて、その日にやる予定のスピーチを犬の前で練習していたとする。だれかがそれをビデオに撮って分析したならば、つぎの結論に達するかもしれない。(a)わたしは自分の言っていることを犬が理解できると信じている。あるいは(b)わたしは自分自身に話しかけている。いずれにせよこういうことになる。(c)わたしが出しているこのノイズを理解できる聞き手がいない以上、わたしが行っているのは基本的にコミュニケーションではないと思われる——。同じように、犬の下手なコミュニケーションの例を見れば、だいたい犬がコミュニケーションをすること自体、疑わしくなるかもしれない。だがほとんどの研究者は、状況により、また個体によって違うことはあるにしても、吠え声にはたしかに意味があると考えている。吠え声——とくに警告の吠え声——は、犬をほかのイヌ科動物から区別するもっとも明確な要素である。オオカミも警告を伝えるために吠えるが、これはまれにしか起こらない。

むしろオオカミは、犬でおなじみの引き延ばされた吠え声よりも、「ウフ」音を出すことが多い。犬はオオカミより多く吠えるだけではなく、非常に多くの吠え声のバリエーションを発達させてきたのである。

一握りの識別可能な吠え声があり、これまた一握りの識別可能な状況で使われている。まず、注意をひくための吠え声、危険を警告するための吠え声、恐れているときの吠え声、挨拶の吠え声、遊びの吠え声があり、さらには孤独、不安、混乱、苦痛、もしくは不快を感じる状況で使う吠え声さえある。それぞれの吠え声の意味は使われる状況から導かれるが、意味を付与するものはそれだけではない。犬の吠え声の音響分析図《スペクトログラム》〔音の周波数と強度を時系列的に記録したグラフ〕は、それが唸り声、鼻を鳴らすクーンクーン声、そしてキャンキャン鳴きに使われるトーンの混合であることを示している。どのトーンが優勢かによって、吠え声は違った性格を身にまとう。つまり違った意味になるのだ。

犬の発声を調べた初期の研究者たちは、犬が吠えるのはいずれの場合も「注意をひく」ためだと結論した。たしかに吠え声は相手の注意をひく。もちろん相手がそれを聞ける近さにいればだ。だが最近の研究では、吠え声にはもっと微妙な区別があるとされている。もちろんすべての吠え声がある意味でなんらかの「注意をひきつける行為」であるのは確かだ――わたしたちが話すのも、だれかに聞いてもらうためなのだから。だが吠え声の意味はそれだけではない。たとえば三つの状況（見知らぬ人が呼び鈴を押す、ひとりで外に閉め出されている、遊んでいる）を設定し、何千もの犬の吠え声の音響スペクトログラムを分析してみたところ、三つの違ったタイプの吠え声がつきとめられた。

「知らない人への吠え声」は、ピッチがいちばん低く、もっとも耳障りである――音はほとんど吐き出されるような感じだ。ほかのタイプよりトーンの変化に乏しく、遠くにメッセージを送るためのデザインとしてすぐれている。ひとりで脅威的な状況に直面したときには必要な要件だ。さらにいくつもの吠え声《バーク》が結びついて、いわば「超吠え声《スーパーバーク》」になり、ほかの場合よりもはるかに長く続く。ほとんどの人間の聞き手が攻撃的だと思うような吠え声がこれだ。

「ひとりにされたときの吠え声」は、周波数がより高く、より変化に富む傾向にある——大声からソフトな音に変わってそれをくりかえすものから、高い音から低い音に移るものまで。これらの吠え声は一回ずつ空中に向かって放たれ、ときには長い合間がある。これを「恐ろしげに聞こえる」と言う人も多い。

「遊びの吠え声」もまた周波数が高いが、ひとりのときの吠え声よりも続けざまに起こることが多い。ひとりで吠えるのとは違って、この吠え声はほかのだれか——犬か人間の遊び仲間——に向けられる。これらの吠え声には、もちろん、かなりの個体差があり、すべての犬が同じように吠えるわけではない。小型犬の場合、知らない人への吠え声は「ラル、ラル」または「ラオ、ラオ」のように聞こえるし、大型の犬は強烈な「ルルルンフ！」といった感じだ。

　吠え声のタイプにおけるこうした違いは、進化の見地からも道理にかなっている。もっとも低い音は、威嚇する状況で使われる（みずからをより大きく見せるため）。高い音は、友だちに対して仲間づきあいを求める懇願に使われる——さらに服従的な要請にも（警告ではなく）。個々の犬による吠え声の違いからわかるのは、吠え声が犬のアイデンティティを主張するため、もしくは集団とのつながりを示すために使われているかもしれないということだ（わたしと、わたしが握っているリードの先のレディのふたりもまた集団なのだ。ドッグパークでわたしが一緒にふざけている犬たちよりはむしろ……）。さらにまた、他者と一緒に吠えるのは、社会的結合の形かもしれない。吠える行為には、遠吠えでわかるように伝染性がある。一匹の犬が吠えると、それに促されて犬のコーラスが始まるかもしれない。全員がこの大騒ぎに加わるのである。

ボディと尻尾

散歩の途中、道で出会った人々に近づいていくときのパンプは、その感覚のすべてを「見る」ことに集中する。相手が知っている人だと認めると、頭をごくわずか下げ——ちょうど眼鏡の奥からそっと見上げるように——、尻尾を低い位置で振る。憎からず思っている雄犬に向かうときの態度はこれとはまったく違う。直立した姿勢で、尻尾は高く、非の打ちどころのない素敵なポーズだ。尻尾は兵隊のようにリズムをとって振られる。友だちの犬の場合はもっと打ちとけた騒々しいアプローチである。彼らの顔に向かって口を開けて噛んでみたり、相手の体の側面に腰をやさしくぶつけたりする。

あなたは今すわっているかもしれない——ソファに深々と身をうずめて。それとも立っているかもしれない——電車の吊り革につかまり、ほかの通勤客の背中で本を押しつぶされながら。すわっていても立っていても、その姿勢によって、たぶんあなたは何も意味していない。歩いていても仰向けに寝ていても同じだ。たんにその姿勢が便利だとか、快適だとかいうだけである。だがほかの状況では、わたしたちの姿勢は情報を伝える。キャッチャーが腰をかがめる——投球を受ける用意が整ったのだ。親が腰をかがめ、両手を拡げる——子どもを抱こうと誘っている。走っていて、知っている人が近づいてくるのを見たあなたは、立ち止まって相手に挨拶する。立っていて、知っている人が近づいてくるのを見たあなたは、とつぜん背を向けて走り出す。姿勢がだらけているか生き生きしているかだけでも、意味を伝達することがある。人間とくらべて発声のレパートリーが乏しい動物にとっては、姿勢はさらに重要である。そして犬は、特異な姿勢を使ってきわめて特異な意味を伝達しているようなのである。

体を使う言語がある。臀部、頭、耳、足、そして尻尾という音素で形成される言語だ。犬は、この言語を直感的に翻訳する方法を知っている。わたしの場合は、犬がたがいに相互作用している情景を何百時間も見たあとでようやくそれを学んだ。人間は犬から見ると、途方もなくぎごちない生きものに見えるに違いない。彼らのほうは体の姿勢とその高さを変えることで、遊びの体勢から攻撃、そして求愛の意図まで、あらゆることを表現できるのだ。それにくらべてわたしたちは、いわば高いまっすぐな背もたれつきの椅子のようで、たいていは止まっているか前に進んでいるか以外、ほとんど余計な動きをしない。そしてときたまこの椅子は、頭や腕を派手に横に曲げたりする。

だが人間自身は、犬がするほどわかりやすく、愛とへりくだりを外的信号によって表現することはできない——ぱたりとたれた耳、ゆるんだ唇、ゆらゆら揺れる体、そして尻尾を振って、彼は愛する主人を出迎える。——チャールズ・ダーウィン

犬にとって姿勢は、攻撃の意図、あるいは萎縮したへりくだりをあらわすことができる。頭と耳を立てた直立の姿勢は、闘う用意ができていることを知らせる——そして、おそらく闘いの優位者であることも。肩や臀部の毛も逆立っているかもしれない。これはハックルと呼ばれ、興奮を示す視覚的信号としてだけでなく、毛の根元にある皮膚腺の匂いを放出するために役立つ。全体的な効果をさらに強める

ために、犬はただ立つだけでなく、相手の犬の上に立つ。頭と前足を相手の背中に乗せるのである。こうして自分が支配していることをできるだけ強く宣言する。これと逆に、頭を下げ、耳をたれ、尻尾をたくし入れて低くかがんだ姿勢をとるのは、服従を示す。ごろりと転がって腹を見せるのは、さらにへりくだりを示している。(25)

このように、姿勢が逆になると逆の情動を伝達するという「対立の原理」は、犬の表現のうちかなりの範囲を説明してくれる。顔の表情もこの原理に従う。いちばん表現豊かなのは口と耳だ。口は閉じた状態から、開いてリラックスした状態、さらには唇をめくり上げて鼻に皺を寄せ、歯をむき出しにする表情まで、さまざまである。口を閉じた「にやにや笑い」は、服従的である。口が開くにつれて興奮が増す。さらに歯がむき出しにされると、見た様子は攻撃的になる。口が完全に広がり、歯がほとんど隠れるのは「あくび」と称されるが、人間のような退屈のサインではない。それは不安、臆病、もしくはストレスを示すものかもしれない。このあくびで自分や他者を鎮めることもある。芸当をするのは耳も同じである。ピンと立ち、またはリラックスして下にたれ、あるいはぴったりと頭に沿ってたたまれる。目もそうだ。相手の犬をまっすぐに見つめることは、威嚇的もしくは攻撃的意図をもちうる。反対に目をそらすのは服従的である――自分自身の不安または相手の犬の興奮を鎮めようとする試みだ。いいかえれば、それぞれのケースで極端から極端までの範囲があり、リラックスした状態から恐怖や驚きの状態まで、情動の連続体に沿って強さのバリエーションをあらわしている。

これらのいずれも静止した信号ではない――もし静止しているとすれば、静止自体に意味がある。直立した姿勢をとって動かずにいるのは、その姿勢に強調の「!」マークをつけるための声なき手段であり、コミュニケーションの緊張度を増すのに役立つ。たいていの場合、姿勢は動きをもつ。とくに尻尾は動きの先兵だ。犬の尻尾振りの意味について完全に調べ上げた人はいままでだれもいない。これは、科学にとってたいへん恥ずべきことである。

子犬のとき、彼女の尻尾は細かった。まるで柔らかな黒い毛皮の矢のようだった。だがこれは彼女の尻尾の最終的運命ではなかった。やがてそれは信じられないほどの吹き流しをもった尻尾に育ち、そのおびただしい房毛はやたらにもつれ、葉っぱをくっつけてきた。尻尾の先端が曲がっているのは、子犬のころに車のドアにはさまれたときの名残りだ。興奮したり喜んだりすると、彼女はその尻尾の先っぽを鎌のように背中に向けて振りまわした。横になっているときにわたしが近づくと、尻尾をうれしそうに床にバタンバタンとたたきつける。尻尾が低くまっすぐにたれているときは、疲れている証拠だ。相手の犬が好奇心をむき出しにして近づいても、無関心なときは脚のあいだに尻尾をたくし込む。一緒に散歩しているときは、たいてい尻尾はだらりと下にたれ、先端が粋にカーブして、楽しげに前後に振れるのだった。彼女にそうっと忍びより、その尻尾が小刻みな震えから、楽しげな大振りに変わっていくのを見るのが、わたしは大好きだった。

尻尾による言語の暗号を解くのがむずかしい理由のひとつは、犬の尻尾にはきわめて多くのバリエーションがあるからだ。ゴールデン・レトリーバーの派手な飾り毛と、コルク抜きのようにきっちり螺旋に巻いたパグの尻尾は、きわめて対照的である。長い尻尾、かたい尻尾、切り株のような尻尾、巻き尾、重くたれている尻尾、つねにピンと立った尻尾……。オオカミの尻尾は、いくつかの点でこれらの多様な犬種の尻尾の平均である――長くて、わずかに飾り毛があり、いくぶん下向きに自然な感じに保たれている。オオカミの尻尾の伝えるメッセージについて調査した初期の動物行動学者たちは、それぞれはっきりしたメッセージを伝える尻尾の様態として、少なくとも一三種類を識別した。対立の原理にならって、高く持ち上げられた尻尾は、自信、自己主張、もしくは興味や攻撃による興奮を示し、低くたれた尻尾は、意気消沈、ストレス、もしくは不安を示す。さらにまっすぐ立った尻尾は肛門部を露出し、度胸のある相手に自分の匂いの署名を見せびらかす。他方、長い尻尾を低くたらして両脚のあいだにたくし込み、臀部を隠すのは積極的な服従の姿勢であり、怖がっていることを示す。犬がただぶらぶらしているだけのときは、尻尾は穏やかに低くたれ、下に向いているが、固くなってはいない。尻尾をそっと持ち上げているのは、穏やかな興味もしくは警戒のサインである。

それにしても、ことは尻尾の高さほど単純ではない。なぜなら尻尾はそのままにされているだけでなく、振られるからだ。尻尾を振るのを、単純にうれしさの信号と解釈するわけにはいかない。高くピンと上げた尻尾を振るのは、脅しのサインになる。直立した姿勢と組み合わされているときはとくにそうだ。低くたらした尻尾を小刻みに振るのは、もうひとつの服従のサインである。あなたの靴、それも最後の一足を破壊して、犯行現場を見つけられたときの犬の尻尾がまさにこれである。尻尾を振る強さは、

おおむね情動の強さを示している。どっちつかずの軽い尻尾振りは、興味はあるがためらっていることを示す。元気にばさばさと振るのは、丈の高い草の中で見えなくなったボールや、地上の匂いの跡を鼻で探るときだ。そしてわたしたちにおなじみのうれしげな尻尾振りがある。これはいままで挙げたすべての尻尾振りとはまったく違う。尻尾は高く、あるいは体から離して持ち上げられ、空中に勢いよく乱暴な弧を描く。間違いようのない喜びのサインだ。尻尾を振らないことも、また意味をもつ。たとえばあなたの手の中のボールにひたすら注目しているとき、あるいはまたつぎの行動についてあなたからの言葉を待っているときなどは、尻尾を振らない傾向がある。

犬の脳を研究していた研究者たちは、たまたま犬の尻尾についてもあることを発見した。犬は尻尾を左右非対称に振るのである。ふいに飼い主があらわれたときや、なんらかの興味ある対象（人とか猫）を見たときなど、平均では尻尾の向きは右側に強くなる傾向がある。知らない犬に出会ったときも尻尾を振るが――うれしげな尻尾振りというより、あのどっちつかずの振り方だ――、その場合は左に振る傾向がある。自分の犬がどうなのか見るにはスローモーションビデオでも使わないかぎり、あるいはあなたの犬が尻尾を片側に回してぶるんぶるん振るタイプでもないかぎり、無理である。ビデオはたしかにおすすめだ。それにしてもこんなふうに熱心に尻尾を振ってもらえるというのは、まことにうれしいことではないか。

パンプは体全体をぶるぶる揺する。その揺れは頭に始まり、体全体をのたうつように進んで、尻尾の先でかすかにゆらめいて消える。それはまるで、まだ知られていない句読点のようだ。たとえば、確信のないとき、そしてときにはただぶらぶら歩いているときにも、彼女はこんなふうに体を揺すってひとつの場面を終わらせる。

犬は体を使って表現する。コミュニケーションが動きに書き込まれているのだ。相互作用のあいだの一瞬一瞬さえ、特徴のある動きがともなう。たとえば体全体を揺すって皮膚を骨格の上でうねらせるのは、ひとつの活動を終えてつぎの活動に移ろうとしていることを示す。もちろん全部の犬が怒りで逆立つ背中の毛や、派手に振られる長い尻尾、あるいは興味をひかれるとピンと立つ耳などをもっているわけではない。目を疑うようなロープ状の毛をしたコモンドールが、その頭らしきものをほかの犬に近づけても、長い毛の房の下に隠されて目も耳も見えない。人間の勝手で、気に入った外見のために交配することで、わたしたちは犬のコミュニケーションの可能性を制限している。断尾された犬は、本来なら表現できるはずの言葉のレパートリーをも断ち切られている。

身体的に異なる一〇犬種を取り上げて、それぞれが使う信号の種類と数を調べた研究が、まさにいま述べたことを実証している。キャヴァリア・キング・チャールズ・スパニエルから、フレンチ・ブルドッグ、シベリアン・ハスキーまで、犬たちの行動を比較すると、犬種の外貌と彼らが使っている信号の数のあいだにははっきりした関係があった。送り出す信号がいちばん少なかったのは、オオカミからの家畜化の過程でもっとも身体的に変えられた動物（極端な例がキャヴァリア）だった。イヌ科動物の子どもの特徴をおとなになってもより多く保持している幼形成熟《ネオテニー》の犬たちは、おとなのオオカミにはもっとも似ていない。オオカミにもっとも似た特徴をもち、遺伝子的にもタイリクオオカミ（*Canis lupus*）により近いハスキーが、オオカミと似た信号をもっとも多く使った。

体を使った信号の多くが、みずからのステータス、強さ、あるいは意図についての情報を提供することを考えると、一生のあいだ人間に世話されている世界で、犬がこうした信号を送る必要はおそらく少なくなっているだろう。だが善意の支配的動物を納得させるのに使われるのと同じ信号が、人間に対して情報を伝えるのに使われていることは考えられる。都会の通りを歩いていて、見えにくい角を曲がった瞬間、わたしは知らない犬の長いリードにつまずきそうになる。わたしを見て、彼女はうずくまり、尻尾を足のあいだにはさんでさかんに振りながら、わたしの顔を舐めようとする。もともとそれは、服従的ジェスチャーから始まったのかもしれない。だがいまではひたすらかわいいのだ。

たまたまか意図してか

朝寝坊したあげく、ぐずぐずと身支度するわたしを我慢して待っていたパンプが、外に出たとたんにとる最初の行動はいつも同じだ。戸口から二歩出たとたん、不作法にしゃがみ込む。深く体をかがめ、ひたすらその姿勢に専念する。尻尾だけが邪魔にならないように高く巻いて持ち上がり、体を引き上げようとしている。滝のような尿が放出される（たしかに今回は記録破りだ）。彼女の顔の筋肉が間延びしたようにほぐれ、それを見ているわたしは、こんなに長く彼女を待たせたのかと、うしろめたさに襲われる。彼女は自分のそばを尿がくねくねと曲がって流れていき、しまいに歩道の割れ目を見つけてすっかり流れ去るのを眺める。

吠え声、唸り声、そして尻尾振りについては多くのことが言われているが、犬にとってのコミュニケーションの手段は発声と姿勢だけではない。これらのうちのどれも、匂いのもつ情報伝達の力にはかなわない。前に述べたように、排尿はわたしたちにもっともわかりやすい匂いの伝達手段である。膀胱を空にすることが、友人たちとの礼儀正しい会話や選挙区民の前での政治家の演説などにひけをとらない「コミュニケーション行動」であるというのは、信じがたいかもしれない。だがあるレベルでは、犬の排尿コミュニケーションは両方の例に似ている。それは犬の通常の社交の一部であるとともに、消火栓に書かれた猛烈な自己宣伝でもあるのだ。

平凡な消火栓の高いところに残された濡れたメッセージを、人間が使うのと同じ種類のコミュニケーションと呼ぶことに、あなたはためらいを感じるかもしれない。それは必ずしも「顔ではなく尻で話す」ことへのためらいだけではない。要するに、人間は（たいていの場合）意図をもってコミュニケーションを行う。自分の左手に向かって大声でまくしたてるのではなく、対象をほかの人に向ける傾向があるのだ。わたしたちの言葉が聞こえるほど近くにいて、ほかのことに気をとられていない人々、言葉を知っている人々、そしてわたしたちが言っていることを理解できる人々である。他者を心において行うコミュニケーションを、たとえばおなかをぶたれたときに自発的に出る「ウッ」といううめき声、お世辞に顔を赤らめること、たえず聞こえる蚊の音、交通信号や半旗などによる特有の相手を意識しない情報伝達などから区別するのが、「意図」である。

尿マーキングとは、意図をもった排尿行為である。朝の至福の放尿は、膀胱の緊張をときほぐすためだが、たいていの場合、たまった尿のいくらかは、あとでマーキングに使うために取っておかれる。両方ともおそらく同じ尿であろう。それぞれ放出する匂いを変える別のチャンネルや手段があるという証拠はない。だがマーキング行動は、いくつかの基

本的な点で異なっている。第一に、ほとんどの雄の成犬と、雌でも性別不明の行為を示す犬たちは、足を高く上げてマーキングする。この「足あげディスプレイ」には個体差があり、また状況によってもバリエーションがある。後ろ足を体に向けてそっと縮めるだけのものから、足を尻の位置よりも高く持ち上げるものまでいろいろだ（後者は明らかに近くにいる犬たちへの目立つディスプレイでもある）。どのやり方にせよ、特定の方向に放尿し、目立つサイトに届くように狙いを定めるのは同じである（しゃがんで尿マーキングすることもある。こちらのほうはより静かな行為であり、メッセージを叫ぶというよりささやくといったほうがよいだろう）。

第二に、マーキングで膀胱を空にすることはない。尿はちびちびと分配され、犬の散歩ルートに沿って匂いを広く分布させる。家の中に長く閉じ込められていた犬が、外に出たとたんしゃがみ込むといった緊急事態が起きた場合、その後のマーキング用の尿を貯える能力が働かなくなるかもしれない。そうなればあとは無駄な足あげディスプレイが見られるだけだ。草むらや、電信柱や、ゴミ箱に向かって格好だけがんばるのである。

最後に、犬がマーキングするときは、たいていの場合最初にその地域をしばらくクンクン嗅いだあとである。この事実は、匂いの交換についての概念を、ローレンツの言う「領土占有の旗」から、一種の会話へと高めるものだ。長年にわたって犬のマーキング行動について注意深く記録し続けてきた研究者たちは、以下のことを発見した。すなわち、犬がマークする場所と時間は、その前にだれがマークしたか、季節はいつか、そしてだれが近くにいるかという三つの要因のすべてに影響されるというのである。

興味深いことに、これらのメッセージの花束は、無差別に残されるわけではない。すべての対象物がマークされるわけではないのだ。犬が通りを歩きながら匂いを嗅いでいるのを見れば、実際にマークするよりもはるかに多くの場所で匂いを嗅ぐのがわかる。このことは、すべてのメッセージが同じではないことを――そして犬が残すメッセージは特定の聞き手だけに向けられたものかもしれないということを――示している。カウンター・マーキング（前の尿に新しい尿をかぶせる）は、雄犬に共通の行動で、前の尿が自分より支配的でない雄犬のもののときに行われる。新しい犬がまわりにいると、どの犬もマーキングが増えてくる。

領土占有のしるしでないならば、マーキングが意図するメッセージとはそもそも何なのか？　第一のヒントは、子犬が尿のマーキングをしないことであり、そうなるとそのコミュニケーションはおとなだけの関心事ということになる。さらに肛門腺の位置と尿が含む成分からわかるのは、少なくともそれが「自分がだれか」にかかわっているということである――彼らの匂いは彼らのアイデンティティなのだ。「わたしがだれか」というのはすばらしいメッセージだが、おそらくはあまり意図的ではない。わたしが部屋に入っていき、人に見られる、それだけで自分がだれかについて何かを伝えることはあるかもしれない。だが、わたしがだれかというたんなる事実と、自分のアイデンティティについてたえず意図的に伝達することとは違う（わたしが子どもで、みんなに見てもらうように服を着せられたようなときは別だが）。

このコミュニケーションが意図的だと思われる理由は、ほかにだれもまわりにいなければ犬はあえてわざわざ伝えないということだ。一匹だけで囲いに飼われている犬は、マーキングに費やす時間がきわめて少ない。そこでは雄犬はめったに足を上げて尿をしないし、雌も雄もわざわざちびちびと排尿するようなことをしない。同じサイズの囲いにほかの犬たちと一緒に飼われている犬は、毎日、それもはるかに頻繁にマーキングする。インドの放浪犬（一〇五ページ参照）についての調査では、彼らが「聞き

手」に対してマークしていたことが明らかになった。それも異性の「聞き手」に対してである。伝えようとしているメッセージがセックス関係だとすれば、これは道理にかなっている。求愛しているのか、あるいは求愛される用意ができていると宣言しているのか。彼らがもっとも高く足を上げたのは（尿をしないときでも）、ほかの犬がまわりにいるときだった。足を高く上げるのは、ほかの犬がそこにいて注目してくれるときにのみ意味をもつ。

もし尿マーキングが、純粋にコミュニケーションを目的としたものだとすれば、それもまた道理にかなう――コメント、意見、強い信念。これがそうだという科学的証拠はないが、コミュニケーションが聞き手に対してのみなされるという事実と一致している。ひとりぼっちで育てられた犬はほかの犬たちと一緒に育てられた犬よりも、コミュニケーションのための声を出すことが非常に少ない。だがその犬たちも、やがてほかの犬たちと一緒にすれば、社会化された犬と同じ程度に声を出しはじめる。いいかえれば、彼らが話すのは、話しかける相手がいるときなのだ。

意図をもって尿マーキングするのとまったく同じように、犬はわたしたちのマーキングのなかにこちらの意図を読む。マーキングとはわたしたちのジェスチャーのことである。のちに述べるように、彼らはおたがいを読むように、それと同じ注意をもって、人間のボディランゲージを解釈する。幼い子どもがお気に入りのオモチャに向かってよちよち歩いていくとき、犬はその子どもが行こうとするところを見て、先にそこに着くことができる。考えごとをして頭をかしげても、犬の注意をひくことはめったにないが、頭をめぐらしてドアを見たとたん、そこにある意図に犬は気づく。ドアのほうにふり向くのと、壁にかかった時計を見るためにふり向くのと、両者の違いもまた、犬にはわかる。隠した食べものを指さすのと、腕時計を見るために腕を上げるのも、区別できる。わたしたちは体を使って大声で話しているのである。

白状すると、じつはこの章はまるまる犬の口述筆記による。彼女はわたしの椅子のそばにすわり、頭をわたしの足にのせ、わたしが彼女の言葉を画面に翻訳しようと必死になっているあいだ、我慢強く待っていた。本書の洞察は彼女からきている。感情や記憶、光景とイメージ、その環世界《ウムヴェルト》も彼女が語ったものだ。

いやいや、必ずしもそうではない。だが犬によって書かれたと称されるおびただしい数の本を見れば、これこそわたしたち全員が求めているものに違いないと思えてくる。犬の口からまっすぐに発せられた物語――もちろんわたしたちの母国語で書かれたものである。十九世紀末ごろ、ある一風変わったたぐいの自伝が本屋に並びはじめた。飼っている猫や年老いた犬、あるいは冬の嵐のなかで迷子になった動物による「回想録」である。動物を語り手とするこの形式は、「犬の見方」にたどりつくための最初の散文の試みと言えよう。こうした本はたくさん書かれている。ラドヤード・キップリングやヴァージニア・ウルフのような作家でさえ書いている。そうした本を読むたび、わたしは奇妙な不満に襲われる。これはごまかしだ。ここには犬の見方などない。どれも犬の鼻づらに人間の喉頭を移植して、そこからわたしたちがしゃべっているようなものだ。犬の考えていることを、人間の会話を幼稚にしたようなものに変えるのは、逆に犬を傷つける。そのうえ、わたしにとって犬をとくに愛すべき存在にするのは、彼らがそのみごとなコミュニケーション能力をもつにもかかわらず、言葉を使わないという事実なのだ。犬たちの沈黙は、彼らをもっともいとしく思わせる特性のひとつである。彼らは口がきけないのではない。言語の音《ノイズ》がないだけなのだ。犬とともに沈黙の瞬間を分け合うとき、そこに気づまりなところは一切ない。部屋の向こう側から犬がわたしを見つめる。床の上で一緒に寝そべる。わたしたちがもっとも密接に結びつくのは言葉が止むときである。

犬の目

まる六秒でパンプは、それまでのスーパー犬からどうしようもない犬に変わってしまう。最初の五秒で、勢いよく動くテニスボールをつかまえようと、野原に開けた森の入口の藪や太い幹の木々をみごとに通りぬける。ボールが樹にぶつかってボコンと跳ね返り、まるで掃除機のように彼女の口にくわえこまれる。その瞬間どこからともなく犬が出現する——疾走する白い毛のかたまりと吠え声だ。パンプは彼に気づき、このボール泥棒から走って逃げる。そしてまさに六秒目、彼女は立ち止まる。わたしがどこにいるのか、ふいにわからなくなったのだ。いま、彼女はわたしを探している——頭を高く上げ、体をまっすぐにして。わたしは彼女から見えるところにいる。わたしは彼女にほほえみかける。彼女はこちらを見るが、そのままわたしを見ずに通りすぎる。そのかわり、彼女は別のものを見る。重いコートを着た大男が足をひきずって通りすぎていく。例の白い犬の飼い主だ。彼女は彼のあとを追いかける。わたしは走っていき、彼女をつかまえなくてはならない。ちょっと前、パンプはすべてを見通していた。いまの彼女は間抜けそのものだ。

わたしたち人間が世界を感じ取る本質的な方法がいくつかあるが、それらに順位をつければ、断然視覚が最上位にくる。心理学者の関心を途方もなくかき立てるのも目だ。目は、その形態が人に想像させるよりもはるかに多くのものを示す。どんなに素敵な鼻をもっていても、どれほど額が脳に近く位置しようと、鼻も額も頬も耳も、目ほどの重要性はもっていない。

わたしたちは視覚的動物なのだ。二位はほぼ聴覚で決まりである。聴覚は人間のほとんどの経験にかかわっている。三位争いは嗅覚と触覚だろうか。そして味覚ははるか後ろの五位である。いずれも、なんらかの状況では意味がないわけではない。たとえば段飾りのウェディングケーキの見た目の美しさも、期待された完璧な甘さのかわりに酢の味がしたら、とんでもないものになってしまうだろう。ケーキから発散されるあの焼きたての素敵な匂いではなく別の匂いがしたり、あるいは最初に一口食べたとき、フワッとした柔らかい口当たりのかわりに、ジャリジャリしたりネバネバした食感だったらどうだろう。それでもほとんどの場合、わたしたちは新しい光景や物体に出会ったとき、まず視線を向ける。ジャケットの袖に変なものがついているのに気づけば、最初に目で調べる。視覚によって情報が得られないときにはじめて注意深く嗅いでみたり、勇気を出して舐めてみることになる。

犬の場合は順序が逆だ。鼻づらは目に勝り、口は耳に勝る。犬の嗅覚の鋭さを考えれば、視覚が従属的な役割をするのはあたりまえである。犬が頭をあなたに向けるとき、目があなたを見ているというより、鼻にあなたを見させているのである。目はただつきあいでついてくるだけだ。部屋の向こうにいる犬が哀願するようにあなたをじっと見ている……。だがいったい犬は、わたしたちが何をしているのか、見ることができるのだろうか？

多くの点で犬の視覚システム――世界に向かうための補助手段――は、わたしたち自身のそれときわめてよく似ている。しかも視覚がほかの感覚にくらべて格下だからこそ、犬は人間が見過ごす細部を見ることができるのかもしれない。

では、犬にとって目は何の役に立つのかと聞く人もいるかもしれない。犬はそのすばらしい鼻で位置をつきとめ、食べものを探すことができる。もっとくわしく調べたいと思えば、まっすぐ口に入れればよい。しかも犬は、口と鼻のあいだに位置しているあのすばらしい感覚装置――鋤鼻器――を通じて、おたがいを識別できるのだ。じつは犬にとって、目には少なくとも二つの重要な働きがある。ひとつはほかの諸感覚を補うことであり、二番目はわたしたちを見ることである。彼らの祖先であるオオカミの物語が語る犬の目の自然史は、どのような状況で彼らの視覚が進化したかを説明している。犬を人間の良き観察者にしたのは、まさにこの流れの幸福な、そして形を変えた副産物だったのである。

その説明は、オオカミの生活におけるたったひとつの要素――摂食――にまでさかのぼる。彼らの食べものはほとんどが走って逃げる獲物である。そのうえ、獲物たちはしばしば迷彩色を施され、あるいは群れの比較的安全な状況で暮らしている。獲物が活動するのは――それゆえ見つけられるのは――夕暮れ、夜明け、あるいは夜である。こうしてオオカミは、すべての捕食者と同様、自分たちの獲物に合わせて進化してきた。匂いは重要だが、それだけでは獲物の存在を知る手がかりとはならない。匂いが鼻に到達する前に、空気の流れが匂いを迂回させてしまうからだ。匂いはうつろいやすい。匂いが表面についていれば、敏感な鼻ははっきりその跡をつけられるが、いったん風に乗れば、匂いは無数の源のひとつからやってきた雲のようなものとなる。急に動く獲物はみずからの匂いより速く走る。それにくらべて、光波は大気中を確実に伝わる。したがって匂いの形跡をとらえたあとは、オオカミは視覚を使って彼らの獲物をつきとめるのだ。獲物となる動物の多くは、彼らの環境と混じり合うように迷彩色を施されている。だが、動けばカモフラージュは効果がなくなる。それゆえオオカミは、視野の中で何かが動いていることを示す変化を見分けるのが巧みなのである。もうひとつ、獲物となる動物はしばしば夕暮れや夜明けに活動的になる。この中間色の光の中では、隠れるのは容易であり、捕食者にとっては見つけるのがむずかしくなるからだ。これに応じて、オオカミが発達させたのは弱い光のなかでとくに感受性にすぐれ、その光の中での動きをとらえるのにとくにすぐれた目であった。

彼女の目は茶と黒の深い淵だ。あまりにも暗くて、どの方角を見ているのかわからないほどである。だがその暗い背景のせいで、虹彩のきらめきはいかにも楽しげであり、まるで彼女の魂の内側を見ているかのようだ。まつげは白い毛になってやっとわかるようになった。眉毛もまた基本的には見えないけれども、わたしが部屋を横ぎるのを追っている床の上の頭と同様、その動きの効果はよく見える。寝ているとき、夢を見ているとき、彼女の目はまぶたの下で世界をくまなく見渡している。閉じているときでさえ、まぶたは裏側のピンクをちらっとのぞかせている。いざ近くで大事なことが起きたら、すぐさま目を開ける用意をしているかのようだ。

一見すると、この獲物追跡者の目はわたしたちの目ときわめてよく似ている。粘性のある球体が眼窩にはまっている。サイズもほぼ同じだ。犬の場合、犬種によって頭のサイズがきわめて違うにもかかわらず（チワワの頭四つ分が、ウルフハウンドの口にはまってしまう——実証しようとする人間はいないだろうが）、目のサイズはほとんど変わらない。小型犬は、子犬や幼児のように、頭のサイズにくらべて目が大きい。

だがすぐに気づかれるように、人間の目と犬の目のあいだには、小さな違いがいくつかある。第一に、わたしたちの目は顔の真ん前を向いている。人間は前を見る。わたしたちの視界は耳の周辺の暗闇に消えていく。犬によって差はあるものの、ほとんどの場合ほかの四足動物と同じように、犬の目は人間にくらべて頭の側面に位置しており、そのため視野がパノラマになる。人間の視野が一八〇度なのにくらべて、犬の場合は二五〇度から二七〇度広がるのだ。

犬と人間の目についてもう少し注意して見るならば、もうひとつ重要な違いが見つかる。人間の場合、目の表面の解剖学的構造は、わたしたちがどこを見ているか、いかに感じているか、注意のレベルはどのくらいかを暴露してしまう。目のサイズは同じくらいだが、人間の場合、瞳孔――光を取り込む目の中心の黒い部分――のサイズはかなり変動する。暗い部屋にいるとき、あるいは興奮や恐怖を感じているときには九ミリまで広がるし、まぶしい太陽の下にいるときや、きわめてリラックスしているときには一ミリまで狭まる。それにくらべて犬の瞳孔は、光や興奮度に関係なくほぼ三ミリから四ミリのところで比較的固定している。虹彩（瞳孔のサイズを調節する筋肉）もまた、人間と犬とでは異なる。わたしたちの虹彩は瞳孔と対照的な色である場合が多い。青とか、茶色とか、緑とかだ。ほとんどの犬の場合はそうではない。犬の目はしばしば単色で暗く、底のない湖を思わせる。この目こそは、まさにわたしたちに犬の純粋さとか寂しさを思わせる原因なのだ。さらにまた、人間の虹彩は白目の真ん中に位置するのに対し、（すべてではないが）多くの犬は白目がほとんど見えない。こうした解剖学的構造が一緒になってもたらす効果は、人間の場合、ほかの人間がどこを見ているかすぐにわかるということである。瞳孔と虹彩が方向を指し、白目の量はそれを強調する。だが犬の場合は、白目があまり見えず、またはっきりした虹彩がないため、人間とくらべてどこに注意を向けているかはとうていわからない。

さらに注意深く観察すると、この二つの種に見られる重大な違いが明らかになる。犬は人間よりもっと多くの光を集めることができるのだ。いったん犬の目に入った光は、ゲル状の硝子体を通じて神経細胞のある網膜に達し（これについては後述）、それから網膜を通って三角形の組織に到達する。それが光をはね返すわけだ。犬の写真を撮ると目の部分が光って見えるのは、この輝板（*tapetum lucidum*）、ラテン語で「光のカーペット」のせいである。こうして犬の目に入る光は、少なくとも二回網膜にぶつかり、イメージを倍加するだけでなく、そのイメージが見えるための光も倍加する。犬が夜、あるいは薄暗い場所でこれほどすぐれた視力をもつのは、このためでもある。人間は夜の闇の中で、遠くで擦ったマッチの炎を認めるかもしれないが、犬は遠くに点ったぼんやりした蝋燭の炎まで検知できるだろう。ホッキョクオオカミは完全な暗闇の中で一年のまる半分を過ごす。地平線に炎が点ったとき、彼らはそれを見つける目をもっているのだ。

ボールと犬

犬の目の内側——光を二度受けるその網膜の部分——の解剖学的構造を見れば、犬の特徴的な習性がつぎつぎと説明できる。網膜はいわば眼球の裏側にある細胞のシートであり、光のエネルギーを電気信号に変えて脳に伝える。その信号によって、何を見ていたかを感じるのである。わたしたちが見ているものの多くに意味を与えるのは、もちろん脳の働きによる。網膜は光を受けとめるだけだ。だが網膜がなければ、わたしたちには闇しか経験できない。網膜の構造がほんの少し違うだけで視覚は根本的に変わる。

犬の網膜は二つのわずかな点で違っている。光受容体細胞の分布と、それらが機能する速さである。前者の結果として、犬は獲物を追いかけ、投げたボールを回収するすぐれた能力をもつ一方、ほとんどの色彩に対して無関心であり、さらには鼻の真ん前に突き出された物を見られない。後者のせいで犬たちは、飼い主が家を出るときせっかく犬のためにとつけておいた昼間のテレビドラマに無関心なのだ。つぎに順番にそれを見ていこう。

ボールを取ってこい！

人間が見るもののなかでもっとも重要な対象は、顔から一メートルかそこらに位置するほかの人間である。わたしたちの目は前についており、網膜の中央領域（中心窩）にはおびただしい数の光受容体細胞が分布している。網膜の中央にこれほど多くの視細胞をもっているため、わたしたちは真ん前に位置する対象に焦点を合わせ、きわめてくわしく、しかも強い色彩で見ることができる。こちらに近づく色彩と形のかたまりを、ボーイフレンドなのか、それとも自分の命を狙う敵なのか区別するのには完璧なシステムだ。

中心窩があるのは霊長類だけである。犬にはそのかわりに網膜中心野（中心視覚面）と呼ばれるものがある。この広い中心領域に分布する受容体《レセプター》は中心窩よりも少ないが、周辺部よりは多い。犬も顔の真ん前にあるものは見えるが、人間の場合ほど焦点が合った見え方はしない。網膜に光を集めるためにその屈折率を調節する目の水晶体は、近くの光源には遠近調節をしない。実際、犬は鼻のすぐ前（二五センチから三〇センチくらいまで）にある小さな物を見過ごすかもしれない。その部分からの光を受ける役目の網膜細胞が少ないからだ。あなたの犬が自分で踏みつけているオモチャを見つけられないのを見て、首をひねった経験があるだろう。目のしくみのせいで、犬は一歩後ろに下がらないと、それに気づかないのだ。

　犬種によって網膜の部分の違いが大きいため、それぞれが世界を違ったふうに見ることになる。網膜中心野は短い鼻の犬種ではもっともきわだっている。たとえばパグのそれはきわめて強力で、ほとんど中心窩と同じくらいだ。だが彼らには、長い鼻の犬（およびオオカミ）がもっている「視覚線条」〔網膜の幅に沿ってスリット状に延びる視神経領域〕がない。たとえばアフガンやレトリーバー犬種では、網膜中心野はそれほどきわだっておらず、網膜の光受容体は目の中央に延びる水平の帯に沿ってもっと密になっている。鼻が短ければ短いほど、視覚線条は少なくなる。鼻が長いほど、視覚線条は多くなるわけだ。視覚線条のある犬たちは、人間よりも高度のパノラマ視野をもち、周縁の部分をはるかに認識できる。一方、発達した網膜中心野をもつ犬は、顔の前の対象に焦点を集めることができる。

　この違いは小さいが重要であって、犬種による行動傾向のいくつかを説明する。ふつうはパグはいわゆる「ボール犬」ではないが、長い鼻のラブラドール・レトリーバーはそうである。これは長い鼻そのもののせいだけではない。何百万もの嗅覚細胞を使いこなす能力に加えて、彼らは視覚的にもそれに適しているのだ。たとえば、視線をシフトすることなく、地平線の向こうに飛んでいくテニスボールを認識する。短い鼻の犬にとって（鼻の長さにかかわらず人間はすべてそうだが）、横のほうに投げられたボールは、頭をそちらに向けなければ周辺視野の外側に消えてしまう。そのかわりに、パグはおそらく近い物体に焦点を合わせるのが上手だろう。たとえば抱かれている飼い主の顔などである。この比較的狭い視野のせいで飼い主の表情に注意を集中するため、パグなどがコンパニオンとしてもっともふさわしいと考えている研究者もいる。

緑のボールを取ってこい！

一般に信じられているのと違って、犬は色盲ではない。だが犬にとって色彩の果たす役割は、人間にくらべてはるかに軽い。その理由は彼らの網膜にある。人間には三種の錐状体がある。物の形の細部と色彩を知覚するための光受容体で、それぞれが赤、青、そして緑の波長に反応する。犬の錐状体は二つだけで、ひとつは青に、もうひとつは緑がかった黄色に反応する。そしてその二つの錐状体でさえ、人間よりも少ない。それゆえ犬は、青か緑の領域にある色彩をもっとももよく認識する。よく掃除した裏庭のプールは犬には輝くように見えるに違いない。

錐状体細胞がこのように違うため、人間には黄色、赤、あるいはオレンジに見える光でも、犬にはそのようには見えない。したがって、犬に店からグレープフルーツを取ってくるように頼んだのにみかんを持ってきたと言って、いらいらしてもしかたがないのだ。それでもオレンジ、赤、そして黄色の区別はあるかもしれない。色によって明るさが異なるからだ。犬から見ると赤は薄緑に見えるかもしれない。黄色はそれより強い緑だろう。彼らが赤と黄色を区別できるように見えるとしたら、これらの色が反射する光の量の違いに気づいているのである。

これがどんなふうなのか想像するために、一日の時間帯で人間の色彩システムが弱まる時間を考えてみよう。暗くなる直前の黄昏どきだ。公園でも、庭でも、どこでも自然のある場所に出て、あたりを見まわしてみれば、頭上に茂る木の葉の緑の色合いが微妙に色あせて、ぼんやりとしてくるのに気づくだろう。この時間、足もとはまだ見えるけれども、草の葉先の輪郭とか花びらの重なりなどの細かな部分は薄れていく。野原の深さがどことなく平板になる。突き出した岩の灰色が地面と溶け合い、歩いていてつまずきやすくなる。視覚情報がこのように欠落する理由は、わたしたちの目の解剖学的なしくみによる。錐状体は網膜の中央に向かって集合しているが、薄暗い光には敏感でなく、黄昏どきや夜にはあまり発火しないのだ。その結果、色彩を検知する細胞からわたしたちの脳に届く信号も減るのである。近くの世界は少し平板になる。まだ色があることはわかるし、光と闇も検知できるが、色彩の豊かさは薄れてしてしまう。色彩は不鮮明になり、細部は失われる。犬の目から見た世界もこれと同じなのかもしれない——たとえ昼間であっても。

識別できる色彩の幅が狭いため、犬はめったに色の選り好みを見せない。赤いリードに青い首輪といったあまり素敵でない組み合わせでも、犬はまったく気にしない。だが強い彩度をもった色や、対照的な背景に置かれた物体は、犬の注意をひくかもしれない。誕生パーティが終わったあとの会場であなたの犬が青と赤の風船に残らず突っかかって破ってしまうのも、意味があるかもしれない。それらはパステルカラーの海のあいだでひどく目立っているのだ。

緑のはずんでるボールを取ってこい……あのテレビ画面の！

錐状体が不足しているかわりに、犬にはそれを補う桿状体という装置がある。網膜にある別の種類の光受容体だ。桿状体の発火が最大となるのは、薄暗い状況であり、また光の密度が変化したときで、これは動きとしてとらえられる。人間の目では、桿状体は網膜周縁部に密生し、視野の隅からの動きを気づかせたり、あるいは黄昏どきや夜に錐状体の発火が遅くなったときに役に立つ。犬では桿状体の密集度はさまざまだが、いずれにせよ人間の桿状体の三倍ほどもある。たとえば犬の真ん前にボールを置いても見ないときに、少し押してやると犬の目には魔法のように見えてくる。間近にある対象の場合、それがはずんでいるときには視覚の鋭さは大きく増す。

犬の知覚、経験、そして行動におけるこれらの違いは、すべて犬の眼球の裏の細胞の分布がわずかに違っていることに由来する。そしてもうひとつ、小さな違いがある。この小さな違いが、結果として大きな違いをもたらす。これは焦点領域や色彩感知の違いよりも、潜在的により広範な影響をもつ。すべての哺乳類の目では、桿状体と錐状体は、光が当たると細胞の光化学的変化を通じて電気信号を作る。その変化には時間がかかる――きわめて少量の時間だ。だがその時間のあいだ、世界から受け取った光を処理する細胞は、それ以上の光を受け取ることはできない。視細胞がこれを行う速度が、いわゆる「閃光融合《フリッカーフュージョン》」頻度となる。目が毎秒取り入れる世界のスナップショットの数だ。

だいたいにおいてわたしたちは、世界を毎秒六〇コマの静止したイメージのシリーズとしてではなく、なめらかに展開する流れとして経験する。毎秒六〇コマ――これが人間の閃光融合頻度である。暮らしのなかでわたしたちにかかわりのあるさまざまな出来事に対応するには、たいていの場合、この速さで十分だ。締まるドアはバタンと音を立てる前につかまえることができる。握手のために差し出された手は、相手が当惑して引っ込める前に握ることができる。現実の似姿を作り出すためには、映画のフィルム（文字どおり「動く絵 moving picture」）はわたしたちの閃光融合頻度をほんの少しでも上回らなくてはならない。そうすればわたしたちは、それらがただの静止画像の連続投影だとは気がつかないですむ。だがもし旧式の（デジタル以前の）フィルムをプロジェクターで遅くすれば、わたしたちは気づく。いつもはそれらのイメージはコマぎれがわからないほど速く示されているが、遅くしてみると、そのフィルムの閃光と閃光のあいだに黒い仕切りが見えてくる。

同じように、蛍光灯がチカチカうるさく感じられるのは、人間の閃光融合頻度に近すぎるからである。毎秒かっきり六〇サイクルで電流を光に変えているため、それよりわずかに速い閃光融合頻度をもったわたしたちは、それを閃光として見ることができる（そしてブーンという騒音として聞くことも）。人間の目とはきわめて異なる目をもったハエにとって、室内の光源はすべて蛍光灯のように閃光する。

犬もまた、人間よりも閃光融合頻度が高い。毎秒七〇サイクルから八〇サイクルのことさえある。このことは、犬がなぜ人間のようにテレビを楽しまないのかという理由でもある。あなたの（アナログ）テレビに映る映像は、映画と同じく一連の静止したショットであり、わたしたちの目には連続した流れと見える速さで送られてくる。だが犬の目には遅すぎるのだ。犬たちは個々のフレームと、その隙間の黒い空白を見る――ちょうどストロボスコープ〔高速回転（振動）する物体の運動の状態を観察する装置〕のように。それに加えて、テレビから画像と同時に発生するはずの匂いが漂ってこないため、ほとんどの犬はテレビの前に釘づけになることがないのだろう。要するに本物には見えないのだ[26]。

そうなると、犬は人間よりも世界を速く見ると言えるかもしれない。だが本当のところは、彼らはわたしたちよりも、毎秒ほんのちょっとだけ余計に世界を見ているのである。犬が飛んでいくフリスビーをとらえ、あるいははずむボールをすばやく追いかけるのは、魔法のようなスキルに思える。彼らのフリスビー・キャッチングの手順をマイクロビデオ録画で弾道分析したところ、野球の外野手が飛んでくるボールの弧と自分の動きを一致させるために自然に使うナビゲーション戦略とみごとに合致することがわかった。わずかな天才的外野手は別として、実際のところ犬は、飛んでいくフリスビーやボールがとる位置を、人間より何分の一秒か先に見るのである。人間の場合は、フリスビーが頭のほうへ飛んでくる何千分の一秒かのあいだ、目は内部でまばたきをしているのだ。

神経科学者たちは、「運動盲」と呼ばれる異常な脳障害をつきとめている。この障害をもつ人々は、動きに対して一種の盲目となる。イメージの連続を通常の動きとして感じることがむずかしいのだ。お茶をカップに注ぎはじめても、そのあと多くのイメージがあらわれるまで変化を感知できないため、それまでにお茶はカップからこぼれてしまう。犬とわたしたちの関係も、脳の損傷のない人間と運動盲患者の関係と同じである。犬はわたしたちが経験する瞬間と瞬間のあいだの狭い隙間を見る。犬にとってわたしたちは、つねに少々のろまに見えているに違いない。わたしたちの世界への反応は、犬の反応よりも一秒の何分の一か遅れている。

視覚の環世界

歳をとって、パンプはとつぜんエレベーターに入るのを嫌がるようになった。外から暗いところに入るとあまりよく見えないのだろう。わたしは彼女をはげまし、または自分が先にとびこみ、ときにはよく見えるようにエレベーターの床に明るい色のものを投げ込んでみたりする。そしていつも最後には、彼女は気力をふるい起こし、大きなクレバスをとびこえるかのように、エレベーターにとびこむ。勇敢な子だ。

そんなわけで、犬はわたしたちが見ているのと同じものをいくらか見ることができる。広範にわたる犬の行動が、彼らの視覚能力の構造から説明がつく。まず第一に、犬は視野が広く、周辺にあるものがよく見えるが、真ん前にあるものはそれほどよく見えない。犬にとって、自分の前足はおそらくはっきり焦点が合ってはいないだろう。人間がその前肢の先端——手——にあれほど依存しているのにくらべて、犬が世界で生きるうえで前足を使うのがきわめて少ないのは無理もない。視覚における小さな違いが、伸ばす、つかむ、そして操作するといった行為の少なさへと結びつく。

同じように、犬はわたしたちの顔をはっきり見ることができるけれども、わたしたちの目を検知するのはあまり巧みではない。ということは、飼い主の怒った目よりも顔全体の表情のほうをよくとらえるわけだ。目の隅でこっそり指示する視線より、指さしや方向転換によく従うのもそのためである。犬の視覚はほかの感覚の補足手段である。彼らの耳は空中を伝わる音をおおまかにつきとめられるだけだが、それでも目を正しい方向に向けるには十分はっきり聞こえるため、そのあと視覚的に探すことができる……それから鼻を使って詳細に調べるのだ。

たとえばこういうことである。犬はわたしたちを匂いによって認識する——だがそれと同時に明らかにわたしたちを見る。何が見えているのか？　相手の匂いが利用できないとき（あなたが風下にいたり、香水をふりかけていたときなど）、彼らは視覚的手がかりのみを使うことになる。あなたの声が自分を呼んでいるにもかかわらず、近づいてくる人の顔があなたの顔でなかったならば、犬はためらうだろう。声はあなたの声なのに、歩き方も、また犬の名前を呼ぶ口の動きもあなたのものでないとしたら……。最近の研究がこれを確認している。その方法は、犬に飼い主の声と知らない人の声のどちらかを聞かせ、それと同時に（大きなモニターで）飼い主の顔の絵と知らない人の顔の絵のどちらかを見せて、それぞれの場合における犬の行動を調べたのである。犬が長いこと見つめたのは、声と一致しない顔であった。知らない人の声と組み合わさった飼い主の顔か、あるいは飼い主の声と組み合わさった知らない人の顔の絵である。犬が飼い主の顔のほうが好きだというだけであれば、つねにその顔をいちばん長く見るはずだ。そうではなく彼らは、驚かされたとき、つまり組み合わせに食い違いがあったときに、いちばん長く見ていたのである。

身体面な要素としての視覚は、犬が経験するものを規定し、その範囲を定める。だが、そこにはさらなる要素がある。感覚の序列のなかで視覚が演じる役割である。人間のような視覚的動物にとって、最初に視覚以外の感覚を通じて何かを経験するときは特別な喜びがある。アパートに戻り、ドアの外に立つと、おいしそうな匂いがしてくる。ドアを開けると、鍋の中で何かがグツグツ煮えている音が聞こえ、スプーンやナイフの触れあう音も聞こえてくる。それから声がする――目を閉じて鍋の中身をひとさじ味見してごらん――。どれも、いつもの経験に新しさを付け加えるものだ。目が登場するのは、そのあと、その状況を確認するためだけである。そう、わたしの前にはボーイフレンドがいて、あたり一面散らかして夕食を作っているのだ。

二次的感覚を通じて何かを経験すると、最初はまごつき、それから通常の事柄が新奇に感じられる。犬にも彼らだけの感覚序列があるから、鼻以外の手段で何かを経験するときには不思議な感じを受けるのではないだろうか。犬がわたしたちの最初のしつけの言葉を理解するのが困難な理由も（ソファから降りなさい！――子犬はまごついたようにわたしを見る……）、さらにまた、人間の視覚の世界で物の区別を覚えた犬たちのいかにも誇らしげな様子も、これで説明できるかもしれない。

人間と犬の視覚世界は重複するものの、それぞれが見た対象に違った意味を付す。盲導犬には人間の環世界を教え込む必要がある。盲人にとっては重要だが犬には興味のないものだ。一度あなたの犬に歩道の縁石の存在に気づかせようとしてみたらよい。縁石は犬にとってどんな意味があるというのだろ

う？　根気よくくりかえせば、教えることはできる。だがほとんどの犬は縁石を見ない。見えないのではない。縁石は犬にとってなんら重要な意味をもたないのだ。足の下の表面は硬いかもしれないし、軟らかいかもしれない。すべりやすいか、それともごつごつしているか。犬の、あるいは人間の匂いがついているかもしれない。だが歩道と車道のあいだの区別は、人間の区別だ。縁石は、わたしたちが土にかぶせた硬い塊のわずかな高低の差でしかない。それが意味をもつのは、車道、歩道、交通といった概念を気にする人々にとってだけである。盲導犬は彼のコンパニオンにとって縁石が重要であることを学ばなくてはならない。スピードを出して走る車、郵便受けボックス、近づいてくる人々、ドアの把手などの重要性も学ぶ必要がある。そう、彼は学ぶだろう。縁石というものを、横断歩道のはっきりした縞模様に結びつけるかもしれない——あるいはそばを流れる暗くて臭い下水溝に、または地面がコンクリートからアスファルトに移るときの明るさの変化に。犬は人間の視覚世界で重要とされるものごとを学ぶことができる——わたしたちが彼らの世界において重要なものごとを理解するよりもはるかによく。いまだにわたしは、なぜパンプがハスキータイプの犬が角を曲がってくるのを見ただけで興奮したのかわからない。そのことにわたしが気づきはじめたのは一〇年以上たってからだった。それにくらべて彼女のほうは、わたしにとって重要な事柄をずっと早く認識することができた。彼女には、布のほつれたソファとわたしのお気に入りの肘掛け椅子の区別がわかっていたし（すわっていいのはどちらだ）、取ってくるとわたしが笑うスリッパと、くわえてくるとわたしが怒るランニングシューズの区別も知っていた。

最後に犬の視覚的経験にはもうひとつ、予想外の一面がある。彼らはわたしたちには見えない細かな部分を見ることができるのだ。犬の視力が比較的弱いことは、彼らにとって恩恵となる。犬は目だけで世界全体を取り込もうとしないため、わたしたちが気づかない細部を見るのかもしれない。人間は全体構造的《ゲシュタルト》な見方をする。部屋に入ると、わたしたちはおおまかに全体を把握する。部屋全体の様子が予想していたのと多少とも同じであれば……そう……わたしたちは見るのをやめる。わたしたちは小さな部分を気にとめず、あからさまな変化さえ調べない。壁にぽっかり開いた穴さえも見逃すかもしれない。そんなことはないって？　生きているあいだ、どの瞬間にも、わたしたちはぽっかり開いた穴に気づかないではないか。わたしたちの目の構造そのものによって引き起こされた視覚世界にある穴だ。視神経——網膜細胞からの情報を脳細胞に伝える神経ルート——は、脳に戻るときに網膜を通りすぎる。したがってもしわたしたちが目をじっと固定すれば、目の前のシーンに網膜にとらえられない部分ができる。それをとらえるための網膜がそこにはないからだ。盲点である。

わたしたちが目の前のこのぽっかり開いた穴に気づくことはけっしてない。なぜなら想像力がそのスポットを埋めるからだ。情景をさらに補うために、目は一点から一点へとたえず無意識に飛んでいく（サッカードと呼ばれる）。欠けているポイントを経験することはけっしてないのだ。同じようにわたしたちは、見ることを期待しているものとは少し違った——だが十分に近い——ものごとに対して、盲点をもっている。よく適応した視覚的動物であるわたしたちの脳は、送られてきた視覚情報に意味を見いだすようにできている。穴や、不完全な情報があるにもかかわらず。

おそらくわたしたちは、あまりにも適応しすぎているのだろう。わたしたちが見過ごすことのいくらかを、動物は見る。有名な自閉症の科学者であるテンプル・グランディンは、これが事実であることを、たとえば雌ウシで実証した。屠殺場に向かうシュートに導かれるとき、ウシは尻ごみし、足で蹴り、前に進むのを嫌がる。わたしが知るかぎり、これは彼らが屠殺場で何が起こるかわかっているためではない。そうではなく、そこには雌ウシたちを驚かせ、怖がらせる小さな視覚的要素がいくつかあったのである。水たまりの中の光の反射。取り残された黄色のレインコート。とつぜん迫る影。微風にはためく旗。どれも一見して意味のない事柄である。人間もこれらを見ることができるのだが、ウシのようにはそれに気づかないのだ。

犬は人間よりそのウシのほうに近い。人間は、光景にすぐにラベルをつけ、分類する。マンハッタンの通りをオフィスまで歩いていく途中、たいていの通勤客は自分が通りすぎている世界にまったく気づかない。乞食にも有名人にも、救急車にもパレードにも、別に驚いたりしない。かたまって何かを見ている群衆に出会っても、ただよけるだけだ。彼らの見ているものが何であれ、立ち止まったりはしない。ほとんどの朝、通勤の道筋はいくつかの目印にしぼられ、そのほかは注意する必要などない。これは犬の考え方とは違う。公園への散歩は、時とともにわかりきったルートになるが、犬は見ることをやめない。彼らは自分たちが見るのを予期しているものではなく、実際に見るもの、直接見る細部に、はるかに関心をもつ。

ここまで犬がどのように見るかを考えてきた。ではその視覚能力を犬はどう使うのだろうか？　まことに賢いやり方だ。彼らはわたしたちを見るのである。いったん犬がその目をわたしたちに向けたとたん、驚くべきことが起こる。彼はわたしたちを凝視しはじめる。犬はわたしたちを見るのだ。そして人間との視覚の違いのせいで、彼らはわたしたちが自分でも気づいていない事柄を見ているように思われる。そしてまもなく、彼らはわたしたちの心の中をまっすぐにのぞいているように見えてくる。

犬に見られる

仕事から目を上げると、パンプがわたしを見ている。わたしはちょっと驚き、少し落ち着かない気分になる。パンプの目がわたしの目にじっと向けられている。わたしたちの目を見る犬の目には、なんとも強い引力がある。彼女のレーダーにわたしが映っている。そう、彼女はわたしを見ている。それだけではない。わたしを見つめ、わたしの心の中まで見ているようなのだ。

犬の目をのぞき込むといつも、犬に見返されているという強い感じを受ける。犬はわたしたちの視線に対して、視線を返す。犬がわたしたちを見るという行為は、たんに目を向けるということだけではない。彼らはまさにわたしたちが彼らを見るのと同じように、わたしたちを見る。犬の凝視が重要なのは、それがわたしたちの顔に向けられるとき、彼ら自身の気持ちを暗示するということだ。それは「注意」を示している。凝視する犬は、わたしたちに注意を向けているのだ——そしておそらく、わたしたちの注意がどこに向いているのかにも。

そのもっとも基本的なレベルにおいて、「注意」とは、ある瞬間に個人を襲うすべての刺激のうち、いくらかの側面を引き出すプロセスのことである。視覚的注意は、見ることから始まる。聴覚的注意は聞くことから始まる。見ることも聞くことも、目と耳をもったすべての動物にとって可能である。ただしこのような感覚器官をもつだけでは、わたしたちがふつう「注意を払う」と言っている行為をするのに十分ではない。注意を払うというのは、いま見たもの、聞いたものが何かを考えるということなのだ。

心理学で言う「注意」とは、頭を刺激のほうに向けることだけではなく、それ以上の何かである。それは興味、意図を示す心の状態である。ほかの人が頭をめぐらすのに注目するのは、わたしたちが他者の心理状態を理解していることを示している。これは明らかに人間のもつ能力である。わたしたちが他者の「注意」を気にとめるのは、それによってその人間がつぎに何をするか、何を見ることができるか、何を知るかが予測できるからである。自閉症者の多くに見られる欠陥のひとつは、相手の目を見ることができないか、見ようとする気持ちが欠けていることだ。その結果として彼らには、ほかの人間がいつ注意を払っているのか――そしてまた他者の注意をどのように操作するか――を理解することができないのである。

ほかの事柄を無視して特定の事柄だけに集中できるという単純な行為は、すべての動物にとって必要不可欠な能力である。何を見るか、何を嗅ぐか、そして何を聞くかは、多少ともサバイバルに関係しているかもしれない。視界にある他の諸々や、耳に入ってくる雑音を無視して、自分にとって重要なものだけに注意を払うことだ。サバイバルがもっとも差し迫った関心事ではなくなってからも、人間はたえず注意を向け、注意をそらし、あるいは注意をひこうとしている。日常のすべての場面で、なんらかの注意メカニズムが必要とされている。だれかが話しかける声に耳を傾ける、仕事場に歩いていくルートを選ぶ、一瞬前に考えていたことを思い出すことさえも……。

人間と同じように社会的動物であり、やはり同じようにサバイバルのプレッシャーから多少とも解放されている犬も、いまだに世界に対応するためのいくらかの興味深いメカニズムをもっている。だが感覚能力が人間と犬とでは異なっているため、犬はわたしたちがけっして気づかないこと——たとえば一日のうちのわたしたちの匂いの変化——に注目できる。そしてわたしたち人間もまた、犬が気づきもしない事柄に関心を集中する。たとえば言葉の使い方の微妙な違いなどだ。

だが犬という生きものを、家畜を含めてほかの哺乳動物から分けるものは、彼らの注意が人間のそれと重複していることである。犬もまた、わたしたちのように人間に注意を向ける。わたしたちの位置に、微妙な動きに、気分に、そして何よりもわたしたちの顔に。動物が人間を見つめるのは、恐怖からか、あるいは食欲からだと言われている。捕食者か、あるいは獲物としてチェックするというのだが、それは事実ではない。人間に対して、犬はきわめて特別な見方をする。

どのくらい特別なのか。じつはこれこそ、近年爆発的に増えている犬の認知能力研究のテーマなのだ。この種の研究でマーカーとして使われているのは、人間の幼児の成長過程におけるランドマークである。幼児における「注意」の発達については、多くの研究がなされており、はっきりした結論が出ている——幼児からおとなになるまでの発達過程でわたしたちはみな、注意を払うことの意味を理解する。犬を対象として行われたこの種の研究は、驚くべきことに、犬もまたいくぶんかわたしたちと同じ能力をもっていることを示している。

子どもの目

犬でも人間でも、わずかな生得的行動傾向がその後の発達のすべてのもととなる。注意をもつこと、そして注意を理解することは、自動的に生じるわけではなく、これらの生まれつきの本能から自然に発達していく。大多数の動物と同じく、人間の乳児もまたひとつの基本的な指向反射をもつ。できるだけよく、あるいはできるだけ多く、暖かさ、食べもの、あるいは安全の「もと」に向かう動きだ。新生児は顔を暖かいほうへ向けて乳を吸う（ルーティング反射）。この時期の乳児にはこれ以上のことはほとんどできない。人間よりも早熟なカモの赤ん坊は、最初に見たおとなの生きものを執拗に追いかける。[27]カモでも人間の赤ん坊でも、この反射は初期の知覚能力に基づいている——少なくとも他者の存在に「気づいた」ということだ。わたしたちが生まれてから最初の数年のあいだに、他者の注意という重要な事実について学習するのは、この能力の助けによる。

幼児期を通じて人間には、こうした他者への理解を増していくうえで、それに関連した行動の発達過程が確実に見られる。そのすべては、世界のなかで適切な（人間の）事柄に注目することを学び、他者もまた注意していることを理解しはじめることに尽きる。この過程は、赤ん坊が目を開けたとたんに始まる。新生児は見ることはできるが、視力はたいしてない。彼らは信じられないほど近視なのだ。自分の顔から数センチのところまで近づいてあやしてくれる人の顔ははっきり見えているかもしれない。だが赤ん坊にとってのはっきりした世界はせいぜいそこまでだ。乳児が気づく最初のもののひとつは、近づいた顔である。現実に人間の脳には、顔を見たとき発火するニューロンがある。乳児は、顔や顔に似たものを検知し、見るのが好きである。ほかの図形にくらべて、Vの字を形成する三点を好むほどだ。

人生のごく初期から、乳児は興味をもったものをほかのものよりも長いこと見る。[28] 最初の興味の対象のひとつは母親の顔である。まもなく彼らは、自分に向けられた顔と、自分からそむけられた顔を区別するようになる。これは単純なスキルだが、きわめて重要である。視界に入る世界の不協和音のなかから、彼らは気づきはじめる――そこには対象物があること、対象物のいくらかは生きていること、生きている対象物のいくらかはとくに興味があること、そうした興味があって生きている対象物のいくらかが顔を向けるとき、彼らは自分に注目しているのだということに。

いったんそのスキルが打ち立てられ、彼ら自身の視覚が確かなものになるにつれて、乳児は向けられた顔の細かな部分に焦点を合わせるようになる。彼らはいないいないばあに反応して喜ぶ。これはひたすら目の重要性をもてあそぶゲームだ。さんざん赤ん坊に向かって舌を突き出したり、しかめつらをしたあげく、心理学者たちが出した結論はこうであった――きわめて幼い乳児は簡単な表情をまねることができる。もちろん、これらの表情はのちに発達してくる表情のような意味はもたない（彼らが心理学者に向かって怒って舌を突き出すことはあるまい。たとえそうしたいのはやまやまであっても）。この段階で赤ん坊が学んでいるのは、ただ顔の筋肉を使うことだけだ。生後三ヶ月で、赤ん坊はこれができるようになり、顔をしかめたり、人に向かって笑ったりといった、他者への反応が始まる。彼らは頭を動かして近くの顔を見ようとする。九ヶ月になると彼らは他者の視線をたどり、その視線がどこに止まるかを見ようとする。それによって欲しいものや、隠されているものを見つけようとするかもしれない。まもなく彼らは、要求するものに視線を向けると同時に指やこぶし、腕を使って指さすことを覚え、また一歳になるとそれを相手に見せたり、一緒に見ようとする。

これらの行動は、幼児の中に「ほかの人々が注意をもっていること」への理解が芽ばえつつあることを示す。捕乳瓶、オモチャ、あるいは自分など、興味ある対象に向けられる注意だ。一二ヶ月から一八ヶ月までのあいだに、他者との「共同注意」の芽生えが始まる。相手を凝視し、それからほかの対象に注意を移し、またアイコンタクトに戻るのだ。ここに見られるのは飛躍である。完全な「共同」作業を成し遂げるためには、その幼児は二人が一緒に見ているだけではなく、一緒に注意しているということを、あるレベルにおいて理解しなくてはならないからである。彼らは他者と自分の視線がとらえる対象物とのあいだには、なんらかの見えないが実質的なつながりがあることを理解しつつある。いったん幼児がこれを覚えると、大混乱が起こる。彼らは視線をどこかに向けては、他者の注意を操作しはじめる。ほかの人々がどこを見ているか、どこを指しているかをチェックする。そして自分が一緒にやりたい（あるいは隠したい）活動をしているときに、おとながこちらを見ているかどうかに気をつけはじめる。自分自身が指さしたり見せたりする前に、期待の視線をおとなに向ける。彼らは熱心に相手を見てその注意をひこうとする。さらに注意を避けることも覚えはじめるだろう。大事なときに部屋から出てしまうとか、おとなから見えないところに物を隠すとかである（これは彼らが手に負えないティーンエイジャーになるための良き準備となる）。

わたしたちはみな、これと同じ発達の道筋を通って人間らしくなる。新しい目から目的なく世界を見ていた幼児は、数年もすれば、意味をもって見ること、他者を見つめること、他者の視線をたどることを覚えていく。彼らは喜んでアイコンタクトをする。やがてその視線を使って情報を集め、他者の視線を操作し（注意をそらす、視線を避ける、もしくは指さすなどによって）、そして注意を手に入れる。ある時点で、彼らは他者の視線の背後にある「心の事実」について認識するようになる。

わたしから二、三センチの近さまでやってくると、彼女はわたしに向かって舌を出してハアハアしはじめた。大きな目がまばたきもせずに見開いて、彼女が何か必要としていることを語っている。

動物の「注意」

いま述べたこの発達段階を、認知心理学者たちは新しい被験者を使って、段階的に調べはじめている。被験者とは非ヒト動物である。幼児の発達の道筋は、動物を使ってどの程度までたどることができるだろうか？　目が開いたあと、動物の赤ん坊は意図をもって対象を見るのだろうか？　他者の目に気づくだろうか？　注意のもつ重要性を理解するだろうか？

これは動物認知学のテーマのひとつであり、動物被験者が他者の「心の状態」について何を理解するかを問うものである。動物が受ける実験テストは、人間にとっては簡単なものがほとんどである――身体的および社会的認知のテストだ。ナマコから、ハト、プレーリードッグ、チンパンジーにいたるまで、あらゆる種類の動物が、実験室に作られた迷路に放たれ、計数課題、カテゴリー判断課題、命名課題を与えられ、一連の数や絵を区別し、学習し、記憶するよう要求される。さまざまな課題が、他者を認識し、模倣し、あざむくかどうか――さらに自分を認識するかまでも――を見るために工夫されている。いくらかの課題では、とくに人間的な疑問が調べられる。動物が仲間の種のメンバーどうし、そしてほかの種のメンバーとのあいだで相互作用するとき、どんな社会的思考が行われるかという疑問だ。ケージの中のチンパンジーが人間の世話係を見るとき、その世話係について何かを考えているのだろうか？　どうやったらドアを開けてもらえるかを考えているのか（そもそもチンパンジーは何かを考えるのだろうか？）、それともただこのカラフルな生きものが、自分にとって意味があることや興味深いことをするのを待っているだけなのか？　猫はネズミをひとつの行為主体として、生命をもつ動物として、見ているのか。それとも捕まえて始末しなくてはならない動く食べものとして見ているのだろうか？

前に触れたように、動物の主観的経験を科学的にとらえるのは、とてつもなくむずかしい。動物に向かって、声を使うか紙に書くかして経験を話してくれなどと頼むことはできない。[29] したがって行動をガイドにせざるをえないのだが、その行動にも落とし穴がある。二つの個体の同じような行動が同じ心理学的状況を示しているとは限らないからだ。たとえばわたしは幸せなときに微笑するけれども、心配だったり、半信半疑だったり、あるいは驚いたときでも微笑するかもしれない。あなたはわたしに微笑を返す。その微笑はあなたの幸せを示しているのかもしれないし、皮肉な無関心を示しているのかもしれない。まして、「幸せ」の感じ方ひとつとってみても、あなたとわたしが同じかどうかを決めるのはほぼ不可能なのだ。

だがたとえ他者の心的状態をたえず確認していなくても、行動は十分によきガイドであり、それを使って私たちはその動物の将来の行動を予測し、彼らが平和的かつ生産的に相互作用するかどうかを知ることができる。そのようなわけで、わたしたちは動物の行動、とくに人間のそれと似ていると思われる行動を研究しているわけだ。人間の社会的相互作用において、注意を使い、注意をたどることは、きわめて重要である。そのため動物認知の研究者たちは、動物が注意を使っていることを示す行動を探している。

注意を使う能力についての情報を集めるために作られた実験室や、管理下に置かれた野外設備、そしてデータシートのなかに、最近になって果敢に走り込んできたのが犬である。研究の対象となる犬たちは管理された状況に置かれる。たいていはひとりか二人以上の実験者がそこにいて、オモチャやおやつなど、犬が好きなものが隠してある。犬におやつのありかを知らせるためのキューを変えることによって、実験者はどのキューが犬にとって意味があるかを決定しようとする。

研究者が問うているのは、子どもにおける「注意」の発達段階のなかで、犬はどの段階まで行くのかということだ。注意は視線で始まる。そして視線は視覚能力を要求する。わたしたちはすでに犬が何を見ることができるかを探ってきた。犬が「見る」ことをわたしたちは知っている。では彼らは注意を理解するのか？

たがいに見つめ合う

見つめるという行為はふつう考えられている以上に大きな意味をもつ。だれかを見つめるだけで、ほとんど相手に力を及ぼす。フィールド実験に参加した学生たちが気づいたように（六四ページ参照）、アイコンタクトは現実の接触のように感じられる。社会は他者とのアイコンタクトに制限を課している。明示されていないものの、広く共有されている規則だ。その制限を侵す行為は、攻撃や親密さのあらわれと取られうる。威圧しようとして相手を見下したり、好色な興味を示そうとして長いこと見つめたりすることもあるだろう。

少しばかり違いはあるにせよ、これによって多くの動物がいかにアイコンタクトを使うかが説明できる。類人猿のあいだでは、アイコンタクトは攻撃的行動として使われ、きわめて重要な意味をもつ。集団の下位メンバーはアイコンタクトを避ける。支配的な動物を

見つめることは、自分が攻撃される危険を招くからだ。チンパンジーは見つめるのも、見つめられるのも避ける。下位のチンパンジーは元気のない様子で地面や自分の足を見下ろし、まわりにこそこそと視線を走らせるだけだ。オオカミの場合も、直接の凝視は脅威として受け取られるかもしれない。つまりアイコンタクトの「攻撃的」要素は、人間の場合と同じである。違いはこうだ――なんらかの意味ある視覚能力をもつすべての非ヒト動物は、自分にとって興味ある対象に視線を向けるが、もしその興味の対象が同じ種のメンバーである場合は、凝視のもつ社会的プレッシャーによってたいていはその視線をそらすことになる。

そうなると犬もまた、相互凝視に関しては人間とはいささか異なる行動をとることが予想される。犬は、凝視がほぼつねに脅威とみなされる種から進化してきた。それゆえ犬がアイコンタクトを回避する場合、それは彼らがアイコンタクトが「できない」からではなく、むしろ進化の歴史の結果と見るべきかもしれない。だが、ここで「待った！」がかかる。犬はわたしたちの顔を見つめるではないか。彼らはおたがいの顔の真ん中、目のレベルを見つめる。たいていの犬の飼い主は、犬はこちらの目をまじまじと見つめると言うはずである。[30]

そうなると、何かが犬において変わったのだ。オオカミやチンパンジー、そしてサルでは、攻撃への恐れが凝視を防ぐけれども、犬は違う。凝視が引き起こしうる攻撃への恐怖――太古からの残滓――がいまだに犬に残っているとしても、犬にとってわたしたちの目を見ることで手に入る情報は、その種の恐怖に打ち勝つだけの価値がある。犬が人間を見つめ、人間がそれによく反応するとき、それは幸福な状況である。こうして犬と人間の絆は強まっていくのだ。

じつのところ、それは「アイコンタクト」というよりもむしろ「フェイスコンタクト」と言ったほうがいいかもしれない。[31] 犬の目にははっきりした虹彩と白目の部分が少ない。こうした目の表面の解剖学的構造のため、彼らの視線の方向をとらえるには、科学者のビデオカメラでは無理で、それより至近距離からでないと確認できない。何世代にもわたって犬のブリーダーたちは黒目の濃い形質を好む傾向がある。薄い色の虹彩は冷たいとか陰険だとかみなされがちなのだ。皮肉なことだが、虹彩が薄いと犬がアイコンタクトを避けたときはっきりわかってしまうためである。交配で薄い色の虹彩を避けるのは、視線を避ける犬の行動を消しているのではない。その行動にわたしたちが気がつかないようにしているのである。視線を動かしても虹彩が濃ければ目立たなくなる。穏やかな顔つきの犬がベッドの足もとにいるほうが、神経質に視線を動かす犬と一緒にいるよりも、こちらはよく眠れるわけだ。いずれにせよ、現実において犬と人間とがおたがいに顔を向けるとき、わたしたちはこれを「たがいに見つめ合う」と言うことができる。

凝視のもつ原始の力は、いまだに犬の行動に影響している。こちらがまばたきせずにじっと見つめれば、犬は目をそらすかもしれない。過度に攻撃的な犬や好奇心にあふれた犬が近づいたときには、近づかれた犬は視線をわきにそらすことで、相手の興奮を鎮めることができる。犬をにらみつけながら叱ると、犬は申し訳なさそうに視線を避けるかもしれない。罪を責められた犯人が視線をそらすのはよくあることだ。それと同じことを、視線を避ける犬に感じるのも無理はない。わたしたちはつい、犬がこちらの目を避けるのは、罪の意識のなさせるわざだと思ってしまう。犬が悪さをしたことがわかっているときにはとくにそうだ。はたして犬が罪の意識を感じているのか、それとも先祖返りの行動なのかは明らかでない。

それにしても犬が人間の目を見るという事実は、わたしたちが犬をより人間に近いものとして扱う原因になっている。わたしたちは犬に対しても、人間どうしの会話で行われる暗黙の規則を適用する。飼い主が「悪い子《バッドドッグ》」を叱りながら、途中で犬の頭を自分の顔のほうに向け直す。犬に話しかけているときには、犬にもわたしたちを見てほしいのだ。人間どうしの会話と同じである。会話では聞き手は話し手の顔を見る（もちろん会話のあいだノンストップでたがいに見つめ合っているわけではない。そんなことをしたら相手は落ち着かなくなってしまうだろう）。親しい間柄だったり、心を打ち明けて話しているときには、もっとはっきりしたアイコンタクトがある。その会話力学をわたしたちは犬にも拡大する。わたしたちは彼らの名前を呼んでから彼らに話しかけ、彼らを意欲的な――無口ではあるが――会話相手のように扱うのである。

視線をたどる

それはすぐには起こらない。だがまもなく、そう、家に子犬をはじめて連れてきてしばらくたったとき、あなたは気がつく。家の中に安全なものは何ひとつないことに。犬のおかげでわたしたちはふいに整頓好きになる。靴とソックスは脱いだとたんに片づけなくてはならない。ゴミ箱はいっぱいになるのを待たずに空にしなくては。床には何も残しておけない。歯の生えかけた、やんちゃで野放しの子犬の口に――それも大きく開けた口に――くわえられるものはすべて駄目だ。やがて一時的な平和が訪れる。すべてのものが、閉じたドアの向こうに、閉じた戸棚の中に、高い棚の上に片づけられる。犬はまごつき、靴や帽子、テイクアウトの容器が不思議なことに消え失せてしまった場所を調べる。だがまもなくあなたは、犬が新しいことを学んだのに気づくだろう。犬はあなたがこの謎めいた物の移転の源であることを知ってしまう――あなたが手の内を明かすからだ。

どうやって？　見るからである。ソックスをつまみ上げて片づけるとき、わたしたちが使うのは手だけではなく、視線もともなう。それを片づけるつもりの場所を見るのだ。あとになって以前の犬の窃盗行為を話しているときも、いまは安全になっているソックスの置き場を見るかもしれない。ここでもまた視線がソックスのありかをさらけ出す。視線そのものが情報なのだ。他者の視線の方向を利用するスキルについては、すでに述べた。いわゆる「視線をたどる」という、一歳になる前に幼児がする行為である。犬はそれをもっと早い成長段階で手に入れる。

　情報を共有する意図をもった視線は、要するに手を使わない指し示し《ポイント》である。指し示しをたどるのはもっと簡単だ。家族の人間メンバーを観察する犬は、そこに多くの指し示しとジェスチャーを見る。犬がもつ「視線をたどる能力」は、ここからきているのかもしれない。それともたんに、わたしたちの行動から可能なかぎりの情報を収集しようという、彼らが生まれつきもっている能力を見せているだけなのか。研究者は、人間の指し示しやジェスチャーが情報をもたらしうる状況に犬を置き、彼らの能力——生来のものだろうと学習されたものだろうと——の限界をテストした。たとえばこんなテストだ。犬が部屋の外にいるあいだに、二個の逆さにしたバケツのうちのひとつにビスケットを隠す。手がかりとなる匂いが遮断されたあと、犬は連れ戻されてどのバケツを選ぶかを決定する。正しく選べばビスケットをもらえるが、間違ったら、何ももらえない。どのバケツを選ぶべきかを知っている人間が近くに立っている。研究室内でのチンパンジーを対象とした実験で、この課題のバリエーションがいくつか行われた。チンパンジーたちは指し示しはたどるようだったが、驚いたことに視線のみをたどるという作業は、必ずしもうまくできなかったのである。

　犬はみごとにやってのける。彼らは指示者による指し示しをたどる。体越しに横を指しても、背中に手を回して指しても、両方ともうまくたどる。腕だけでなく、指で餌のあるバケツを指した場合にはとくに成績がよかった[32]。彼らが情報への指し示しとして学習するのは、伸ばした腕だけではない。肘、膝、そして足による指し示しも役立つ。一瞬の指し示しだけでも、彼らは情報をつかむ。彼らは、飼い主の等身大のビデオ映像が指し示した手がかりにも従うことができる。犬には自分で指さすための腕はないが、指し示しをたどる能力ではチンパンジーをしのぐのだ。もっともすごいのは、犬が情報を得るのに人間の頭の方向──その視線──を利用できることである。ソックス好きのチンパンジーからソックスを隠すことはできても、犬には見つけられてしまうだろう。

他者の注意を利用するという犬のこの行動が真に興味深くなるのは、これほどあからさまでないケースである。人間が指し示し、犬が見るというだけではない。外に出たいとか、ボールを投げてほしいときに、そのことをわたしたちに知らせるにはどうするか。わたしたちが部屋の外に出ていたあいだに、おいしいおやつが自分の手の届かないところに落ちたという重大ニュースを伝えるにはどうするか。人間との遊びではまさに、これらの能力のいくつかがたっぷりとあらわれる。研究者たちもまた、犬が他者の注意からどんな情報を引き出しうるかを見るために、さまざまな実験を組み立てている。すべてのサインは、犬がつぎの事柄を理解していることを示している──どのように注意をひきつけるか、わたしたちに何かを頼むのにどのように注意を利用するか、そしてどのように注意がそれていれば、悪いことをやっても大丈夫なのかを。

注意をひきつける

これらの能力のうち最初のものは、子どもの発達心理学で「注意をひくこと《アテンションゲッティング》」と呼ばれる。ふだんから犬の飼い主は自分の犬の行動にこれを見ている。自分に注意を向けさせようとして、飼い主がしていることを邪魔するのがそれだ。専門的に言うならば、「アテンションゲッティング」とは、その人の視野に踏み込み、音を立て、あるいは接触することによって、他者の注意の焦点を変える行動のことである。飼い主にとつぜんとびつくのは、とびつかれるほうからすれば迷惑であるにせよ、よく見られる犬の「アテンションゲッティング」行動である。吠えるのも同じだ。だが注意をひくための手段は、これだけではない。いまの二つほど認識されていない手段に、ぶつかってくる、前足でひっかく、または目の前にただ立っているというのもある。犬の遊び行動に関するデータのなかで、わたしはこの最後のものを「インユアフェイス」〔in your face 面前に、公然と。ざまみろという意味もある〕と名づけた。盲導犬は、盲人の注意をひく必要があるときは、ピチャピチャ音を立てて口を舐める。犬たちは遊びで興奮している最中に、新しいテクニックを思いつくこともある。観察中に見つけたわたしのお気に入りは、遊びたくてたまらないのに相手が応えてくれないとき、相手の行動をまねするというものだ。たとえば相手の犬が飲んでいる水入れに近づき、そこから一緒に飲み、それをだしにしてその犬の顔を舐めるとか、あるいはほかの犬が見つけた棒でひとりで楽しんでいるとき、自分の棒をそこに持ち込むなどだ。

犬は始終わたしたちに対して「アテンションゲッター〔注意をひきつけるために使う仕掛けや行為〕」を使う。そして、しばしばわたしたちの注意をうまくひきつけるのに成功する。だがそれだけでは、彼らがわたしたちの「注意」について完全に理解しているということにはならない。こうした行動を使うときにある巧妙さを見せてはじめて、それが証明されるわけだ。ひょっとしたら彼らはあなたに自分を見てもらいたくて、手持ちのツールを全部使っているだけなのかもしれない。子どもが大声でわめけば、親は大急ぎで駆けつける。アテンションゲッターの誕生だ。犬が人間と遊んでいるときの様子を観察すると、彼らがいかにこの行動を巧みに——あるいは下手に——使っているかがわかる。取ってきたテニスボールに向かって、立ったままずっと吠えている犬がいる。飼い主が自分と同じ種の人間メンバーとしゃべっていて、注意を向けてくれないのだ。吠えるのは良いアテンションゲッターではあるものの、吠えて注意をひかなかった場合は、そのまま吠え続けるのはあまり良い方法ではない。一方、飼い主があまり注意を寄せてくれないとき、視覚を使ったじつに巧妙なアテンションゲッターを使う犬もいる。すわった姿勢から立った姿勢に、あるいは立った姿勢から近づいていくなど、姿勢を変えることによって、犬は飼い主の注意をひき、ふたたびボールを投げてもらったり、遊んでもらって楽しむことができる。

　犬のアテンションゲッティングがいかに柔軟性に富んでいるか、飼い主ならだれでも知っている。ソファで小説を読んでいるあなたのそばに犬がやってくる。だがあなたは本に夢中で犬に注意を向けない。犬はどうするか。なにげない様子でそこからぶらぶらと離れていき、靴などの「禁制品」をくわえて戻ってくるかもしれない。それを見て、あなたはたぶん犬をやさしく撫でてやり、また本に戻るだろう。こうなればもっと本格的な戦略が必要だ。クーンと哀れっぽく鼻を鳴らす、ためらいがちな低い唸り声が始まる。いよいよ触覚の介入だ。濡れた鼻でそっとあなたをつつく。鼻先でぐいぐい体を押す。とびつく。ついにはため息をついてあなたの足下の床にドタッと倒れ込む。彼らはあなたの注意をひこうとベストを尽くしているのだ。

教える

これまでのところ、犬は子どもの成長と歩をそろえてきた。見つめる、指し示しをたどる、視線を追う、そしてアテンションゲッターを使う。では犬もまたそのできる範囲で、体を使ってポイントするだろうか？　彼らはあなたに何かを「教え《ショー》」ようとして、頭でポイントするだろうか？

ここでも実験者たちは、犬にその能力があれば発揮できるような状況を設定した。シナリオは、「視線をたどる課題」を逆さにしたものだ。今回、犬たちは前もって情報を与えられているが、何もできない状態に置かれる。最初にまず、犬たちだけが実験者がおやつを隠しているのを見させられる（飼い主はいない）。だが残念ながら届かない場所だ。そのあと飼い主が部屋に入ってくる。実験者はカメラを犬たちに向ける。犬ははたして、助けてくれる道具として飼い主を見るだろうか？　もしそうだとしたら、飼い主におやつのありかを伝えるだろうか？

この場合、部屋にいる鈍感な動物は人間だけのようだ。彼らは犬の行動を見ても、それが自分たちに何かを「教える」ためのものだとはわからないかもしれない。吠え声をはじめ、たくさんのアテンションゲッターを続けたあと、犬たちは慎重に飼い主とおやつのありかを交互に見る。いいかえれば、犬は視線で指さしているのである。つまり「教えて」いるのだ。

実験室でなくとも、日常でもこれは見られる。ボールを取ってくるのが大好きな犬たちは、たいていはそのよだれだらけの球体をボールを投げる人の背中などではなく、正面、つまり顔に向けて持ってくる。万一そのボールが間違って飼い主の後ろに落とされたときには、一群のアテンションゲッターの出番があり、そのあと執拗な視線の交替が続く。飼い主の顔を見てから、ふり返ってボールを見る――これを交互にすばやくするのだ。人の注意を求めて落ち着かない犬は、見つけたソックスをあなたの背後に落とすのではけっして満足しない。ソックスはあなたから見えるところに残される——あなたの膝の上とまではいかないとしても。

他者の注意を操作する

最後に、犬は他者の注意を情報として使う。それは欲しいものを手に入れるためでもあるが、もっと注目に値するのは、いつなら見つからずに勝手にやれるかを決めるためでもある。

この注意の操作については、実験によって実証されている。複数の相手から食べものを要求できる状況で、犬ははたして賢い選択をするのだろうか。犬にとって人がすべて食べものの良き供給源だとしたら、犬はだれに対しても、なかば哀願、なかば期待からなる同じような操作的表現行動で近づくのではないだろうか。もちろんそうする犬もいるが(33)、一方では、せがむ相手を肉屋だとかポケットにレバーのおやつを入れた飼い主にだけに限っている犬たちもいる。だがほとんどの犬は、人間と同じように、協力してくれそうな相手と、してくれそうもない相手の区別をする。何かを要求するときに考えなくてはならない区別だ。わたしたちは相手の知識と能力に合わせて要求をする。パン屋に向かって、素粒子のひも理論を説明してくれと頼むことはしないし、逆に物理学者に向かって、七穀パンをスライスしてくれと頼むこともしない。

犬、実験者、食べもの、そして知識という同じ四つの要素からなるさまざまな実験的状況のなかで、犬は、彼らにとって役に立つかもしれない人間と、そうでなさそうな人間とを区別するように思われた。サンドイッチをもった人間が目隠しをしているか、顔を向こうに向けているときは、犬は、サンドイッチのそばにいたいという衝動をおさえつける。そのかわりに近くに目隠しをしていない人がいれば、その人のところに行って頼むのである。食事中に犬が食べものをせがむのに文句を言うなら、これを教訓にしたらよい。犬が食べものをせがむのは、あなたが犬にアイコンタクトをしているせいである――「ノー！」と言うだけのあいだでも駄目だ。そのかわり、家族のひとりが目を合わせて反応してやれば、犬の注意はすべて彼のところに行くだろう（子どもたちがこの役割にぴったりである）。

一方で犬たちは、目隠しされた人のところに慎重に近づいたりもする。実験の被験者であるという事実を知らされていないのだから当然だろう。反応のない、変な格好をした人物たちを使ったこれらの実験は、心理学のテストでは典型的なものである。ある程度それが必要なのは、被験者がこれから出会う状況を過去に経験した可能性を避けるためである。要するに、これらのテストの目的は、犬が人間の知識の状態について直感的にどう理解しているかを見るためであり、目隠しされた人を見たとき犬がどう行動するかを見るためではないのだ。それにしても犬が奇妙な何時間かを経験するのは確かである。

この「ねだり行動」実験にはさまざまなバリエーションがあるが、当初、その対象はチンパンジーだった。ここでは、ある人間の注意の状態がその人物の知識をあらわすとされた。つまり、隠された二つの蓋付き容器のひとつに食べものが入れられたのを見ている人物は、「知識がある」わけで、同じ部屋でぼうっと立っているものの、バケツを頭にかぶっている人物は、「知識がない」わけである。はたしてチンパンジーは、食べもののありかを知っている人物にねだるのか、それとも推測するしかない（ときたま正しく推測してくれる）人物にねだるのか。時とともに、チンプは知識のある人物にねだるようになる。だがそれは推測する人物がそれまで部屋にいなかったとか、容器に食べものが入れられたときに背中を向けていた場合だけで、紙袋とか目隠しとかバケツなどで視線が妨げられていただけの場合、チンパンジーはその人物にもねだったのである。

犬に対してのテストでも、妙な人間たちがバケツをかぶったり、目隠ししたり、あるいは目の前に本を置いて視線を遮断しているといった状況が作られた。犬はチンパンジーより成績がよかった。見ている人――その目を彼らが見ることができる人――のほうを選んで食べものをせがんだのである。これはわたしたちの行動とまさに同じだ。人は、目を見ることのできる相手に向かって話しかけ、おだて、誘い、せがむのを好む。目＝注意＝知識なのである。

もっともすごいのは、犬がこの知識を操作目的のために使うことだ。犬はわたしたちがいつ注意しているかを理解するだけでなく、飼い主の注意の状態に応じて、自分たちが勝手にやれるかどうかを敏感に感じ取るのである。ある実験では、「伏せ」をするように命令されてそれにおとなしく従ったあとの行動について、三つの異なる状況で観察がなされた。第一の実験では、飼い主が立って犬をじっと見つめる。犬はまったく従順に伏せたままだった。第二の実験では、飼い主はすわってテレビを見はじめる。このとき犬はためらいを見せたものの、しばらくすると命令にそむき、立ち上がった。そして第三の実験では、飼い主は犬を無視しただけでなく、すぐさま犬をひとりにして部屋から出ていってしまった――まだ飼い主の命令が耳に鳴り響いているあいだに。

どうやら残響は長くは続かなかったようだ。飼い主がそばにいるときはあれほど忠実に命令に従っていたくせに、この最後の実験では犬たちはいちばん早く、またいちばん簡単に命令にそむいたのである。驚かされるのは、飼い主が出ていったときに犬が命令にそむいたという事実ではない。犬は、人がどの程度注意しているかに正確に気づき、それに応じて行動を変えたのである。これは人間の二歳児、チンパンジー、サルにはできるが、ほかの動物はけっしてできないように思われる。犬は飼い主の注意のレベルを系統的にとらえ、どういう状況ならば飼い主に言われたことを破っても大丈夫かを決めた――遊びのなかで相手の犬からの情報を使って、また自分への注意を呼び戻していたように。

　だが犬が他者の注意を読む行動《アテンションリーディング》は、状況によって大きく影響される。いま述べたのと同じ実験が、もっとも強力な動機づけ——餌——を使って行われたときには、不服従の閾値は低くなった。犬が命令にそむくまでの時間はより早くなり、飼い主の注意のそれ方がより低いレベルであっても犬は命令にそむいた。飼い主がほかの人と話していたり、目を閉じて静かにすわっているときのように、注意がどの程度か判断がむずかしいとき、犬の行動はまちまちだった。あるものはじっと我慢強くすわっていたが、どうやら飼い主が部屋を出たらすぐにとびおきる用意をして力を蓄えているようだった。またあるものは、飼い主が部屋から出ていったときのほうが、部屋の中でほかのことをしているときより、命令にそむくまでの時間が長かった。この不合理さは、犬によってそれぞれ異なる発達面での個性によるものかもしれない。いくらかの飼い主は、一連の命令ルーティンを作る。すわれ！　そのまま！　それから長い我慢のあとでオーケイ！　となる。オーケイで食べものにありつくまでには、恐ろしく長い時間待たなくてはならないかもしれない。犬は、感心するほど落ち着いて飼い主によるこのゲームを我慢している。だがもし飼い主が部屋にいるほかの人物とおしゃべりを始めたら（つまりほかの人に注意を向けるのに忙しくしていたら）、ああ、なんだ、ゲームは終わったんだ！

　だまして家にいるふりをして（スピーカーホンやビデオを使って）、仕事に行っているあいだ、お行儀よくさせたらどうだろう？　そう考えるあなたをがっかりさせる実験結果がある。飼い主の等身大のビデオ映像（デジタル画像）を犬の前で見せていても、彼らはひとりで家にいるのと同じように勝手にふるまった。ビデオに映った飼い主が食べもののありかを指さしたときには、その指示を使って餌を見つけることができたものの、言葉のコマンドに従うことはあまりなかった。犬は従順である。だが飼い主がビデオテープに入れられてしまったときには、その従順さは犬の都合に合わせられる。スピーカーホンから、あなたの犬のさびしげなむせび鳴きを止めるように言っても無駄なのだ。ただし、彼のために残しておいたおやつがどこにあるか教えてあげることはできるかもしれない。

今度動物園に行ったら、サルの檻を見てほしい。オマキザルがいるはずだ。すばやい動きの、尻尾を派手に誇示するサルで、軽やかに跳ねまわり、甲高い突き刺すような声を立てる。クロシロコロブスがいたら、これでもいい。動きの遅い、葉を食べるサルで、黒と白の被毛は、しばしば腹にこどもがしがみついているのを隠している。雄のニホンザルは、尻の赤い雌のまわりを追いかけている。ここにいるのは進化におけるわたしたちの遠いいとこたちである。彼らのなかにわたしたちは多くのことを認めるだろう――その興味、その恐怖、その性的欲望。サルたちのほとんどは、あなたに気づいて離れていき、あるいは頭をそむけてあなたの視線を避ける。これらの霊長類とくらべると、犬ははるかに人間に似ていない。だがわたしたちの視線の背後にあるものに気づき、それを使って情報を手に入れ、あるいは自分たちの利益になるように使うということになると、はるかにすぐれたスキルを発揮する。これは驚くべきことではないか。犬はわたしたちを見る――わたしたちの霊長類のいとこがけっしてできないやり方で。

犬は人類学者

わたしの小さな犬がわたしを知っている以上、わたしはわたしなのです。

ガートルード・スタイン

犬の視線は探索であり、注視である。他の生きものへの視線だ。犬はわたしたちを見る――あたかもわたしたちのことを考えているように。そしてわたしたちは、考えてもらうのが好きなのだ。当然ながら、視線を共有した瞬間にわたしたちは思う――いまわたしが犬のことを考えているように、犬もまたわたしについて考えているのだろうか？　彼はわたしについて何を知っているのだろうか？

犬はわたしたちのことを知っている――おそらくわたしたちが彼らを知っているよりも、はるかに多くのことを。彼らは熟練した探偵であり、のぞき屋《ピーピング・トム》である。わたしたちのプライバシーに入り込み、すべての動きをひそかに探る。彼らはわたしたちがしていることを知り、わたしたちの習慣を覚える。風呂に入っているのは何分くらいか。どのくらいテレビの前で過ごすのか。彼らはわたしたちがだれと一緒に寝るか知っている。何を食べるか。何を食べすぎるか。だれとよく寝すぎるか。他のどんな動物も、彼らのようにはわたしたちを観察しない。わたしたちは家で、ネズミやヤスデや無数のダニと一緒に暮らしているが、それらの生きものはわたしたちを観察しようとはしない。家から一歩外に出れば、ハトだのリスだの、はてはおびただしい種類の虫が飛びまわっているけれども、めったにわたしたちに気づきはしない。それにくらべて犬は、部屋の向こうから、窓から、そして目の隅から、わたしたちを観察する。その観察を可能にするのは、微妙な、しかし強力な能力であり、単純な視覚から始まる。視覚は、犬が視覚的注意を払うのに使われ、視覚的注意は、「わたしたち」が何に注目しているかを見るのに使われる。これはいくらかの点では人間に似ているものの、他の点では人間の能力を超えている。

　ときどき目や耳の不自由な人は、犬を飼って自分たちのかわりに世界を見てもらったり、聞いてもらったりする。体の不自由な人は独力では世界を渡っていけないが、犬の助けによって世界を動きまわることができる。犬は体の不自由な人の目として、耳として、そして足として行動するばかりでなく、自閉症の人たちが人間行動を読むのを助けることができる。自閉症スペクトラム〔自閉を核としたアスペルガー症候群その他、発達障害の連続体〕に属する発達障害では共通の症状として、他者の表情、情動、視点を理解することができない。神経学者のオリヴァー・サックスが書いているように、そんな自閉症の人にとって、飼っている犬は人間の心を読むように見えるだろう。飼い主には相手の眉をひそめた懸念の表情が分析できず、驚きや心配を示す声の高まりが解釈できないが、犬はその表情や声音の背後の心的傾向を読み取るのである。

　犬は人間界における人類学者であり、行動を学ぶ研究者である。人類学で教えられる人間観察のやり方とそっくりに、彼らはわたしたちを観察する。それにくらべてわたしたちのほうは、ほかの人間たちの間を歩きまわっていながら、彼らを綿密に調べることはめったにない。おとなの人間として、そのように社会的に訓練されているからだ。自分がもっともよく知っている相手でも、彼らの表情や、気分、外見の小さな変化に気をとめなくなるかもしれない。スイスの心理学者ジャン・ピアジェによれば、子どもは小さな科学者であり、世界についての理論を作り上げ、行動によってそれらを試すという。そうだとしたらわたしたちは、わざわざ自分のスキルを磨き上げ、あとでそれを無視することにした科学者だ。わたしたちは発達の過程で、人々がどう行動するかを学んで成熟するのだが、最後には、他者がそのときそのときにどのように行動しているかに注意を払うことが少なくなる。成長した段階で、見るという習慣から脱してしまうのだ。好奇心でいっぱいの子どもが、通りを足を引きずって歩く人を目を丸くして眺めている。彼らは教えられる――そんなことをしちゃ駄目、失礼だよ。子どもが歩道の上に落ち葉が渦を巻いているのを夢中になって眺めている。その子はおとなになればそんな光景を見過ごすだろう。子どもは、わたしたちが叫ぶのを驚異の目で見つめ、わたしたちの微笑をチェックし、わたしたちが見ているところを見る。すべてこうしたことはおとなになってからもやれるけれども、おとなになるとわたしたちはその習慣から抜け出す。

犬は「見ること」をやめない。足を引きずって歩く人を。歩道に旋回する落ち葉の突撃を。わたしたちの顔を。都会の犬は自然の光景を奪われているけれども、風変わりな事柄との遭遇には事欠かない。群衆のあいだをさまよう酔っぱらい、街頭でわめき立てる説教者、足を引きずる人、ホームレスの群れ。彼らはみな、そばを通りすぎる犬たちから長い注視を受ける。犬がすぐれた文化人類学者である理由は、これほどまでに人間に敏感だということだ。彼らは何が定型的か、何が異質かに気づく。同じように重要なのは、わたしたちと違って、彼らが人間に対して不感症にならないことである。成長しても、彼らは人間にならないのだ。

犬の超能力を分析する

人間に対する犬のこの敏感さは魔法のように感じられる。犬はわたしたち人間の行動を予測することができる――しかもどうやら、わたしたちや他の人々について何か本質的なことを知る力があるようなのだ。これは透視力なのか？ いわゆる第六感というやつか？

有名なウマの話がある。二十世紀の初頭、世間で騒がれたウマのハンスの事件だ。皮肉にも「お利口《クレバー》ハンス」という綽名のついたこのウマは、「彼ができなかったこと」ゆえに、そしてまた動物への過剰帰属〔動物の能力を期待しすぎること〕への警告という意味でも、その後一〇〇年に及ぶ動物認知研究の方向を形成するのに役立った。

飼い主によれば、ハンスは数を数えることができた。黒板に書かれた算数の問題を見せられると、ハンスはその足し算の答えの数だけ、ひづめで地面をたたいた。たたく行為そのものは、直接の条件づけで強化され促されていたが、たたく数は前もって覚えさせられたものではなかった。ハンスはどんな足し算の問題でも、その場で出された問題でも、さらにトレーナー以外の人からの問題でさえ、正解を出したのである。

そんなわけで、これはウマに潜在的認知能力があることを示すものだということになり、小さな熱狂を呼んだ。動物トレーナーも学者も、途方にくれた。ハンスが本当に計算を解いていると考える以外、説明がつかなかったのである。

ついにトリックが発見された。意識的なトリックではなく、飼い主も気づかなかったのである。謎を解いたのは、オスカー・フングストという名の心理学者だった。質問者が問題の答えを知らないときには、ハンスの答えはめちゃめちゃだった。ハンスは計算したのではなく、超能力者でもなかった。彼はただ、質問者の行動を読んでいたのである。ハンスが正しい数をたたいた瞬間に、質問者は無意識にわずかな体の動きを通じてハンスが答えを出すように導いていた。その瞬間、ウマのほうに身をかがめたり身をそらしたり、緊張していた肩や顔の筋肉がゆるんだり、あるいは答えの数に到達するまでわずかに前かがみになっていたりしたのである。

より簡単なメカニズムで説明できるものを動物の能力に帰すことに対して、当時も今も、クレバー・ハンスの話は警鐘を鳴らしている。それにしても、犬による注意の利用について考えるとき、わたしはついハンスのスキルを思い出してしまう。喧伝されていた計算能力という意味では、ハンスはけっしてクレバーではなかった。だが人々が無意識に出していた信号を読むことにかけては、彼は驚くほどクレバーだったのである。何百人もの見物人の前で、トレーナーの体が傾き、緊張し、リラックスするのに気づいたのはハンスだけだった。それをハンスは、ひづめでたたくのをやめろという信号だと解釈したのである。彼はまさしく情報を与えるキューに注意を向けた——人間の見物人よりもはるかに大きな注意を。

ハンスのこの超自然的感受性は、逆説的ではあるが、ほかの欠陥によってもたらされたものかもしれない。数や計算についての概念をもっていなかったからこそ、彼はそうした刺激によって気を散らされなかった。それにくらべてわたしたちのほうは、計算の細部そのものに注意がいくため、答えを示すことのはっきりした信号を見逃すことになるのだろう。

ハトを使って実験をしているある実験心理学者に会ったことがある。彼は、学部の学生を教えるに際して、この現象を再現してみせた。彼は学生たちに白地に青い棒グラフを描いた何枚かのスライドを見せ、このスライド群が特徴Xの有無で二つのカテゴリーに分類できると教えた。特徴Xがどんなものかは明らかにされなかった。そのあと彼は、特徴Xをもつカテゴリーに含まれるスライド見本を見せ、学生たちにその特徴Xなる条件が何かを考えさせた。

何分も悩んだ末、学生たちはひとりも答えが出せなかった。教授は学生たちに向かい、訓練されたハトは、新しい棒グラフを見せたとき間違いなくその特徴のあるなしがわかると言った。学生たちは落ち着かない様子で身動きした。だが答えを出せる者はいなかった。最後に教授は学生たちに打ち明けた――背景の白と棒グラフの青の配色のうち、青が多いものがXのカテゴリーに属し、白地の多いものは非Xカテゴリーなのだ。

学生たちは怒った――なんとハトにしてやられたのだ！　わたしもこのテストを自分の心理学クラスでやってみたが、そこでもまた同じだった。だれひとり答えを出せず、そしてあとになって不公平だと文句を言うのだった。彼らは棒グラフの棒にかかわる複雑な関係を探して、特徴Xを抽出しようとしていた。だがもともと複雑な関係などなかったのである。「特徴X」とは、たんに「青のほうが多い」ということにすぎなかった。幸運にも棒グラフを知らなかったハトは、色からそれを見て、本当のカテゴリーを見つけたのである。

犬がやっていることも、ハンスやハトたちの行動と同じである。この種の現象を語る逸話はたくさんある。捜索救助犬が道を間違えたとき、あるトレーナーは怒って両手を腰に当てた。別のケースでも、トレーナーが顎を不安げにこすった。どちらのケースでも、犬たちはトレーナーの信号を見て、正しい道筋からそれていることを示す情報として使ったのである（くだんのトレーナーたちには、自分が出す信号をコントロールする訓練を受けさせる必要があった）。ある出来事や他者の行動に対したとき、人間の場合は複雑な説明を探してしまうため、犬にはおのずと見える手がかりを見過ごすのかもしれない。犬のこの能力は超感覚的な認識というよりはむしろ、彼らの日常的感覚がうまく合算された結果である。犬は自分の感覚スキルと人間への注意とを組み合わせて使う。わたしたちの注意への関心がなければ、彼らはわたしたちの歩きぶりや体の姿勢、ストレスレベルの微妙な違いなどを重要な情報のかけらとして知覚しないだろう。それがわたしたちの行動を予測し、暴露させてしまうのだ。

わたしたちを読む

犬はわたしたちを観察し、わたしたちについて考え、わたしたちを知る。それでは彼らは、わたしたちについてなんらかの知識をもっているのか。「わたしたち」と「わたしたちの注意」に対する注意から生まれた特別な知識を？　そのとおりである。

非言語的なやり方で、犬はわたしたちがだれであるかを知っている。彼らはわたしたちが何をするかを知っている。そして彼らは、わたしたちについて本人も知らないいくつかの事柄を知っている。外見によって、またとくに匂いによって、彼らはわたしたちを知ることができる。それに加えて、わたしたちのふるまいそのものが、わたしたちを認識させる。わたしがパンプを認識するのは、彼女の外見だけではない。彼女の歩き方もそうだ。あの少し傾いた、バランスの悪い陽気な早足。歩くたびにはねるあのたれた耳……。犬にとっても、人間のアイデンティティを決めるのはその人物の匂いや外見だけではない。その人物の歩き方もそうなのである。わたしたちは行動によってもまた、認識されるのだ。

わたしたちのもっとも日常的な行動、たとえばいつもの歩き方で部屋を横ぎる行為にさえ、犬が利用できる情報がぎっしり詰まっている。犬を飼っている家ではよく、犬にわからせないように「散歩」のかわりにスペリングで「W-A-L-K」と言っている。[34] だがそんなことをしても無駄だ。飼い主ならみな知っているように、子犬たちは散歩に先だつもろもろの儀式にしだいに気づいてしまう。最初は靴だ――もちろん。たちまち彼らはそれを散歩と結びつけるようになる。それから上着をつかみ、リードを手にすれば、犬に知られてしまうことは飼い主も重々承知している。散歩の時間が決まっていることもまた、犬のこの予測能力に役立っている。だがもし犬が気がつく前に、あなたがただ仕事から顔を上げるとか、椅子から立ち上がるだけだったとしたらどうだろう?

そうした行為がとつぜんなされたり、目的がある様子で部屋を横ぎったりすれば、注意深い犬には必要なすべての情報が手に入る。あなたの行動をいつも観察している犬は、こちらが何も漏らしていないと思っていても、あなたの意図がわかってしまうのだ。すでに述べたように、犬は視線にきわめて敏感であり、それゆえ視線の変化にもたちまち気づいてしまう。頭を上げるか、下に向けるか、彼らから顔をそらすか向けるかは、とくにアイコンタクトに敏感な動物にとっては大きな違いとなる。手の小さな動きや、体の位置を変えるのさえ、注意をひきつける。コンピュータ画面に三時間向かって、キイボードに手を置いたままの姿勢を続けたあと、ふいに顔を上げ、両手を頭の上に伸ばす――これは変身だ!あなたの注意が向かっている対象が変わったのは明らかである。そして期待でいっぱいの犬はそれを、散歩への序曲と解釈する。人間でも敏感な観察者ならこれに気づくだろうが、ふつうはほかの人にわたしたち自身を綿密に観察させることはめったにない。(そのうえ、そんなふうに観察するのがたいして興味深いとも思わない。)

わたしたちの行動を予測するのに使う彼らの手段は、なかば身体構造的、なかば心理学的なものだ。

彼らの身体構造——あのおびただしい桿状光受容体細胞——のおかげで、彼らは動きに気づくのが一〇〇〇分の一秒だけわたしたちより早い。わたしたち人間が何か反応すべき対象があるのを見る前に、犬は反応するのだ。批判心理学〔心理学の現状に疑問を抱きその改善を目ざす営為の総称〕は、予測（過去から未来を予測する）と連想をテーマにしている。ある人の典型的な動きをよく知っていることは、その人物の行動を予測するために必要である。きたばかりの子犬は、テニスボールを投げるふりをしてもだまされないかもしれないが、年を重ねると、みごとにひっかかってしまう。それほどなじみのない動きであっても、犬はいろいろな出来事の連想をするのが巧みである。母犬の到着と食べものをもらうこと。あなたの視線の動きと散歩の約束。

犬はわたしたちの日常の平凡な習慣のテーマを拾い集める。そのため、それらの変更にとくに敏感なのだ。ふだんわたしたちは車のところまで、あるいは地下鉄まで、さらに仕事場まで、同じルートをとって歩く。それと同じように犬の散歩も同じルートが多い。時がたつにつれて彼らはそのルートを覚え、生け垣を過ぎたところを左に曲がることや、消火栓のある角で直角に右折することなどを予測する。帰り道に新しい迂回路を試しても（そこらへんをもう一回まわるなど不必要な回り道でも）、犬は、二、三回でその新しいルートになじむ。そして飼い主がその動きを見せるより前に、迂回路に向かいはじめる。都会を一緒に歩きまわるのに、たいていの人間より犬のほうがすばらしい散歩仲間なのは、まさにこのためだ。連れが人間だと、こちらがお気に入りの角を曲がろうとするたびに、相手とぶつかってしまうのだから。

犬の予測の腕前を補うのは、よく言われる彼らの「人の性格を読む」能力である。多くの飼い主が、自分の犬に恋人を選ばせている。自分の犬は人間の性格を見抜くと言ってはばからない人もいる。初対面で性格の悪い人間がわかるというのだ。たしかに犬は、胡散臭い人を見分けるようにみえる。(35) この能力は、彼らがわたしたちの表情を注意深く見ることから生まれたのだろう。知らない人が近づいてきたときにこちらが胡散臭く感じると、意図しなくてもその気持ちはばれてしまう。すでに述べたように、犬はストレスからくる匂いの変化に敏感だ。飼い主の筋肉の緊張にも気づくし、早い呼吸や息ぎれなどの変化も聞き分けられる（嘘発見器はこれらの心理的変化を計測する。訓練された犬は機械と技師の代用になるだろう）。だが彼らが人を査定するときや、問題を解決しようとするとき、これらの手札に勝る切り札は、視覚能力である。わたしたちはみな、怒ったり、不安だったり、興奮したときには特有の行動をする。「信用できない」人は、話しながらこそこそと視線を走らせることがよくある。犬はこの視線に気づくのだ。攻撃的な人間は実際になんらかの攻撃をする前に、大胆なアイコンタクトをとったり、不自然にゆっくりした、あるいは速い動きをする。あるいはルートから不自然にそれたりするかもしれない。犬はその行動に気づく。彼らは目が合うことに直感的に反応する。

ある冬のこと、わたしたちは北のほうに旅行した。本物の冬と寒さの地方だ。滞在中、わたしたちは大吹雪に見舞われた。わたしたちは橇を引き出して、大きな丘をジグザグのコースで走って遊んだ。パンプはふいに狂ったようになり、丘を下る橇のあとを猛然と追いかけると、わたしたちの顔に向かって、とびつき、唸りながら噛みかかろうとした。彼女が攻撃しているのが、雪まみれになって疾走するわたしの顔だとわかって、わたしは笑いながらも、彼女を止められなかった。彼女は遊んでいた。だがそれはこれまで見てきた遊びではなかった。そこには本物の攻撃の色合いがあった。わたしがなんとか起きあがって、体を覆っていた雪をふり落とすと、彼女はすぐに落ち着いた。

犬にこうした洞察力があるからといって、彼らがだまされないというわけではない。犬は機敏な観察者だが、心を読むわけでもないし、ときには惑わされることもある。パンプにとって、橇にとびのったわたしは別の存在となった。垂直だったわたしは水平に変わった。わたしは橇と雪にくるまれていた。なかでもわたしの動きそのものがまったく違っていた。とつぜんわたしは、のんびりと直立して歩く仲間ではなく、なめらかに走る高速の獲物となった。

パンプがとくに橇に乗る人に興味をもっているのかもしれない。だが彼女の行動はほかの多くの犬に見られる追いかけ行動に類似している。犬はしばしば自転車や自動車を追いかけたり、スケートボードとかローラーブレードに乗っている人や走っている人を追いかける。なぜこうした行動をとるのかという質問に対しては、犬には獲物を追いかける本能があるからというのが一般的な答えである。だがこの答えは、完全に間違いではないにしろ、きわめて不十分である。犬はこれらの物体や人間を、「獲物」そのものだと思っているわけではないのだ。あなたの動きは新たな次元をあなたにもたらす。あなたはすべるように進んでいく！　それも速く！　犬から見てあなたを変えてしまったのは、この属性なのである。犬の目は特定の種類の動きにとくに反応する。自転車をこいでいくあなたは、獲物に変わったのではない。自転車から降りたあなたに、犬は挨拶するではないか——獲物として食べるのではなく。彼女の反応はおそらく、獲物検知戦略として進化した感受性によるものだろう。だがそれはさまざまに適用され、環境のなかで対象や動物を解釈するための付加的な方法を犬に与えている。対象の動きの性質がそれである。

橇、自転車、あるいはランニングには共有の要素がある。人間の動きがなめらかですばやいのだ。歩く人は動いているが、すばやくはない。彼らは犬に追いかけられることはない。パンプは橇に乗っているのがわたしだとはわからなかった。ふだんのわたしの動きは、どうひいき目に見てもなめらかですばやいとは言いがたいからである。歩くとき、そこには上下の動きが多すぎるし、前後に揺れるし、歩きながらいろいろなジェスチャーをしている。どれもこれも、前進するのに無意味な動きだ。

目に捕食的なきらめきをたたえて自転車を追いかける犬を止めるためには、たんにその思い違いをなくしてやるだけでよい。自転車を止めるのだ。動きを検知した視細胞によって引き金を引かれた追跡衝動は、おのずから止むだろう（ただし、吠えかかりや追跡などの興奮にかかわるホルモンは、数分のあいだは体内をめぐっているかもしれない）。

アイデンティティに占める行動の重要性は、科学によって確認されている。わたしがだれなのか（わたしのアイデンティティ）は、なかば行動によって定義される。そこで研究者たちは、さまざまな行動がアイデンティティの認識にどうかかわってくるかを調べている。ある実験では、犬は友好的な他人と敵対的な他人を、それぞれの行動から簡単に区別できることが示された。実験者は人々を二つのグループに分け、指示されたとおりのやり方で行動するように頼んだ。友好的な行動には、ふつうの速度で歩く、明るい声で犬に話しかける、やさしく犬を撫でるなどの行為が含まれ、敵対的な行動には、変わった様子でためらうように近づく、黙ったまま犬の目をじっと見すえるなど、犬にとって脅威的と思われるような行為が含まれていた。

主な結果は、さほど意外なものではなかった。犬は友好的な人々に近づき、敵対的な人を避けた。だがこの実験では予想外の成果があった。キイとなる設問はこうだ——友好的だった人が、ふいに脅威的な行動をしたら犬はどう反応するだろうか。犬の反応はさまざまだった。いくらかの犬にとって、その人物はそれまでとはまったく違う種類の人――敵対的な人――となった。その人のアイデンティティは変わったのだ。だが他の犬たちは、前に友好的だった人を嗅覚で見分け、新しい奇妙な行動にも揺らがなかった。

最初、これらの人々は犬が会ったことのない人々だった。だがセッションが進むにつれて犬は彼らになじみをもつようになった。彼らは前よりも「見知らぬ人」ではなくなった。彼らのアイデンティティは、なかばは匂いにより、なかばは行動によって定義されたのである。

あなたのすべてを

犬がもつわたしたちへの注意とすぐれた感覚能力とのコンビネーションは、まさに強烈である。すでに述べたように、犬はわたしたちの健康、わたしたちの誠実さ、そしておたがいの関係までも検知する。たったいまこの瞬間にも彼らは、わたしたちが自分でははっきりつかんでいないような事柄さえ知っているのだ。

ある研究によると、犬は彼らと相互作用中の人間のホルモン・レベルを見抜いているという。アジリティ競技に参加している飼い主と犬を調査した結果、男性のテストステロン・レベルと、犬のコルチゾール・レベルの、二つのホルモンの相関が見いだされたのである。コルチゾールはストレスホルモンであり、たとえば飢えたライオンから逃げ出すときの反応を引き起こすのに役立つが、これほど生死にかかわるほどでなくとも、心理的にストレスのある状態でも作り出される。テストステロンの増加は、多くの強力な行動をともなう。性的衝動、攻撃、支配ディスプレイ。アジリティ競技開始前の飼い主の男性のホルモン・レベルが高くなればなるほど、犬のストレス・レベルも増加する（チームが負けた場合）。どういうわけか犬は、飼い主のホルモン・レベルが高いことを知ったのである。行動を観察してか、匂いによってか、あるいはその両方からであろう。そして犬自身にもその情動が「うつった」のだった。別の研究では、犬のコルチゾール・レベルは、人間の遊びのスタイルに敏感であることさえわかった。遊びのあいだにコマンドを使った場合（すわれ、伏せ、あるいは聞けなど）、遊んだあとの犬のコルチゾール・レベルは高くなる。コマンドなど使わずに人と犬が自由に熱中して遊んだ場合、遊びのあとの犬のコルチゾール・レベルは低かった。たとえ遊びのなかでさえ、犬はわたしたちの意図を知り、それに感染するのである。

犬に知られ、予測されるということ。わたしたちが犬を好む理由のなかで、これはけっして小さいものではない。赤ん坊が最初にあなたに向けた微笑を経験したことのある人ならだれでも、「認識されること」のスリルを知っているだろう。犬が文化人類学者だというのは、彼らがわたしたちを調べ、学ぶからなのだ。彼らは人と犬の相互作用のもつ重要な要素――わたしたちの注意、わたしたちの注意の向かう焦点、わたしたちの視線――を観察する。その結果はどうなるか。彼らがわたしたちの心を読めるようになるわけではない。要するに、わたしたちを認識し、わたしたちの行動を予測するということなのだ。それは赤ん坊を人間にする。そしてそれはまた犬を、漠然とではあるにしろ、少しだけ人間にするのである。

犬は心を読むか

夜明けだ。パンプを起こさないように、わたしはそうっと起き出して、部屋から抜け出そうとする。パンプの眼はわたしからは見えない。黒い眼が黒い頭の中で迷彩色になっているからだ。頭は前足の間に穏やかにうずめている。どうやらうまくいきそうだ。パンプのレーダーにとらえられないように、そうっと息をひそめて……。だがその瞬間、わたしは見てしまった。上げた眉毛の隆起がわたしの足どりを追っている。彼女はわたしのたくらみに気づいている——。

これまで述べてきたように、犬は観察の名人であり、注意の巧みな使い手である。では、この「見る」という行為の背後には、考え、計画し、内省する心があるのだろうか？　人間の幼児では、「見る」から「注意する」への発達が、成熟した人間の心の開花を告げる。犬の場合、見ることはその心についてわたしたちに何を語っているのだろうか？　彼らはほかの犬について考えるのだろうか？　自分について、そしてあなたについて……？　そしてもうひとつ、犬の心について古くから言い古された、だがいまだに答えられていない質問がある——犬は賢いのだろうか？

犬の利口さ

親になったばかりの人々のように、犬の飼い主もまた、自分の保護下にある生きものがどれほど賢いかという話をいくつか手もとに用意しているようだ。うちの犬は、わたしがいつ出かけるかわかっているし、いつ帰ってくるかも知っている……うちの犬はわたしたちをごまかすのが上手でね……。メディアでは犬の知能をめぐる最新の発見の噂がとびかっている。言葉や数を使う犬とか、一一九番を呼び出して飼い主の急を知らせる犬とかだ。

この裏付けに乏しい印象を実証するために、いわゆる犬のための知能テストが作られている。おなじみの人間の知能テストならば、ペンと紙を使って、単語選択、空間的相関関係、推論といった、大学進学適正試験に似た問題を解くことになる。それであなたの記憶、語彙、低下しつつある計算能力、単純な図形発見能力、細部への注意力がテストされるのだ。その結果が知能の公正な評価であるかどうかは別にしても、もちろんそのままでは犬には適用できない。そこで修正版が作られた。高度の語彙テストのかわりは、単純なコマンド識別のテストだ。声に出して読まれた数字列をくりかえすかわりに、おやつの隠し場所を覚えているかどうかが試される。複雑な足し算能力にかわって、新しいトリックを学ぼうとする意欲がテストされる。質問は、実験心理学規範《パラダイム》をおおざっぱにまねたものである。対象の永続性（おやつの上にカップをかぶせてあるとき、おやつはまだそこにあるのか？）、学習（犬は、あなたがやらせたいと望むどんな馬鹿げたトリックでもするか?)、問題解決(どうやって犬はあなたが持っている食べものを手に入れることができるか?)である。

これらの種類の能力(ほぼ、物理的対象物と環境についての認知力)について、犬の集団に対して本格的な研究をした結果は、最初はたいして驚くに当たらないように見える。餌をまいたフィールドに犬を連れていき、犬がそれを見つけるまでの時間を計ることで、研究者たちは犬が道筋をたどり、目印を使って近道を見つけることを確認した。この行動は、彼らのオオカミに似た祖先が食べものや道を見つけるときにやっていたこととおそらく同じであろう。むろんのこと犬は、食べものを手に入れる課題では、すべてにおいてかなり成績が良い。食べものの山二つのうち、どれを取るか選択させれば、犬は難なく大きい山のほうを選ぶ。大小の差が大きくなればなるほどこれは簡単になる。カップをかぶせた食べものが置かれた場合、犬はまっすぐそこに行き、カップを倒して餌を見つける。被験者である犬は、単純なツールを使う方法さえ学習した。そのままでは届かないビスケットを手に入れるのに、結びつけた紐を引っ張ることを覚えたのである。

だが犬たちは、全部のテストに合格するわけではない。彼らはたくさん間違いをする。三つのビスケットに対して四つのビスケット、あるいは五つ対七つのビスケットの山の対比では、少ないほうの山を選ぶのと多いほうの山を選ぶ比率は半々となる。そのうえ、犬によって右か左の山に選り好みがあるため、途方もない間違いはさらに増える。同じように、隠された食べものを見つけるスキルは、隠し方が複雑になるとあまりうまくいかなくなる。ツールの使用でも、課題が複雑になるにつれてみごとというわけにはいかなくなる。二本の紐があって、犬から遠いほうの紐においしそうなビスケットがついている場合、犬は何もついていない近いほうの紐を引っ張る。どう見ても、紐を目的への手段=ツールとして理解しているようには見えない。じっさい彼らが最初のケースに成功したのも、たんに前足と口でいじりまわした結果、偶然に解決したのかもしれないのである。

こうした犬の知能テストで自分の犬が出した成績を見た飼い主は、その犬のスコアが「しつけ教室のトップ犬」というより「にぶいけれども楽しそうな犬」に近いことを発見するかもしれない。つまりはそういうことなのか？　結局のところ、犬は賢くはないのだろうか？

こうした知能テストや心理学の実験を注意して見ると、ある欠陥が見つかる。それらは意図的ではないものの、犬の不利になるように操作されているのだ。欠陥は、実験された犬ではなく、実験の方法にある。問題は実験の場における人間の存在である。つまり実験者もしくは飼い主だ。典型的な実験の設定がどういうものか、くわしく見てみよう。実験はまず、犬をコマンドですわらせ、リードで抑制した状態で開始される。実験者が犬の前にやってきて、新しい素敵なオモチャを見せる。犬は新しいオモチャが大好きだ。(36)　オモチャとバケツが犬からはっきり見えるようにし、オモチャをバケツの中に入れる。つぎに実験者がその獲物とともに、部屋の二つのスクリーンのうちひとつの背後に消える。そのあと実験者がバケツをもって戻ってくるが、オモチャはなくなっている。これは、残酷ないたずらというわけではなく、「見えない置き換え課題」という標準的なテストである。テストでは被験者から「見えない」ところで対象物がほかの場所に動かされる。つまり「置き換え」られるわけだ。このテストはピアジェが提唱したもので、幼児が手に負えないティーンエイジャーになり、その後、自分の子どもをもつことのできるおとなになるまでの道筋で経験する概念飛躍のひとつを示すものとされ、以来、子どもの研究ではつねに行われている。ここでは、対象物が見えなくなっても継続して存在すること（対象永続性と呼ばれる）、そして、その対象物の軌跡と世界にそれが存在していることについての概念的把握がテストされる。だれかがドアの後ろに消えたとき、わたしたちはその人物が見えなくても存在すること、そしてもしそのドアの後ろをのぞけば見つけられるかもしれないことがわかる。子どもたちは対象の永続性を、一歳の誕生日までにマスターし、二歳の誕生日までには見えない置き換え課題をやり遂げる。ピアジェが、この表象的把握を幼児の認知発達における段階として具象化して以来、これはほかの動物を使って行われる標準的なテストとなった。ハムスター、イルカ、猫、チンパンジー（こちらはきちんと合格する）、ニワトリはすべてテストされ、人間の子どもたちと比較された。そして犬も、また。

犬の場合、できばえはまちまちである。もちろん、もしテストが前に述べたように単純なものならば、犬はやすやすとスクリーンの後ろのオモチャを探す。どうやら合格のように見える。だが、シナリオをもう少し複雑にしてみたらどうか。実験者はまず容器を二つのスクリーンの後ろに運び、第一のスクリーンの後ろでオモチャを取り出し、空にしたことを犬に示す。それから第二のスクリーンの後ろに行くのだ。こうなると犬は失敗してしまう。彼らはまず第二のスクリーンに走っていく。もちろんそこにオモチャはない。このテストにはいくつかのバリエーションがあるが、どれも同じ結果が待っている。たちまち犬はオモチャ探しが前より下手になってしまう。ここでもまたわたしたちは、犬がどうやら天才とは言えないようだと結論しそうである。オモチャが見えなくなったとたん、すぐさまそれは頭から忘れられてしまうのかもしれない……。

だが、現実に犬がときどき成功するという事実は、その結論を疑わしいものにする。彼らの行動には二つの説明が考えられる。最初の説明はこうだ。ひょっとして犬は、オモチャは覚えているものの、それが消えたときの道筋についてくわしく考えないのかもしれない。もちろん、なかにはオモチャの跡をつけるのに鋭敏な犬がいるのは事実である。だが、環境のなかの対象物に対する犬の見方は、人間とはきわめて違っている。オオカミと犬の場合、対象物の用途は限られている。いくらかは食べられる対象であり、いくらかは遊ぶ対象である。いずれの場合でも、対象について考えめぐらす必要はない。犬は前に大事にしていたものがなくなったことは認識するが、だからといってそれがどうなったのか、いろいろ推測する必要はない。それを探しはじめるか、出てくるのを待つ。

第二の説明はもっと本質的な問題を含む。人間のコンパニオンとなった彼らが手に入れた社会的認知スキルそのものが、これらの物理的認知課題での失敗の一因となっているように思われる。あなたの犬にボールを見せ、それを彼から見えないようにして、二つの逆さにしたカップのうちのひとつの下に置く。カップの前にきた犬は、匂いで嗅ぎつけることができないのを知って、二つのカップをでたらめにひっくり返して見るだろう。何も情報が与えられていないのだから、この行動は理屈に合っている。カップを上げて、下のボールをちらっとを見せてやってから犬を放すと、すぐにそのカップの下を見るのも驚くことはない。ところが今度はボールの入っていないカップをのぞかせると、犬の行動はとつぜん理屈に合わなくなる。彼らは最初に空のカップの下を探すのである。

犬たちの判断は、彼ら自身のスキルによって妨害されていたのである。どんな種類の問題でも、犬は巧妙にわたしたちをあてにする。彼らの情報源はわたしたちの行動なのだ。犬は、わたしたちのすることには意味があると信じている——そう、素敵な報酬や、ひょっとしたら食べものにまでつながっていることが多いのだ。したがって複雑なタイプの「見えない置き換え課題」で、実験者が第二のスクリーンの陰にかがんだならば、犬はこう思うわけだ——やあ、あのスクリーンの後ろにはおもしろいものがあるかもしれない！　実験者が空のカップを持ち上げたならば、そのカップは犬にとってより興味深いものとなる。なぜなら実験者がそれに注意を向けたのだから！

テストに社会的な手がかりが少なくなると、犬の成績ははるかによくなる。実験者が空のカップを見せながら、同じように両方のカップをいじると、犬は理性を取り戻す。彼らは空のカップを見、それから推理して別のカップの下を探して、隠れているボールを見つける。あまり社会化されていない犬も（ほとんどの時間を外で過ごす庭犬のように）、問題を解決する。その反対に家の中で暮らしている犬は、多くの場合、落ち着いて飼い主に助けを求めるのだ。

前に述べたように、オオカミがいくつかの問題解決テストで犬よりもはるかに高い成績をあげた理由も、これでわかる。犬の成績が悪いのは、彼らが人間をあてにする傾向によって説明できるのだ。たとえばぴったり閉じた容器の中の食べものを手に入れる能力をテストされた場合、オオカミは何度も試み、テストが中断されないかぎり最後には試行錯誤で成功する。それにくらべて犬は、容器のところに行くものの、どうやらそれが簡単に開けられそうにないとわかると、だれにでも部屋にいる人に向かい、さまざまなアテンションゲッティングやねだり行動をやってのける。結局はその人物が折れて、犬がその箱に入り込むのを助けてやることになるのだ。

標準的な知能テストでは、難問になると犬は失敗した。それにもかかわらず、わたしは彼らがすばらしい成功をおさめたと考える。彼らはその課題に新しいツールを適用した。そのツールとはわたしたち人間である。犬はこれを学習したのだ。彼らはまたわたしたちを、素敵な多目的ツールとして見ている。保護のため、食べものを手に入れるため、そして仲間づきあい《コンパニオンシップ》をもたらすためのツールだ。閉じたドアやからっぽの水入れといった難問は、人間たちが解決してくれる。犬の民族心理学《フォークサイコロジー》では、わたしたち人間は木のまわりに

どうしようもなくからまったリードを巧みにほどくことができるし、必要に応じて魔法のように高いところや低いところに移動させてくれる存在だ。それに食べたり噛んだりするための獲物をつぎつぎと取り出してくれる。犬の目には、わたしたちはどれほど有能に見えるだろう！　そんな人間たちに頼るのは、たしかに賢い戦略なのだ。したがって犬の認知能力についての疑問の答えは修正されなければならない——犬は問題解決に人間を使うことにおいて、すばらしく巧みであるが、人間がそばにいないときに問題を解決するのは不得手である、と。

他者から学ぶ

昨日、大型のペットスーパーの入口で、パンプは学習した——壁のほうへ歩いていくと、壁が開いて通してくれることを。今日、彼女はそれを頭から消し去った——開いてくれない壁に向かってスリル満点のディスプレイを披露したあとで。

隠されたおやつがあらわれ、閉まっていて悔しい思いをしていたドアが開けられる……。人間の助けのあるなしにかかわらず、いったん問題が解決されると、犬はすぐさまその同じ手段をくりかえし適用することができる。彼は事態を識別し、対応手段を作り上げ、問題と解決とのあいだのつながりを認識する。これは彼の勝利であると同時に、ときにはわたしたちにとって不運ともなる。台所のカウンターにジャンプしてあの素敵な匂いのチーズにたどりつくのに一回成功すると、そのあとは何回もの「ジャンプ・オン・カウンター」行動が続くだろう。「お利口に」すわっていたごほうびにビスケットをあげたなら、この先あなたは夢中になってしつこく「お利口にすわる」犬に悩まされるだろう。これを知れば、犬を訓練するときにはこの先ずっとくりかえしてほしい行動にだけ報酬を与えなくてはならないことがわかってくる。

このように、心理学で「学習」と呼ばれているものに、犬はきわめて熟達している。犬が学習できるのは疑う余地がない。経験への反応として時の経過とともに行動を調節するのは、すべての神経システムの自然の働きであり、それゆえ神経システムをもつすべての動物は学習するのだ。「学習」という項目には、動物トレーニングで使われる連想学習から、シェークスピアの作中人物の独白の暗唱、さらには量子力学を理解することまで、すべてが含まれる。

新しい方法と概念をやすやすとマスターできる犬の能力は、素粒子とは何かという問題の前では手も足も出ない。犬の学習は、学問的でも理論的でもない。それにしても人間が犬に学習させたいと思う事柄は、ほとんど人間側の気まぐれとしか言えない。たしかに最近まで野生だった動物でも、餌を食べることを学習するだろう。だが、おおむねわたしたちが犬に学ばせたい――こちらの意図に従わせたい――と思う事柄は、食べものとはほとんど関係ない。わたしたちが犬に要求しているのは、姿勢を変えること（すわれ、ジャンプ、立て、伏せ、転がれ）、物についてきわめて特定のやり方で行動すること（靴をとってこい、ベッドから下りろ）、なんらかの行為を始める、あるいは止めること（待て、ノー、よし）、気分を変えること（落ち着け、がんばれ！）、わたしたちのもとに来させる、あるいは離れさせること（来い、行け、そのまま）などである。たしかに量子力学ではないかもしれないが、はるか昔、ムースを狩っていた動物たちにとっては、いずれも同じくらいわけのわからないものである。野生動物の生活では、命じられて尻を地面につけたままの姿勢を保つこと（あなたの陽気な「オーケイ！」で解放されるまで）を想定したものなどない。犬がこのような恣意的な事柄を学習することができるというのは、まさに驚異的である。

子犬は見る、子犬はする

ある朝、目がさめたわたしは、うつぶせになったまま頭の上に両腕を伸ばし、つま先をピンと伸ばし、それから腕で体を起こした。かたわらでパンプが身動きした。彼女はわたしの動きのひとつひとつに合わせて動いていた。前足を自分の前に長く伸ばし、それから後足もピンと伸ばしてから、体をストレッチして立ち上がる。いまや、わたしたちは毎朝、並んで目覚めのストレッチをやり、おたがいに挨拶する。違うのは一方だけが尻尾を振っていることだ……。

このように犬はコマンドを学習することができる。だがもし彼らが、他者（他の犬、人間さえも）を観察しただけで学習する能力があるとしたら、それはさらに興味深いことになろう。たしかに犬は、わたしたちの指示によって学習できる。だが犬は、わたしたちを手本にして学習できるのだろうか？　犬のような社会的動物にとって、世界を渡っていくためにどういうやり方がベストかを知るために他者に頼るというのは、有利なように思われる。だが多くの場合、答えは明らかにノーである。犬はわたしたちがテーブルで行儀よく食べているのをしょっちゅう見ているけれども、自分からナイフとフォークを取り上げて食事に加わることはけっしてない。わたしたちが話しているのを始終聞いていても、彼らに話をさせることは不可能だ。衣服について彼らの唯一の興味は噛むことで、身につけることではない。

四六時中人間の活動に取り巻かれながら、犬はわたしたちをまねする術《すべ》を知らないようだ。

これは彼らの欠陥ではない。たとえそれが彼らを人間という種から区別するものではあるにしてもだ。わたしたちは完璧な模倣者である。子どものとき、そしておとなになってからも、わたしたちはたがいに何を着るべきか、何をするべきか、いかに行動すべきか、いかに反応すべきか、おたがいに見張っている。わたしたちの文化は、鋭く他者を観察し、いかにふるまうかを学習する行為の上に構築されている。人が缶切りで缶詰を開けているのを一回見れば、わたしも自分でそれがやれる（と思う）。たいしたことはないようだが、じつはここには深い意味が隠されている。模倣ができるというのは、缶の中身を手に入れられることだけでない。それは複雑な認知能力を示している。真の模倣であるためには、相手が何をしているか、またその手段がいかに目的に導くかがわかるだけでは十分でない。そのうえになお他者の行動を自己の行動に移し入れることが要求されるのだ。

そうであれば、犬は真の模倣者ではない。缶切りの実演を何千回見たあとでも、犬は興味を示さない。缶切りの作用トーン（四一ページ参照）は犬にとっては無意味である。だが、この比較は公平《フェア》ではないという文句が出るかもしれない。だいたい犬には親指がない。したがって缶切りやフォークなどを扱える器用さもないのだ。同じように犬には言語に必要な発声器官がなく、衣服を着る必要もない。たしかにフェアではない。本当の問題は、彼らがミニ人間かどうかではなく、デモンストレーションによって何か新しいことを学習できるかということなのだ。

犬どうしの相互作用を一〇分間観察してみれば、彼らが模倣のように見える行動をしていることに気づく。一匹の犬がすばらしく大きな棒を見せびらかすと、他の犬も自分の棒を見つけて、これまた見せびらかす。一匹の犬がどこかを掘りはじめると、まもなくほかの犬たちも加わって掘りはじめ、穴は大きくなっていく。一匹の犬が水の中で泳げるのを発見する。ほかの犬も水にとびこみ、気づかぬうちに泳いでいることになる。他者を観察して、犬は泥だらけのぬかるみや藪の中を踏破するという特別な楽しみを学ぶ。パンプは、いつも遊んでいる犬仲間がリスに向かって吠えはじめるまで、吠えたことが一度もなかった。そのときとつぜん、パンプもリスに向かって吠えはじめたのである。

　そうなると問題は、これがはたして、本当の模倣なのか、それとも別の何かなのかということになる。考えられるのは、わかりにくい表現で刺激強化〔他者の行動を見てその場所や対象物に興味をひかれ、試行錯誤学習をして結果的に同様の行動をすること〕と呼ばれるもののことだ。この現象をもっともよく示しているのは、二十世紀なかばのイギリスで、配達された牛乳と小鳥にからんで起こった小さな出来事である。当時のイギリスでは、牛乳は戸別配達されるのが一般的だった。そしてホモジナイズ処理〔牛乳の脂肪球を砕き、乳脂肪が分離浮上するのを防ぐ処理のこと〕は一般的ではなかったのである。そんなわけで夜明けには、家々の玄関の前にホイルの蓋をした牛乳瓶が置きっぱなしにされており、中身の牛乳のてっぺんにはクリームが分離していることになった。夜明け、イギリスの鳥の多くは配達人と同じように早起きだった。歌うのは夜明けが理想的だからだ。発見したのは一羽の小さなアオガラだった。瓶の蓋は簡単につつくことができ、すぐ下には濃厚なクリームが待っている……。牛乳瓶の被害について、いくつかの苦情が寄せられた。まもなく苦情はおびただしい数になった。何百羽もの鳥が、牛乳瓶のトリックを学習していたのである。脱脂乳になってしまった牛乳に怒ったイギリス人は、まもなく犯人を見つけだした。だがわたしたちにとっての問題は「だれが」ではなく、「どのようにして」である。どのようにして、この発見はアオガラのあいだに広まったのか？　それが広まった速さからすれば、どうやら仲間の鳥がクリームを手に入れているのを、ほかの鳥たちが見てまねしたのだろうと思われた。ずんぐりしたこの小鳥たちはじつに賢いではないか。

ある実験グループが、アメリカコガラの捕獲した集団をこれと類似した状況に置き、これと同じ現象が起こるのを段階別に観察した。実験結果が示唆したのは、模倣ではなく別の説明だった。鳥たちは、最初の盗人鳥の行動をすべて注意深く観察してまねしたのではなかった。彼らは、一羽の鳥が瓶のてっぺんにいるのを見ただけだった。そしてそれが彼らを瓶にひきつけたのだろう。瓶のてっぺんに着陸するや、生まれつきのつつき行動から、ホイルをつつけることを自分たちで発見したのだ。いいかえれば、彼らは最初の鳥の存在によって瓶という「刺激」にひきつけられたのだった。その鳥の存在は、ほかの鳥たちがクリーム盗人になる可能性を強めたものの、その方法を実演したのではなかった。

一見些細なことのようだが、ここには重要な違いが働いている。たとえば、あなたがドアをさかんにいじったすえドアを開けているのをわたしが見たとする。興味をひかれたわたしがドアに近づいてそれを蹴り、たたき、さもなければ打ち破れば、ドアは開くかもしれない。これが刺激強化だ。模倣の場合には、わたしは正確に、あなたがドアについてやっていることを観察し、その行動を再現する。ノブをつかんでひねる、ひねったあとに押す力を加える、などである。そしてその結果は望んだとおりになるわけだ。それができるのは、あなたがしていることが、あなたの目的——ぜひとも欲しがっているもの——に関係していると想像できるからである。この場合の「目的」とは、ドアを通って部屋を出ることである。一方、アオガラのほうは、牛乳瓶にとまっている鳥が何を欲しがっているのか考える必要がなかった。そしておそらく考えていなかったのだろう。

鳥よりも人間のように

棒を見せびらかす犬は、はたしてアオガラのように行動しているのか、それとも人間のように行動しているのだろうか。犬の研究者たちはこれを調べようとさまざまな実験を行った。最初の実験は、人間がなんらかの目的を達成するために行動している状況で、犬がそれを模倣するかどうかを見るものだった。研究者たちが問いかけたもの、それは本質的にこういうことだった——望ましい対象を自分で手に入れる方法がわからない場合、人間がするとおりにやれば達成できることを、犬は理解するのだろうか。つまり実演＝デモンストレーションとして把握するのだろうか。

単純な実験が用意された。オモチャか餌をV型のフェンスの角の部分に置く。犬はそのポイントの外側にすわらされ、食べものを取ってきてよいと言われる。フェンスを通りぬけたり越えたりして餌まで直行することはできない。フェンスをまわっていく二つのルート（左の端をまわるか、右の端をまわるか）は同じ距離であり、したがって効果は同じである。フェンスをまわって行く方法が実演されないと、犬は選り好みせずにどちらのサイドをもでたらめに選び、結局はVの内側にたどりつく。だが人間がフェンスの左側をまわっておやつに向かうのを見せたとき（彼らは歩いていく途中で積極的に犬に話しかけた）、観察している犬はとたんにその行動を変えた。彼らもまた左側を選んだのだ。

これらの犬は模倣していたかのように思われる。そして彼らが模倣によって学習したものは定着した。フェンスを通る近道があとから提示されたときも、彼らはその近道を無視して観察によって学習したルートをとり続けた。研究者らは他のテストをいくつか行い、犬たちの行動が正確に何だったかを明らかにしようとした。彼らはたんに匂いによってルートを決めていたのではなかった。フェンスの左側の腕木に匂いの跡をつけても、犬はそれをたどらなかった[37]。そうではなく、犬のルート決定は、他者の行動を理解することに関係していたのである。だれかが黙ったままフェンスをまわって歩くのを観察するだけでは、犬たちをその人物のルートに従わせるには十分ではなかった。その人物は犬の名前を呼び続け、注意をひき、騒々しい声を出す必要があった。別の犬に左手のルートを通って餌をとってくる訓練をさせ、それを実演させたときも、見ていた犬は左のルートをとった。

この結果が示しているのは、犬が他者の行動を、ゴールにたどりつく方法を示すデモンストレーションとして見ることができるということだ。だが犬との経験からわかるように、わたしたちが行う適切な行動がすべて「デモンストレーション」として見られることはない。わたしが台所に向かおうとして、散らばった椅子や本、積まれた服を迂回していっても、それを観察していたパンプは散らかった山をまっすぐ突っきって最短のルートをとるだろう。犬が本当にわたしたちを模倣しようとしているのか、それともたんにわたしたちの行くところはどこにでもついていく傾向があるだけなのか、それを決めるには別のテストが必要となる。

二つの実験がこの模倣的理解について行われた。ひとつは、犬が他者の行動のなかに正確に何を見ているか——手段なのか、それとも目的なのか——を尋ねるものだ。良き模倣者は、両方を見るだろう。だがそれと同時に、その手段が目的にとってもっとも得策な方法でないかどうかも見るだろう。幼いころから人間の幼児はまさにそれをやってのける。彼らは本当にきちんと模倣する。その模倣ぶりはときどき度が過ぎるほどなのだが[38]、それと同時に洞察をも見せる。たとえばある古典的な実験では、子どもはおとなが頭で電灯のスイッチを入れるのを見せられる。見ていた子どもは、やれと言われれば、この新奇な行動をまねすることができた。ただしおとなが両手に何か持っていて電気をつけるのに手が使えないという状況では、彼らは自分からはそのまねをしなかった。子どもたちは手を使った。当然ながらそれで十分なのだ。だがおとなが手に何も持っていなかった場合には、頭で電気をつけることが多かった。おそらくこの変わったやり方には、手が使えないからだけでなく、ほかに何かおもしろい理由があるに違いないと考えたのだろう。彼らが認識していたらしいのは、その行動はまねしてもいいということであり、それゆえ必要と思われたときに限って、選択的に模倣していたのである。

この実験の犬用バリエーションでは、木の棒が電灯のかわりになった。研究者たちは一匹の犬を実演者として選び、棒を前足で押すと、スプリングのついた給餌器からおやつが出てくることを教えた。そのあとデモ犬は、彼が新しく発見したトリックを他の犬たちの前で披露させられた。他の犬たちはリードで拘束されたまま観察していた。あるテストでは、デモ犬はボールを口にくわえながら棒を押した。別のトライアルでは、ボールをくわえていなかった。そのあと、観察していた犬たちはリードをはずされ、器具に向かって殺到した。

注意すべき点がひとつ。自然の状態では犬は給餌器の機械にはひきつけられないのである。たとえ木の棒がついていてもそうだ。問題に直面したとき、ほとんどの犬にとって最初のアプローチは「押す」ではない。犬は前足を上手に使うことができるが、たいていの場合、最初は口で世界に対処する。前足はつぎだ。彼らは訓練によって対象物を押したり、押しのけたりできるものの、こういったアプローチは、直感的に理解した結果の行動ではない。彼らはそれにぶつかり、くわえ、突き当たるだろう。もしできれば、それを押し倒し、それをほじり、そのうえにとびかかるだろう。だが彼らは一瞬もそんなことを考えずに、落ち着いて棒を押した。このように、犬たちの最初のアプローチはまことに興味深いものだった。はたしてデモンストレーションが彼らの行動を変えたのだろうか？

被験者の犬たちは、電灯のスイッチ実験での人間の幼児と同じように行動した。ボールをくわえないで押したデモを見たグループは、忠実にそれを模倣し、棒を（前足で）押しておやつを出した。ボールを口にくわえたデモを見たグループは、やはりおやつを手に入れる方法を学習したが、前足のかわりに自分たちの（ボールをくわえていない）口を使ったのである。

犬がこのように模倣したというのは、驚くべきことである。これはもはやたんなるものまね――まねのためのまね――ではない。さらにそれは、たんに活動源にひきつけられただけでもない。むしろその行動は、別の動物が何をしているのか――その意図が何なのか、また自分がそれと同じ意図をもっているとしたら、どのように、あるいはどれくらい、その行動を再現すべきか――を考えている動物のそれのように見える。

これらの実験の結果がすべての犬の行動を示しているとすれば、犬は少なくとも特定の社会的場面では（たとえば食べものがかかわっているなど）、他者を観察することによって学習することができると言えそうである。そしてもうひとつ、つぎに述べる最後の実験が示唆するものは、さらに驚異的である。犬は実際に模倣の概念を理解しているかもしれないというのだ。被験者は、盲人のために働く訓練を受けた一匹の介助犬だった。この犬はすでに、オペラント条件づけ〔自発的行動を報酬や罰によって強化する条件づけ〕によって、コマンドでいくつかのあたりまえでない行動をすることを学習していた。伏せて待つ、ぐるっとまわる、ボトルを箱の中にしまう、などである。問題は、彼がこれらの行動をコマンドによるだけでなく、ほかのだれかがその行動をするのを見たあとで自分からやれるかどうかだった。はたして犬は旋回する行動を学習した――「まわれ！」のコマンドのあとではなく、人間がそれをやり、そのあと「やれ！」と言ってまねするよう命令されたあとで。研究者たちは実験を続けた。今度は、新しい完全にわけのわからない行為、たとえば走っていってブランコを押す、瓶を投げる、あるいはある地点からとつぜん歩きだし、立っているほかの人をまわって最初の地点に戻るなどの行動をするのを見たときに、犬が何をするかを見ようとした。

彼はやってのけた。あたかもその犬が模倣という概念を学習しており、その概念があるがために、どんな方向にも多少ともそれを適用できたかのようだった。そのためには、犬は自分の体を人間の体に合わせる必要があった。人間が手でボトルを投げるところで、犬は口を使った。ブランコを押すのには鼻を使った。いま述べたことは、犬の模倣というものについての結論ではない（ブランコを押してあなたの犬にまねをするように言ってみれば、実験の結果が必ずしも一般化できないことがわかるだろう）。だがこれらの犬の能力は、そこには心をともなわないものまね以上の何かがあることを示唆している。犬の模倣を可能にしているのは、彼らがわたしたちを見るという、ほとんど強迫観念に近いあの能力なのかもしれない。わたしたちを利用して、いかに行動すべきかを学ぶための、あの能力だ。朝、わたしのかたわらでパンプがストレッチをするとき、わたしが見るのもそれなのである。

心の理論

ドアをそっと開けると、二フィートも離れていないところにパンプがいた。何かを口にくわえてラグのほうに歩いていくところだ。その場で立ち止まったまま、肩越しにわたしを見る。耳を下げ、目は大きく見開いている。口には、何かわからないぐにゃっとした形のものがくわえられている。わたしがゆっくり近づくと、彼女は低く尻尾を振り、頭をひょいと下げ、くわえ直そうとして口を開けた。

その瞬間、わたしは見た――室温に戻そうとカウンターに出しておいたチーズだ。ブリーチーズ。ブリーチーズのまるごと大きなかたまりだ。彼女が二回飲み込むと、それは消えてしまった。喉の中へ。

テーブルから食べものを盗む行為の真っ最中に見つかった犬を思い出してほしい……あるいは外に出してくれ、餌をくれ、撫でてくれと懇願して、あなたの目をまっすぐに見ている犬を。口にチーズを詰め込んでわたしを見ているパンプを見るとき、わたしは彼女が行動を起こそうとしているのがわかる。パンプのほうは、自分を見ているわたしを見て、わたしがやめさせようとしているのがわかるだろうか？　わたしの強い印象では、彼女はわかっている。わたしがドアを開け、彼女がわたしを見た瞬間、わたしたちふたりは、相手が何をしようとしているかを知る。

動物認知の研究のハイライトは、まさにこの種のシーンにかかわっている――動物は他者を、それぞれ自分自身の心をもった独立した生きものと思うのだろうか。この能力は、他のいかなるスキル、習慣、行動よりも、人間の本質をとらえていると思われる。わたしたちは他者が何を考えているかを考える。これを心理学では、「心の理論」をもつという。

たとえあなたが、心の理論について一度も聞いたことがないとしても、じつはきわめて進んだ心の理論をもっていることもありうる。心の理論をもつことにより、人は他者が自分とは異なる見方、考え方をもっていることを認識する。人はそれぞれ違ったことを知っている（あるいは知らない）。だれもが世界についての異なった理解をもつ。心の理論がなければ、他者の行動は、たとえどれほど単純なものでもまったくの謎であろう。それらの行動は、あなたが知らない動機から生まれ、あなたには予測できない結果へと導いていく。叫び声をあげ、逆上したように手を振り上げて、あなたに近づいてくる人が何をしようとしているのか、これを推測するのに、心の理論が大きな助けとなる。それが理論と呼ばれるのは、心は直接に観察できないからである。わたしたちは行動から、あるいは言葉から、その行動や言葉をもたらした心を、後ろ向きに推定するのである。

むろんわたしたちは、生まれつき他者の心について考えるわけではない。他者の心どころか、ほかの多くの事柄についても、わたしたちは生まれつき考えるようになってはいないようだ。自分自身の心についてさえそうである。だがふつう、子どもは最終的に心の理論を発達させる。どうやらその発達は、いままで述べてきたプロセス——他者に注意を払い、そのあと他者の注意に気づく——を通じて行われるようである。自閉症の子どもはしばしば、これらの先行するスキルのいくぶんかが発達していないか、あるいはまったく欠けている。彼らはアイコンタクトや指し示し《ポインティング》をすることなく、注意の共有もないかもしれない。そして多くは心の理論をもっていないようだ。ほとんどの人々にとっては、視線と注意の役割に気づくことと、そこに心があるのに気づくこととのあいだには、ひとつの大きな理論的ステップがあるにすぎない。

「心の理論」については黄金律と言える実験がある。誤信念課題と呼ばれるこの実験では、被験者（ふつうは子どもである）は、指人形の劇を見せられる。人形のひとりが、被験者と二番目の人形からよく見えるようにして、おはじきを自分の前のバスケットに入れる。そのあとその人形は部屋を出ていく。すぐさま二番目の人形が意地悪をして、おはじきを自分のバスケットに移す。最初の人形が戻ってきたとき、被験者にこう質問する——この人形は自分のおはじきをどこで探すでしょう?

子どもたちは四歳になると、正しい答えを出す。彼らは自分たちが知っていることと、その人形が知っていることが違うのを認識している。だが四歳にならない子どもたちは、驚いたことにはっきりと間違える——二番目のバスケットを探すよ！　最初の人形が知っていることが何なのかは、彼らの考えには入っていない。

言葉による誤信念課題を、答えを伝えられない動物のためにデザインするのは（まして人形のおはじき交換ドラマで行うのは）、ほぼ不可能である。したがって動物のために非言語テストが開発されている。多くはその手がかりを、野生で見られる動物たちのいかにも思慮深いと思われる行動についての事例報告からとっている。たとえばあざむき行動や賢明な競争戦略などがそれだ。チンパンジーはもっとも頻繁に被験者として使われる。人間の近い親戚である彼らは、認知能力においてもいちばん人間と似ていると思われるからだ。

チンパンジーの成績は不安定であり、完全に発達した心の理論をもっているのは人間だけだとする主張は、これを根拠としている。ここで事態をややこしくしたのが犬である。犬は「他者の注意に対する注意」をもつ。どうやら他者の心を読むらしいこの能力は、事例から見ると、まさに心の理論に基づく行動と同じように思える。わたしが居間でこしらえた犬の「心の理解」についての考えを科学的に立証するために、研究者たちはチンパンジーに使われたのと同じテストを犬に使いはじめている。

犬の心の理論

ある日、一匹の犬が家に戻ると見なれない光景に出くわす。いつもはお気に入りのテニスボールですぐに遊べるのに、いまでは家じゅうのボールが集められ、大勢の人々がまわりに立って彼を見つめているのだ。そこまではまだよい。何も知らない実験の被験者である三歳のベルジアン・ターヴュレン犬のフィリップは、これを見ても動転しなかった。ただ、そのあとボールがひとつひとつ彼に見せられ、三つの箱のうちのひとつに入れられ、箱が閉められたときには、さぞかしとまどったことだろう。これは新しい「何か」だ。ゲームなのか脅しなのかわからないが、はっきりしているのは、ボールがいつもの好きな場所（自分の口の中！）ではなく、別のどこかに整然としまわれつつあるということだった。

リードが外されたとき、もちろんフィリップは先ほどボールが隠されたのを見ていた箱に向かい、箱を鼻でつっついた。これは正解だった。まわりの人間たちは歓声をあげ、箱を開け、彼にボールを与えたからである。ところがボールを口にくわえたばかりだというのに、まわりの人々はそれを取り上げ、どれかの箱に入れるのを続ける――そこで彼もゲームを続けることになる。そのあと彼らは三つの箱をロックし、その鍵をどこかに置いた。したがって彼が正しい箱を選んだあとも、全体のプロセスは長くなった。だれかが鍵を見つけて、箱のところにもっていき、それを開けなくてはならないからだ。最後にひとつのひねりが加えられた。ひとりがその箱をロックし、鍵を隠し、部屋から出ていく。そのあと別の人が入ってくる。まわりにいる人たちと同じように、この人もまた、その物体＝鍵を使ってこれらの閉じた物体＝箱を開ける能力があるはずだ。

これこそ、実験者たちが待っていた瞬間だった。フィリップははたして、その新しい人物が鍵のありかを知らないと考えるだろうか。もしそうなら、フィリップはどの箱に大好きなボールが隠されているかを示さなくてはならない。それだけでなく、ボールを手に入れるためにはその人物が鍵を探すのを手伝う必要がある。

くりかえされたテストで、フィリップは多少とも前述の行動をとった。鍵が隠されている場所のほうを辛抱づよく見つめ、あるいはそちらのほうに歩いた。ただし、鍵を口でくわえて箱を開けることはしなかった——そうだったらたいしたものだが、どんなに熱狂的な犬の信奉者でも、無理だと認めるだろう。フィリップは目と体をコミュニケーションとして使ったのだ。

フィリップの行動は三通りに解釈できる。ひとつは機能面から見た解釈であり、ひとつは意図的なものとする解釈、ひとつは保守的な解釈である。機能的解釈は、犬がそれを意味したかどうかは別として、彼の視線がその人物に情報として役立ったというものである。意図的解釈は、犬はじっさいにそのとおりのことを意味したというものである。彼はその人物が鍵のありかを知らないことを知っていた、それゆえ視線を使ったというのである。保守的な解釈のほうは、ちょっと前にだれかが鍵のありかまで行ったのを見ていたため、犬は反射的にそこを見たと考える。

データが答えを出している。機能的解釈は明らかに正しい。犬の視線は実際に情報として役立ったのである。だが意図的解釈もまた正しい。犬は、部屋にいる人物がどこに鍵があるかを知らないときには、鍵のある場所をもっと頻繁に見た——あたかも視線によってその人物に鍵のありかを教えようとするかのように。したがって保守的解釈は成り立たない。フィリップがこのクレージーな実験者たちの心のことを考えていたのは確かなようだ。

これはたんに一匹の犬による実験にすぎない。おそらく特別目はしの利く犬だったのだろう。だがここで、チンプと犬を対象にした餌ねだりの実験（一八五ページ参照）を思い出してほしい。チンプと違って、犬の全員が、食べものの入った容器がどこかを探すのに、そのありかを知っている者（目隠しをしたりバケツをかぶっていない人物）のアドバイスに従った。こうして彼らはみごとに容器の中の食べものを見つけたのである。このことは、犬の心の理論を支持しているように見える。彼らはまるで、目の前で指さしている見知らぬ人々の知識の状態について考えているかのように行動した。だがこのあと、奇妙なことが起こった。くりかえし同じテストをされると、これらの犬は戦略を変えた。彼らは餌のありかを知っている人だけでなく、それと同じくらいの頻度で、知らない人をも選びはじめたのである。このことは、彼らに予知能力があっただけで、その能力が薄れたことを意味するのだろうか？　犬は食べもののためにはきわめて込み入ったことをするけれども、これは説明として道理に合わない。ひょっとしてそれが示しているのは、最初のラウンドがまぐれ当たりだったということかもしれない。

いちばん良い解釈は、この課題での犬のパフォーマンスが実験の方法論的なポイントを突いているということだ。犬たちは、決定するために他の手がかりを使っているのかもしれない。犬にとってそれは、わたしたちにとってそこにいるのが「答えを知らない人」なのかどうかが重要なのと同じくらい、強い手がかりなのだ。つまり犬から見れば、すべての人間は食べもののありかについてきわめてよく知っている存在なのである。人間たちはつねに食べものの周辺にいる。体からは食べものの匂いがするし、一日じゅう食べものがいっぱいの冷たい箱を開けたり閉めたりする。そのうえ、ときどきポケットから食べものを出してくれさえする。人間についてのこれらの特徴を、犬たちはきわめてよく学習しているため、ある日の午後にやらされた何回かのトライアルでこれをひっくり返すのは、むずかしいかもしれない。犬が決定するときにあくまで人間を利用したという事実も、この仮説を支持している。彼らは三番目の容器をけっして選ばなかった——答えを知っている人も知らない人も選ばなかった箱である。

だがどのように結果を解釈しようとも、犬のほうは自分たちが心の理論をもっていると証明するのに意欲的ではない。もちろん、どんな動物を対象とする場合でも、その実験デザインには困難がともなう。きわめて特殊な能力をテストするためには、実験プロセスはますます込み入ったものになる必要があり、そうなると動物からすればきわめて奇妙なシナリオになる危険があるからだ。被験者がひどく混乱するのも無理はないという指摘もありえよう。しばしば彼らは奇妙な状況に押し込まれる。事実、それは彼らが前に見たどんなものにも、あえて意図して、似せていないのである。人々が頭上にバケツをかぶってあらわれる。トライアルはくりかえし続く。どう考えても普通とはいえない。それにもかかわらず、犬はときには目の前の課題に良い成績をおさめるのである。

だが犬の心の理論について、もっと良い示唆となるのは、彼らが自然の状況でとる自然の行動である。餌を入れて鍵をかけた箱や非協力的な人間たちといった頭をひねる要素がないとき、犬は何をするだろうか？　彼らの心の理論は、ほかの犬たち、あるいは人間たちと自然にかかわるときに、もっとも典型的にあらわれるはずだ。ほかの犬が何を考えているかを知ることが、犬にとっての社会的相互作用に役立つとすれば、その能力は進化してきたであろうし、いまなお彼らの社会的相互作用のなかで見られるかもしれない。こう思ったわたしは、一年間というもの、犬が遊ぶのを観察して過ごした。居間で、動物病院で、廊下で、道で、海岸で、そして公園で、遊ぶ犬たちを。

遊びのなかで心をのぞく

どのビデオのはじっこにも、パンプは映っている。あるビデオでは、彼女はものすごい勢いで近づいてきた犬との衝突を避けるためにさっとジャンプし、そのあと疾走してフレームから消えた相手を追いかけていく。別のビデオでは、彼女はほかの犬と一緒にうつぶせになりながら、口を開けて噛むふりをしている。三番目のビデオでは、彼女は遊んでいる二匹の犬に加わろうとして失敗する。カメラは、二匹が走り去ったあとに取り残されて尻尾を振っている彼女をとらえている。

「犬が遊ぶのを観察して過ごした」と書いたが、本当は「犬が遊ぶのを楽しく観察して過ごした」と書くべきだった。おたがいに力のある二匹の犬のあいだでくり広げられる「荒っぽい取っ組み合い《ラフアンドタンブル》」は、すばらしい体操競技を見るのと同じだ。遊んでいるこれらの犬たちは、攻撃する前にまずおざなりの挨拶をするように見える。それからとつぜん、歯をむき出して攻撃する。危なっかしく体を落としてたがいに転げまわり、とびあがり、とびかかり、体を曲げ、もつれさせる。近くの物音で、とつぜん彼らは遊ぶのをやめる。動きが止まる。静止画のようだ。それから、ただの一瞥、あるいは前足が空中に上がっただけで、たがいにまた大騒ぎが再開される。

わたしたちから見ると遊び《プレイ》というのは犬がいつもやっていることなのだが、じつはこれにはきわめて特徴的な科学的定義がなされている。科学で言うところの動物の遊びとは、誇張され、くりかえされる行動を組み込んだ自発的な活動であり、それらの行動は継続し、あるいは中断し、さまざまな強さをもち、不規則に組み合わされている。さらに他の状況に見られる、より機能的な役割を担う行動パターンが、遊びのなかでも使われる。こんなふうに遊びを定義するのは、おもしろがるためではなく、それを正確に把握するためである。さらに遊びには、良き社会的相互作用のもつすべての属性——協調や発話交替から、さらに必要であれば自分にハンディをつけることまで——がある。ハンディをつけるというのは、遊びのパートナーのレベルに自分のレベルを合わせることだ。どの犬も、相手の能力と行動を計算に入れる。

動物の遊びにはどんな働きがあるのか。これについては、少し謎の部分がある。動物の行動のほとんどは、個体もしくは種のサバイバルの改善のために、どんな機能を果たしているかによって説明される。

遊びの機能を探るというのは、逆説的なところがある。遊びには、明らかに機能がないように見えるからだ。遊びによって、食べものが手に入るわけでもないし、テリトリーが確保されるわけでもない。魅力的な相手を口説くのに役立つわけでもない。そのかわりに二匹の犬たちはパンティングしながら地面に倒れ込み、おたがいに長い舌を振りまわしている。これを見て、遊びの機能とは楽しむためのものだと考えるむきもあるかもしれない。だが、これは真の機能としては難色がある。リスクが大きすぎるからだ。遊びには多くのエネルギーが必要である。負傷することもありうるし、野生の状況では敵から捕食される危険も大きくなる。遊びのけんかは本物のけんかに発展することもあり、怪我ばかりか社会的変動さえ生じる。それがもつリスクを考えると、遊びには知られていない真の機能があるに違いないと思われる。もしこの行動が進化のプロセスを生き抜いてきたとすれば、遊びはきわめて大きな役割をもつものでなければならない。身体的・社会的スキルを磨くうえで、これは練習として役立つのかもしれない。だが奇妙なことに、おとなになって遊びに見られるスキルに熟達するために、遊びは必ずしも必要ではないという研究結果が出ている。ひょっとすると、遊びは予期しない出来事への対応訓練として役に立つのかもしれない。たしかに、気まぐれで予測不能な遊びが意図的に求められているようである。人間の場合、遊びは正常な発達の一部である――社会的、身体的、さらに認知的な面でもそうだ。犬において、それは彼らが余ったエネルギーと時間――そして犬の取っ組み合いを通して擬似体験ができる飼い主――をもっていることとの結果なのかもしれない。

犬どうしの遊びがことに興味深いのは、彼らがほかのイヌ科動物（オオカミを含めて）よりもたくさん遊ぶという点である。しかも彼らはおとなになってからも遊ぶのだが、これは人間を含めて遊ぶ動物のほとんどにあまり見られないことである。おとなになるとわたしたちは、チームスポーツやひとりでやるビデオゲームへと遊びを儀式化してしまい、とつぜん友だちにタックルしたり、鬼ごっこでつかまえたり、走ったり、にらめっこをするようなことは、ふつうはしない。それにくらべて犬の場合、たとえば町内にいる足をひきずった動きの遅い十五歳の老犬は、近づいてくる若い犬たちの熱中ぶりを用心深く眺めているけれども、その犬でさえ、ときには遊びのなかで若い犬たちの足をたたいたり、噛んだりするのである。

犬の遊びについて研究するために、わたしは犬につきまとい、ビデオカメラをまわし続けた。彼らの楽しんでいる姿を見て笑いたいのをこらえ、なんとか数分から何十分にも及ぶ「遊びの発作」をひたすら記録したのである。数時間後、楽しみは終わり、犬たちは車の後部に詰め込まれて、それぞれの家に帰っていく。わたしは歩いて家に帰りながら、その日のことをふり返っていた。コンピュータの前にすわって、わたしはビデオを再生する――一秒間三〇コマ、フレームがひとつひとつ見られるように、超スローで。この速度にしてようやくわたしは、さっき目の前で本当に何が起こっていたのかを見ることができた。わたしが見たのは、公園で目撃したシーンの再生ではなかった。ビデオを超スローにすることで、二匹の犬がおたがいに追いかけっこをする前にうなずき合うのを見ることができたし、現実の時間ではかすんで認められなくなっている動作――口を開けて頭を振りながら噛みっこの応酬をしている――も認めることができた。噛まれた犬が反応する前の二秒間に、何回噛む動作がなされるかも、また、狂ったような遊びの発作がいったん止まり、それから再開するまでに何秒かかるかも数えることができた。

もっとも重要なのは、犬が、いつ、どんな行動をするのかが見られたことだ。秒以下の瞬間に解体された遊びを観察することによって、個々の犬の遊び行動についての長いカタログ――遊びの個人記録

──を作成することができた。さらに彼らの姿勢、おたがいへの接近度、そしてそれぞれの瞬間に彼らがどの方向を見ているかにも注目した。そのあと、解体された遊びはふたたび組み立てられ、どんな行動がどんな姿勢と組み合わされるかを見ることができた。

ことにわたしの興味をひいた行動は、遊びの信号と、アテンションゲッターの二つだった。前に述べたように、アテンションゲッターとはそのものずばり、相手の注意をひくための行為である。具体的に言えば、その行為は、自分に注意をひきつけたい相手の感覚経験を変える行為である。視野の妨害のこともある。パンプがとつぜん、わたしと読んでいる本のあいだに頭を割り込ませてくるのがそれだ。聴覚環境の妨害もある。車の警笛や犬の吠え声がそれである。これらの方法が失敗したら、体を使って注意をひくことができる。肩の上に手を置く、膝の上に前足を置く、そして犬どうしなら、尻をぶつけるとか、臀部を軽く噛むなどがある。わたしたち人間がする多くの事柄もまた、ある意味でアテンションゲッターである。だが、どれも同じようにうまくいくわけではない。相手の名前を呼ぶのは、注意をとらえる手段かもしれないが、いる場所が九回裏のヤンキースタジアムだったらそうはならない。その場合はもっと極端な手段──ひょっとしたらパイプオルガン──が必要になるかもしれない。同じように犬の場合も、注意をひきつけるのが簡単なときもむずかしいときもある。犬どうしでは、わたしが「インユアフェイス」と呼んでいる行為が効果を発揮する。これは相手の犬の前、顔のすぐ前に立つことである（一八一ページ参照）。ただし、その犬がほかの犬と遊びに熱中している場合は効果はない。そのときにはもっと強力な手段が必要となる。遊んでいるペアのまわりを、吠えながら何分間もまわる犬たちの行動がそれだ（心底そのゲームに割り込みたいのなら、吠えるだけでなく、何回か尻を噛むといったわざを投入するほうがいいかもしれない）。

遊びの信号はこれとは別の行動で、遊びへの要求、あるいは遊びへの興味の表明である。それが言っているのは、「一緒に遊ぼうよ」とか、「ぼくは遊びたいんだ」とか、あるいはまた「用意できた？　ぼくのほうは用意できたよ」といった意味だろうか。いずれにせよ、特定の言葉というより、重要なのは機能的効果のほうである。遊びの信号ははっきりと、他者と遊ぶため、そして遊びを続けるために使われる。それらは社会的機微であるだけでなく、社会的必要である。ふつう、犬の遊びは危険なほどの速いペースで荒々しく行われる。相手の顔を噛む、後ろや前からマウントする、相手の犬の下にもぐり込んで足にタックルするなど、本気だと誤解されやすい動きだ。したがって、これが遊びであることをはっきりさせなくてはならない。[39] 遊び仲間に向かって、噛み、とびかかり、尻をたたき、押しかぶさって立つような行動を始める前に、最初に信号を送らなかったならば、実際には遊んでいることにはならない。それは襲撃である。参加者の一方だけが遊びとみなす取っ組み合いは、もはや遊びではない。ほかの犬たちと一緒に自分の犬を散歩させている飼い主ならば、そのとき何が起こるかを知っている。遊びの勝負が攻撃になるのだ。遊びの信号がなければ、「噛む行為」はすなわち「噛む」以外の何ものでもなく、敵意や仕返しを挑発する。信号があれば噛むのはゲームの一部にすぎない。

ほとんどすべての遊びが、これらの信号のひとつで始められる。典型的な信号は遊びのお辞儀《プレイバウ》である。犬は遊びたい相手の前で卑屈な態度をとる。前足を折ってかがみ、口をだらしなく開き、尻を上げ、尻尾を高く振り、相手を遊びに誘おうと最大限の努力を払う。尻尾のないわたしたちでさえ、このポーズをまねして遊び信号を送れば、相手から同じ反応か、親しげな甘噛みか、少なくともちょっと見てくれるくらいは期待できる。いつも遊んでいる犬たちはお辞儀の省略形を使うかもしれない。人間同様、親しさ《ファミリアリティ》は形式《フォーマリティ》の省略を許すのだ。「お元気ですか？」が「元気？」になるように、遊びのお辞儀も省略され、先に述べた遊びたたき《プレイスラップ》（お辞儀の最初に前足で地面をたたくこと）や、オープンマウス・ディスプレイ（口を開けているが歯はむき出さない）、もしくは頭のお辞儀《ヘッドバウ》（口を開けて頭をぴょこんと上げ下げする）などですまされることになる。息の速いパンティングさえ、遊びの信号になりうる。

こんなふうに犬たちは、これらの遊び信号と注意をひく行動を一緒に使っているようだ。このことははたして、犬が心の理論をもっていることを示すのか、それとも否定するものだろうか。誤信念課題によって、子どもたちが他者の知っていることを認識しているかどうか（心の理論をもっているかどうか）がわかるように、コミュニケーションにおいて注意を利用することは重要な意味をもつ。遊ぶ犬たちを記録したわたしのデータから、つぎの根本的な問いが浮かび上がる。はたして彼らは、相手の注意に注意を払い、意図的に遊び信号を使ってコミュニケーションをしていたのか。そして相手の注意をひかなかったときに、アテンションゲッターを使ったのか。あのぶつかり合いや吠えかかり、そして遊びのお辞儀は、どのように使われたのか。

いまあなたが見たばかりの犬の遊びのなかで、いったい何が起こっていたのか、的確な説明をすることはむずかしい。もちろん簡単に筋書をいうことはできる。ベイリーとダーシーが一緒に走りまわった……ダーシーがベイリーを追いかけ、吠えついた……二匹はおたがいの顔を噛んだ……それから二匹は別れた……。だがここには、ダーシーとベイリーがどれほど頻繁に自分にハンディをつけ、意図的に仰向けに身を投げ出して相手に噛ませ、あるいは噛む力をわざわざ弱めたかといった細部が抜け落ちている。二匹は順番に噛んだり噛まれたりしたのか。追いかけたり追いかけられたりしたか。

とりわけ重要な問いかけはこうだ——彼らが信号を出すのは、相手がそれを見て反応（遊びで応えるか逃げ出すか）できるときに限られていたか。これを知るには、秒と秒のあいだの瞬間を見る必要があった。

そこにわたしが見いだしたのは驚くべきものであった。これらの犬が遊びの信号を送るのは、特定のときに限られていた。遊びのはじめ、彼らは必ず合図した——それもつねに自分を見ている犬に対してである。ふつう、一回の遊びについて一〇回以上注意がそらされる。たとえば足もとの腐りかけた匂いで気を散らされる。遊んでいる二匹のところに、別の犬が近づいてくる。飼い主が向こうに行ってしまう。あなたが気がつくのはただ、遊んでいた犬たちがふいに小休止し、それからまた遊びが再開されるというだけのことかもしれない。じつはここでは、すばやい一連の段階を踏む必要があるのだ。遊びが完全に終わることのないように、遊びたくてたまらない犬は相手の注意をもう一度奪い、また遊んでくれと頼まなくてはならない。わたしが観察した犬たちは、遊びがいったん中断し、またゲームの再開を望んだとき、遊びの信号をくりかえした——相手はもっぱら、自分の信号を見ることができる犬がほとんどだった。いいかえれば、彼らは意図的に、彼らを見ることができる見物人に向かって伝達していたのである。

さらにすばらしいのは、犬たちがどこを見ているかを記録したデータから、多くの場合、遊びを中断した犬は気が散っているのがわかったことだった。ほかの方を見ていたり、ほかのだれかと遊んでいたりするのだ。こんなとき、以前の遊び相手にとってひとつの選択肢は、猛烈な勢いで遊びのお辞儀をすることだろう。そうすればだれかを遊びに誘えるかもしれない。だが彼らはもっと目配りの利いたことをやってのけた。お辞儀をする前に、相手の注意をひく行為、つまりアテンションゲッターを使ったのである。ここで重要なのは、そのアテンションゲッターのレベルが相手の無関心のレベルと一致していたことである。この事実は、彼らが「注意」についてなんらかの理解をもっていたことを示している。遊びの最中でさえ、相手が気を散らされ、ほんの少しでも注意をそらすと、彼らは相手の目の前に立つ「インユアフェイス」とか、「おおげさな後退」（相手の犬を見ながら後ろにはねる）のような軽いアテンションゲッターを使った。望ましい遊び相手がそこに立って自分を見ているだけだったら、遊びに誘うにはこれらのアテンションゲッターで十分だったかもしれない。ぼんやりしている友人の前で手を振るようなものだ。ただし、相手の犬が気が散ってよそを見ているとか、ほかの犬と遊んでいるときには、軽やかに手を振るだけでは役に立たない。こんなときには強引なアテンションゲッターが使われた。噛む、体をぶつける、吠える、などである。ただしこのとき彼らは、なんとしても注意をひくはずの力ずくの手段は使わなかった。彼らが選んだのは必要にして十分な程度のアテンションゲッターだった。このように、プレイヤーたちはきわめて敏感かつ繊細な行動を見せたのである。

アテンションゲッターが成功したあと、はじめて犬は遊びたいという信号を送る。要するに作戦には序列があるのだ。まず注意をひく。つぎにパーティへの招待状を送るのである。

これこそ、心の理論のすぐれた実践にほかならない。見ている者たちの注意の状態について考え、自分の言葉が聞こえて理解できる者にだけ話しかけるということだ。犬の行動は、こうした心の理論の実践にあくまで近いように思える。それでも彼らの能力は、わたしたちの能力と違うと考えられる。理由のひとつは、遊びについてのわたしの研究でも、またさまざまな実験においても、すべての犬が同じように目配りした行動をとっていたわけではなかったことである。犬によってはアテンションゲッティングなど気にもとめない者もいる。彼らは吠えるだけだ。反応がなくても、ひたすら吠えて吠えて吠えまくる。またある犬たちは、すでに相手の注意がこちらに向いているのに、アテンションゲッターを使ったり、遊びがすでに始まっているのに遊び信号を使ったりする。統計からみると、ほとんどの犬は気を配った行動を見せるが、例外も多い。その犬たちが、ただたんに出来が悪い個体だったのか、それとも犬という種全体の理解力が不完全だということを示しているのか、まだわかっていない。

あるいはその両方が少しずつ混じっているのかもしれない。相手の背後にある心を考えるよりもむしろ、ほとんどの犬はおそらくひたすら相互作用に打ち込んでしまうのだろう。注意の利用と遊び信号を駆使する彼らのスキルは、犬が初歩的な心の理論をもっていることをほのめかす。つまり、ほかの犬とその行動のあいだにはなんらかの媒介要素があるのを知っているということである。いま述べた初歩的な心の理論というのは、一応合格できる社会的スキルをもつようなものである。他者の視点について考えることは、彼らともっとうまく遊ぶことを可能にする。どんなに初歩的で単純であるにせよ、このスキルは犬のあいだでの公平性を目ざした原始的なシステムの一部をなしているのかもしれない。わたしたち人間はたがいに利益をもたらす行動規範に合意するが、その根底には、心理学でいう「視点取得」〔他者の立場に立つこと〕がある。犬の遊びを観察していると、アテンションゲッティングと遊び信号の暗黙の規則を破っている犬たちは、遊び仲間として避けられていることがわかる。言ってみれば適切な、気配りの利いた手続きを踏まずに、ひたすら乱暴に他者の遊びに割り込んでくる犬たちは仲間はずれにされるのだ[40]。

この事実が意味するものは何か。たったいまあなたの考えていることに、犬が気づき、関心をもっているということなのか？　そうではあるまい。あなたの考えがあなたの行動に反映されていることが、犬にはわかっているということなのか？　そのとおりである。犬が人間に似ていると思う大きな理由がこれなのだ。この能力は人間とのコミュニケーションで大きな働きをする——ときには、あまりにも人間的な、とてつもないやり方で。

チワワに何が起こったか

ここで本書の最初に述べたウルフハウンドとチワワに戻ってみよう。丘の上での彼らの出会いのすばらしさはいまや言うまでもないが、それはまた犬という種の行動のもつ柔軟性と多様性を完全にあらわしている。彼らの遊びを説明するとすれば、その社会的祖先であるオオカミの歴史から始まる。それは人間と犬のあいだの社会化の時間のなかに、家畜化の年月のなかに、そしてわたしたちとのおしゃべりと行動の対話のなかに明らかである。それはまた、犬の感覚中枢から説明できる——犬が鼻から受け取る情報、目が取り入れるもの。そして自分自身について考える彼らの能力。それは、わたしたちの宇宙と平行した、彼らの異なる宇宙において説明される。

それはまた、彼らがおたがいのあいだで使う特異な信号において説明できる。ウルフハウンドの尻を高くしたアプローチ。遊びのお辞儀。ゲームへの誘い。このようにして彼は相手の小さな犬を食べるのではなく、一緒に遊びたいという熱心な意図をはっきり示すのだ。お返しに、チワワはお辞儀をする。誘いを受け入れたのである。犬の言語のなかでは、それだけでおたがいを対等な遊び相手として見るのに十分となる。比較にならないほどの大きさの違いは、問題がないわけではない。そのためハウンドは地面に身を落とし、自分にハンディをつける。自分を相手と同じ位置に置き（つまりチワワの視点をとり）、相手からの攻撃に身をさらすことで、彼はおたがいの立場を公平にする。

彼らは体全体で押し合う。体全体を使う接触は、犬にとっては許される社会的距離である。彼らは相手に害を与えずに噛む。噛むときはいつも遊び信号をともなっているか、遊び信号によって説明される。どんな噛み方も抑制が利いている。ハウンドが強く当たりすぎて、相手の小さな犬があわててちょこちょこと後ろに走っていったときは、一瞬逃げていく獲物のように見える。だが犬はオオカミと違って、捕食本能をわきにおくことができる。すぐさまハウンドは、当たりすぎた行為を撤回し、ごめんねというプレイスラップ（前足で地面をたたく。お辞儀のより軽いバージョン）をして見せる。効果があった。彼女はまっすぐに彼の顔めがけて走って戻る。

最後にハウンドが飼い主から引き戻されて連れていかれるとき、チワワはその遊び仲間に向かって吠え声を投げかける。このあとも彼らを観察し続けていたら、そしてもし彼がふり向いたなら、わたしたちは彼女が口を開けるのを、あるいは小さく跳ねるのを見たかもしれない——もっとゲームを続けようと、巨大な友だちに呼びかけているのを。

人間とは違う

犬の認知能力研究という分野は、比較心理学とのかかわりからあらわれたものである。比較心理学とはそもそも、動物の能力を人間のそれと比較することを目ざしているのだが、作業はしばしば「髪の毛を裂く」事態に陥る。極端に細かい部分にこだわりがちになるのだ。動物たちは伝達する——だが人間の言語要素をすべて使うわけではない。彼らは学習し、模倣し、あざむく——だがわたしたちのやり方ではない。動物の能力について学べば学ぶほど、わたしたちは人間と動物のあいだの境界線を保持するために、さらに細くその髪の毛を裂かなくてはならない。それにしても、ほかの種をわざわざ研究するのが人間という種だけであるのは興味深い。少なくとも、彼らについて本を読み、あるいは書くというのはわたしたちくらいのものだ。犬がそうでないからといっても、必ずしも彼らの不面目というわけではない。

人間だけがもっていると考えられていた社会的能力を計測する課題で、犬がどんな成績をおさめるか――わたしたちにとってこれは大きな意味をもつ。その結果、犬がわたしたちとどれほど似ているか、それとも似ていないか、どちらが示されても、それはわたしたちと犬との関係にかかわってくる。犬に対して何を望むか、何を期待すべきかを考えるとき、彼らとわたしたちとの違いを理解することはきわめて役に立つ。人間と犬との違いを探る科学の成果は、他の何にもまして ひとつの真の違いを実証する。人間には、人間の優越性を確証しようとする衝動がある――そのためにわたしたちは比較し、違いを探る。だが犬は、高貴な心をもつがゆえに、これをしない。ありがたいことに。

犬の内側

彼女のパーソナリティはまぎれもなくはっきりしており、しかもすべての場であらわれる。公園の出口で急な階段を上がるのを嫌がるところ——それから猛烈にスピードを出してわたしを追い抜くところ。若いころの、とつぜん走り出してごろごろ転がり、匂いを体になすりつけるあの突発的な発作。わたしが長い旅行から戻ったときの喜びよう（だが長くは続かない）。散歩の途中、始終ふり返ってわたしをチェックしながらも、必ず数歩離れて歩くところ。完全にわたしに依存していながら、彼女は信じられないほど独立心旺盛だ。彼女のパーソナリティはわたしとの相互作用のなかだけで作り出されたのではない。わたしなしで野外をうろついていた時代、ひとりで自分の空間を探検しているなかで作られたものだ。彼女は自分だけの生活のペースをもっている。

犬についての大量の科学的情報（彼らはどのように見るか、嗅ぐか、聞くか、注視するか、学ぶか）

にもかかわらず、科学者が足を踏み込まない場所がある。不思議なのだが、犬についていちばんよく人から聞かれ、わたしもまた自分の犬について抱いている疑問のいくつかは、これまで研究の対象になっていない。犬のパーソナリティ、個人的経験、情動、そもそも彼らが何について考えているかなどについては、科学は黙ったままである。それでも、今までのデータの蓄積は、それらの質問に対する答えを推測するための足がかりにはなる。

疑問はおおざっぱに二つの種類に分けられる。「犬は何を知っているのか」という問いと、「犬であるとはどういうことなのか」という問いの二つである。最初にまず、人間にとって関心のある事柄について、犬が何を知っているのかを問うてみることにする。そうすればわたしたちは、この知識をもつ生きものの経験——環世界《ウムヴェルト》——をさらに想像することができるだろう。

I

犬は何を知っているか

犬は何を知っているか。これについては、たえずさまざまな主張がなされている。奇妙なことに、それらの主張はアカデミックの世界と途方もなく馬鹿げた世界の両方の極に群がる傾向がある。前者の場合、研究者たちは犬が数の数え方を知っているかを調べることになる。たとえば、最初に犬にビスケットを見せ、スクリーンの後ろにひとつひとつ隠したあとで、また犬に見せるという実験がある。このとき隠したビスケットとあらわれたビスケットの数が異なっていた場合、犬はより長く目を向けた（驚きを示す）。したがって犬は数を覚えていて、食い違いがあるのに気づいたというのである。さあ、拍手をどうぞ！　数を数える犬の登場だ。

　これとは別に、もっと広範にわたって、犬が論理、合理性、抽象的観念をもっているといったたぐいの主張がある。わたし自身、自分の犬が「事態の皮肉な展開」を楽しんでいるように思えることが一度ならずある（そのつもりがあるかないかは別として）(41)。ある古代の哲学者は犬が選言的三段論法〔二者択一的選択肢のいずれかを肯定あるいは否定して結論を導き出す〕を理解すると主張した。証拠として彼が示したのは、獲物を追跡して三叉路にきたとき、獲物が第一の道にも第二の道にも行っていないことがわかれば、犬は匂いがなくても相手が第三の道を行ったことがわかるという観察だった(42)。

　算数や形而上学への関心から作業を始めても、犬を理解するうえでたいして役に立たない。そのかわりに彼らが世界に対するときの鼻を使ったアプローチ、人間に対するきわだった注意、そして彼らが世界について学ぶときのさまざまな手段から始めるならば、犬がはたして何を知っているかわかるかもしれない。なかでもとくにこの疑問――犬はわたしたちがするように生活を経験しているのか、わたしたちがするように世界について考えているのか――に対する答えに、ひょっとしたら近づけるかもしれない。わたしたちはそれぞれの人生の旅を続けながら、日々の出来事を片づけ、将来の変革を計画し、死を恐れ、良いことをしようと努めていく。犬は時間について何を知っているのか。自分自身についてはどうか。していいことと間違っていることの区別を知っているのか。緊急事態、情動、そして死についてはどうか。これらの概念を定義し、分解し、科学的に調査可能にすることで、わたしたちは答えを手に入れはじめる。

時間について

わたしが帰宅すると、パンプはおざなりの挨拶をし、とうてい優雅とは言えないつま先旋回《ピルエット》をやってのけ、それから走り去る。日中彼女は、わたしが彼女のためにあちこちに残しておいたビスケットのありかをつきとめており、いままで食べるのを待っていたのだが、いまや椅子の角に危なっかしくのせてあるビスケットから、ドアノブに置いたもの、本の山のてっぺんにバランスよく置いたものまで、みごとにかっさらって運んでいき、がつがつ食べるのだ。

動物は時間のなかに存在する。彼らは時間を使う。だが彼らは時間を経験するのだろうか？　経験するのはたしかだ。時間のなかに存在することと、時間を経験することは、あるレベルでは同じである。時間を使うためには、まず時間を知覚する必要があるからだ。多くの人々にとって、動物が時間を経験するかという質問が意味するのは、はたして動物が時間についてわたしたちと同じ感情をもつかということだろう。動物は一日の推移を感じることができるのだろうか？　そもそも、家にひとりぼっちで置いておかれた犬は、一日じゅう退屈して過ごすのか？

犬は、「日」(day) について多くの経験をもつ。たとえそれを呼ぶための言葉を知らなくてもだ。彼らがその「日」に関する知識を得るのは、まず第一にわたしたちからである。わたしたちは犬の一日を、わたしたちの一日と一緒に組み立てる。いくつかの目印になるような事柄を設定し、さまざまな儀式でそれらを取り巻く。たとえば犬の食事時間だ。これについてわたしたちはあらゆる種類の手がかり《キュー》を与える。まず台所か、食料庫に向かう。ひょっとしたら、人間の食事どきと同じかもしれない。わたしたちは、冷蔵庫からものを取り出しはじめる。あたり一面に食べものの匂いが充満する。鍋や皿がガチャガチャ音を立てる。犬に目をやり、ちょっとやさしい声をかけてやれば、犬のなかに残っていた疑いは消えてしまう。そのうえ犬には生まれつき習慣性があり、くりかえされる活動に敏感である。彼らは好みを作り上げる——食べる場所、寝る場所、安全に排尿する場所。そして、犬はあなたの好みにも気づく。

だがこうした視覚と嗅覚のキューに加えて、犬は自然にそのときが夕食どきだとわかるのだろうか？　飼い主のなかには、犬を見れば時間がわかると主張する人もいる。犬がドアまで歩いていくのは、かっきり散歩の時間である。台所まで動くのは、もちろん餌の時間だ。犬が一日の時間についてもつすべてのキューを取り除いてみたとする。たとえばあなたのすべての動き、周囲のあらゆる音、光や暗さなどだ。それでも犬は、食べる時間がいつかわかるのだ。

これに対する第一の説明は、犬が実際に（体内に）時計を保持しているということだ。それは脳のいわゆる「ペースメーカー」の中にあって、一日じゅう体の他の細胞の活動を調整している。数十年前から神経科学者たちは、毎日わたしたちが経験する睡眠と覚醒のサイクル（二四時間周期のリズム）が、脳の視床下部のＳＣＮ（視交叉上核）によってコントロールされていることを知っている。人間だけがＳＣＮをもっているわけではなく、ラットやハト、そして犬、昆虫を含め、複雑な神経系をもつ動物はすべて、ＳＣＮをもっている。視床下部にあるこれらのニューロンは他のニューロンとともに、一日の覚醒状態、飢え、睡眠を調整する。[43] 光と暗さのサイクルを完全に奪われたとしても、わたしたちは二四時間サイクルを経験するだろう。太陽が出現しなくても、生物学的な一日が終わるまでには二四時間とちょっとだけかかるのだ。

今朝、彼女は眠りながら吠えていた。夢のなかで、喉袋を膨らますようなくぐもった吠え声を出すのだ。そう、彼女は夢を見るのだ。わたしは彼女が夢のなかで吠える声を聞くのが好きだ。本気ではないくせに恐い声で、足をぴくぴく動かし、唇がめくれ上がって歯をむき出して唸る。長いこと見ていると目玉が動いているのが見える。顎が周期的にぎゅっと食いしばられ、小さい声で哀れっぽくクーンクーンと鳴くのも聞こえる。いちばん素敵な夢のなかでは尻尾まで振っている。よほどうれしい夢なのか、尻尾をバサッと振る音で自分もわたしも起こしてしまう。

わたしたち人間は、一日を通してふつう（あるいは理想的には）起こると考えている事柄――食事にしろ、仕事にしろ、さらには遊び、会話、セックス、通勤、昼寝にいたるまで――に沿って一日を経験するが、そこには同時に体内の二四時間周期リズムのサイクルが働いている。だが前者に対するわたしたちの関心が強いため、自分の体が一日を通じて規則正しいコースをたどっていることにほとんど気づかない。午後遅くに襲うあの眠気、朝の五時に起きることのむずかしさなどは、ともにわたしたちの活動が二四時間サイクルと衝突しているためだ。一日の活動についての予想をいくつか取り去れば、あなたは犬の経験を手に入れたことになる。つまり一日の推移を体で感じるのである。事実、犬たちには心を散らす社会的期待がないために、いつ起きるか、いつ食べるかを語る体のリズムにも、より適応できるのだろう。そのペースメーカーに従って、犬は夜明けごろにもっとも活動的になり、午後にはきわめて怠惰になる。そして夕方になるとエネルギーが爆発するのだ。ほかに何もすることがないまま――読みふけるべき新聞も、出席すべきミーティングも――、犬たちは午後いっぱい減速し、ひたすら昼寝をして過ごす。

決まった食事時間がなくても、体は食べものを摂るリズムに従って活動している。食べるべき時間の直前には、動物は活動的になり、餌を期待して走りまわり、舐めたり、よだれをたらしたりする。犬がはあはあ口を開け、訴えるような目をしてつきまとうとき、わたしたちが見ているのは犬のこの食べもの感覚なのだ。そしてようやくわたしたちは、犬に餌をやる時間だと気づく。

したがって、実際に犬のおなかに合わせて時計をセットすることはできるのである。もっとすごいのは、彼らが他のメカニズムを使って時計を動かしていることだ。そのメカニズムについては、まだ完全に理解されていないが、どうやら一日の空気を読むもののようである。わたしたちのローカルな環境——いまいる部屋の空気——は、いまが一日のいつごろなのかを教えてくれる（こちら側に正しいインジケーターがあれば）。たいていの場合、わたしたちはそれを感じ取らないが、犬が気づくのはまさにそれのようだ。わたしたちも注意すれば、一日の全体の変化に気づくことだろう。太陽が沈む瞬間の涼しさ、窓に流れる光の量にあらわれる一日の時間を。だが、一日の変化はこれよりも限りなく微妙である。高感度の機械を使って、研究者たちは夏の一日が終わるときの空気の穏やかな流れを検知することができる。暖まった空気は家の内壁に沿って上昇し、天井を這って部屋の真ん中に降下し、また外壁に沿って落ちていく。これは風ではなく、吹いたり漂ったりして気づかれるものではない。それでも犬は、高感度の機械よろしく、このゆっくりした、避けがたい空気の流れを検知する。彼らのヒゲは、空気中のいかなる匂いの方向も示すようにうまく配置されているのだ。いま述べたことはつぎの例からもわかる。匂いの跡をつける訓練を受けた犬を、暖めた部屋に連れてくると、床の匂いの跡が本当は部屋の内側に近いときにも、最初に窓のそばを捜索するのである。

彼女はじっと待っている。どれほど熱心に待っていることか。わたしが食料品店に入ると、彼女は店の外で待っている。なんとも悲しそうな表情で、それからあきらめて身を落ち着ける。彼女は家で待つ。ベッドを暖め、椅子を暖め、ドアの前を暖めて、わたしが帰ってくるのをひたすら待つ。そしてわたしがやることを終えて散歩に連れていってくれるのを。彼女は待っている――散歩のあいだ、わたしとほかの人との話が終わるのを、おなかが空いていることに気がついてくれるのを、撫でてもらいたい場所がどこか、ようやく気がついてもらえるのを。そして、やっとのことでわたしが彼女のことをわかってあげるのを。待っていてくれてありがとう、いいこだね！

犬に一定の長さの時間を検知する能力があるかどうか、それを調べた実験はまだない。だがクマンバチについては実験報告がある。被験者のクマンバチは、小さな穴に吻を突っ込んで少量の砂糖水を吸い込む前に、一定時間待つように訓練された。その時間がどれほどであろうと、クマンバチはその間――しかもそれを超えずに――きっちり行動を抑制した。あなたが砂糖水を前にしたハチだとすれば、三〇秒というのは長い時間である。だが彼らはその間、たくさんの足でトントンたたきながら我慢強く待っていた。実験動物としておなじみのラットやハトもまた同じことをやる。彼らは時間を測るのだ。

おそらくあなたの犬は、一日が正確にどのくらいの長さなのか知っているだろう。もしそうだとしたら、恐ろしい考えが浮かんでくる――一日のその時間をずっとひとりで過ごしている犬はひどく退屈しているのではないか？　犬が退屈しているとすれば、どうやってわたしたちにそれがわかるのか？　人間的な概念を犬がもっているかもしれないと考えたとき、わたしたちはまずその概念の定義を行う。退屈についてもまた、それがどういう感じのものなのか、手がかりをつかむ必要がある。子どもならば、退屈したらそう言うだろう。だが犬は言わない——少なくとも言葉では。

　退屈という概念は、人間以外の生物に関する科学的文献ではめったにお目にかからない。なぜならこれは、動物には適用できそうにないと思われる言葉のひとつだからである。「人間は退屈できる唯一の動物である」と、社会心理学者のエーリッヒ・フロムは言明した。もしそうなら、犬はずいぶん幸運ではないか。人間の退屈もまた、めったに科学的調査のテーマにならない。その理由は、「退屈」というものがたんに人生における経験の一部とされ、精査すべき病理とは見られていないからなのだろう。わたしたちは退屈ときわめてなじみが深いため、日常的な経験からそれを定義することができる。猛烈な手持ちぶさた、倦怠感、極度の無関心を経験するとき、わたしたちは退屈だという。そして他者のなかにも退屈を認めることができる。エネルギーの衰え、くりかえされる動作、あらゆる活動の低下、そして急速に衰えていく注意などでそれとわかるのだ。

　この定義をもってすれば、人間にしろ、犬にしろ、主観的な概念は客観的に識別可能となる。衰えていくエネルギーと低下した活動は簡単に認められる。動きが少なくなり、寝そべったりすわったりすることが多くなる。注意力が衰えて長々と居眠りが始まる。くりかえしの動きには、常同行動《ステレオタイプ》〔目的なく何度もくりかえされる行動〕、もしくは自己指向性転移行動〔現在進行中の行動とは無関係に自分の体の一部をさわったり撫でたりする動作〕が含まれる。わたしたちは退屈すると自分の親指をいじったり、歩きまわったりする。殺風景な動物園の檻の中に飼われている動物は、しばしば激しく歩きまわり、親指がなくても、皮膚や被毛を強迫神経的にたえず舐めたり噛んだり、あるいは羽根を抜く、耳や顔をこする、前後に体を揺するなどの行動が見られるのだ。

　それでどうだろう、あなたの犬は退屈しているかって？　帰宅したとき、さんざんいじられたらしいソックスや靴や下着が、置いてあった場所から魔法のように移動していたら、あるいは、昨日ゴミ箱に捨てたものが一口サイズの残骸になって散らばっているのを見つけたら——答えは、イエスでもありノーでもある。「そのとおり、あなたの犬は退屈していたのです」とも言えるし、「いいえ、少なくとも気が狂ったように噛んでいた一時間のあいだは退屈してなんかいませんでしたよ」とも言えるわけだ。子どもは何もすることがないと文句を言うが、ひとりにされた犬の状況もそれと同じである。ひとり取り残されて何もすることがなければ、彼らは何か見つけるだろう。解決策は簡単だ。あなたの犬の心の健康のために、そしてあなたのソックスが無事なように、彼らに「何かすること」を残しておいてやるだけでよい。

たとえあなたが帰ってきたときに、家の中が少しばかりぐしゃぐしゃになっており、禁じられたソファのクッションに暖かいへこんだ跡があったとしても、それでも犬がいまだに生きていてたいていは元気そうに見えることに、まずはほっとできるわけだ。わたしたちは平気で彼らをひとりで残し、彼らを退屈させている。なぜならたいていの場合、犬たちはたいして文句も言わずに状況に適応するからだ。事実、犬は習慣的な出来事や状況に慰めを見いだす。もしそうなら、彼らはなじみのあるものに身をゆだねることによって、退屈がまぎれているのかもしれない。そのうえ彼らは、おおむねどのくらいのあいだ、家の中でじっとあなたを待っていなくてはならないのかがわかっているのかもしれない。仕事を終え、家に帰ったあなたが、どんなにこっそりドアを開けても、犬が尻尾を振って迎えるのはこのためでもある。わたしが出かけるとき、留守にする時間に応じてアパートの部屋じゅうにたくさんのおやつを隠しておくのもそのためだ。「行ってくるよ」とわたしはパンプに言う——そして、時間をつぶすための何かを残しておく。

自分について

犬が自分について考えるかどうか——自己の感覚があるのかどうか——を決めるための最適かつ単純な科学的ツールは鏡である。ある日のこと、霊長類学者のゴードン・ギャラップはヒゲをそりながら、鏡に映った自分の姿を眺めてふと思いついた——彼が研究しているチンパンジーたちは、はたして鏡のなかの自分の姿についてあれこれ考えるのだろうか。鏡の前でまくれたシャツを引っ張り、くしゃくしゃの髪を撫でつけ、すました微笑をテストし……こんなふうに鏡を自己吟味に使うというのは自己意識のディスプレイである。まだ自己意識ができていない子どもは、したがっておとなほど鏡を使わない。子どもが自分の鏡映像を考えはじめるのは、心の理論テストに合格する少し前である。

ギャラップはすぐさま、彼が研究していたチンパンジーのケージの外に等身大の鏡を置き、彼らの行動を観察した。最初、彼らは全員同じことをした。鏡に向かって威嚇し、攻撃しようとしたのである。彼らにしてみれば、とつぜんケージのすぐ外に別のチンパンジーがあらわれたのだ——やっつけなくては。結果は当然彼らをまごつかせた。鏡のなかの相手は攻撃しかえすように見えるのだが、乱闘にはならないのだ。鏡との最初の日々は、この新しい目ざわりなチンプへの社会的ディスプレイで終始した。だが数日たつと、チンプたちは認識しはじめたようだった。彼らは鏡に近づき、自分の顔や体をチェックしはじめた。鏡に映った自分に向かって、歯をつつき、シャボン玉を吹き、しかめつらをする。とくに興味をもったのは、ふだんは見えない体の部分だった——口、尻、鼻孔の上。はたして彼らが鏡に映ったイメージを自分自身と見ているのか確かめるため、ギャラップは「マーク」テストを工夫した。目だつ赤インキを少量、チンパンジーの頭に塗ったのである。このとき、ギャラップは被験者に麻酔をかけてマークをつけたが、その後の研究者たちはいつものグルーミングをしているときや、医療を施しているあいだにマークをつけている。このチンプたちがふたたび鏡の前に立ったとき、彼らはそこに赤い標識つきのチンプを見た。そして彼らは自分の頭の上のスポットをさわり、両手をおろし、口で舐めてインキを調べたのである。彼らはテストに合格した。

このことは、はたしてチンパンジーが自己について考え、自己概念をもち、自己を認識し、自意識をもつことを示しているのだろうか、それともそのいずれでもないのだろうか。これについてはかなりの議論がある。[44] とくに、こんなふうにとつぜん動物に自意識を認めることは、動物についてのわたしたちの考えを混乱に陥れることになるからだ。だがいまだに鏡のテストは、この議論と並んで行われている。今日までに、イルカ（体を動かしてマークを探る）と、そして少なくとも一頭だけはゾウも（鼻を使って）テストに合格した。サルは不合格だった。では、犬はどうだったか。じつは犬もテストに合格しなかった。彼らはけっして鏡で自分を吟味することはない。彼らの行動はサルのそれに近い。ときどきは彼らも、映っているのが別の動物であるかのように、鏡を見つめる。ときにはただぼうっと見ていることもある。鏡を使って世界についての情報を得ていたケースもあった。たとえば、人が彼らの背後に忍び足で近づくのを見るのに、鏡を利用するのだ。だが自己イメージとして鏡を見ることはないようである。

なぜ犬がこのように行動するかについては、いくつかの解釈が可能である。ひとつの解釈はこうだ。犬は実際に自己感覚はもっておらず、それゆえ鏡に映ったハンサムな犬がだれなのかわからないのかもしれない。それにしてもこのテストの意義自体、議論が分かれており、自己意識に関する決定的テストとして完全に受け入れられているわけではない。したがってこのテストに合格しなかったからといって、最終的に自己意識が欠如していると結論づけるわけにはいかないのである。もうひとつの解釈は、鏡から他のキュー——とくに嗅覚のキュー——が送られないため、犬はそれを調べようとする興味を失うというものである。犬自身のイメージを映すとともに、その匂いをも漂わせるような魔法めいた鏡でテストが行われれば、より適切だろう。もうひとつ、問題は自己についての特定の好奇心があるものとしてテストが作成されていることである。自分の体に関して目新しいことを知りたがる人間特有の好奇心だ。犬は、触覚的に新しい対象には関心をもつものの、視覚的対象にはそれほど興味をもたないのかもしれない。犬は目新しい感触に気づき、口でしゃぶったり、前足でひっかいたりして、それを調べる。だが自分の黒い尻尾が白くなっているのはなぜかとか、新しいリードが何色かなどには、興味がないのだ。被験者につけるマークは、気づかれる必要があると同時に、気づく価値がなくてはならない。

そうであっても、犬の行動のなかには、彼らの自己認識を示唆するものがほかにある。たいていの場合、犬は自分の活動能力について、それほどひどく誤ることはない。カモを追って水の中にとびこみ、自分が生まれつき泳ぎがうまいことを知ってびっくりする。とびあがってフェンスの高さを測り、わたしたちをびっくりさせる——しかも実際に飛び越えられるかもしれない。その一方で、犬が自分についてのきわめて基本的な事実、すなわち自分がどのくらいの大きさかを知らないという話は始終耳にする。巨大な犬に向かって威張って歩く小型犬の飼い主は、彼らが「自分を大きいと思っている」と主張する。同じように、無理な姿勢で膝に大型犬をのせた飼い主は、彼らの犬が「自分のことを小さいと思っている」と主張する。だが犬たちのその後の行動は、彼らが実際は自分のサイズを知っていることを示している。小型犬は小さなサイズを埋め合わせるために誇張したきゃんきゃん声をあげるし、膝に抱かれた大型犬は、この緊密な接触を飼い主がいいと言うまでは続けるが、そのあとは別のところへ行って大型犬サイズのクッションを見つけ、そこにすわるのだ。

小型犬も大型犬も、自分のサイズを理解しており、それとなくそのことを知らせている。このことから、犬が大小の概念について考えていると結論するのは無理があるかもしれない。だがここで、世界のなかで彼らが対象物に対してどのように行動するかを見てほしい。なかには倒木をくわえようとする犬もいるだろうが、棒きれをくわえる習慣のある犬のほとんどはいつでも同じようなサイズの棒を選ぶ。どれを選んだら口にくわえられるか測ったかのようだ。棒きれを探している犬は、道にあるすべての棒をすばやく評価するのだ。大きすぎるか？　太すぎるか？　太さが足りないか？

犬が自分のサイズを知っていることは、彼らの取っ組み合い《ラフアンドタンブル》プレイを観察するとよくわかる。犬の遊びのきわだった特徴のひとつは、だいたいの場合社会化された犬は、相手もまた社会化された犬であれば、ほとんどの犬と一緒に遊ぶことができるということだ。あるパグなどは、マスチフの後ろ足めがけてとびあがり、膝の高さまで届いていた。前に述べたように、大型犬は小さな遊び仲間に合わせて力を調節することができるし、実際しばしばそれをやっている。彼らは強く噛むのを抑え、本気を出さずにジャンプし、もろい遊び相手の体にそっとぶつかる。自分から身を投げ出して相手に攻撃させることもある。超大型犬のなかには、始終地面に身を横たえて相手の小さな犬に見せ、しばらくいじらせている犬もいる。わたしが「自己卑下」と名づけた行動である。経験豊かな年長の犬は、遊びのスタイルを子犬に合わせてやる。子犬たちはまだ遊びのルールを知らないからだ。

体格がミスマッチの犬どうしのプレイは、長く続かないことが多い。だがそれを止めようとして出てくるのは、たいていの場合犬ではなく飼い主なのである。社会化された犬のほとんどは、おたがいの意図や能力を読むのがわたしたちよりかなりすぐれている。彼らは飼い主が気づくより前にほとんどの誤解を解決してしまう。重要なのはサイズでもなければ犬種でもない。おたがいに話しかける方法なのだ。

もうひとつ、仕事犬を観察することで、犬が自分自身について何を知っているかという問題に、ある洞察が得られる。牧羊犬は生後数週間のうちからヒツジと一緒に育てられるが、成長してもヒツジのようには行動しない。彼らはヒツジのようにメエメエ鳴いたり大声を出したりもしない。反芻もしないし、攻撃的に頭突きをすることもせず、雌のヒツジの乳を吸うこともない。共同生活をすることで犬が身につけるのは、犬に特有の社会的行動を使ったヒツジとの相互行動である。たとえば、牧羊犬はヒツジに向かって唸り声を出す。唸り声は犬のコミュニケーションである。彼らはヒツジを食べられる肉としてではなく、仲間の犬のように扱っているのである。牧羊犬の唯一の欠点は、一般化が過ぎることだ。彼らはある意味で自分のアイデンティティをはっきり確信しているのだが、それだけでなく、ほかのだれもが犬だと考えている。この性癖はきわめて人間的と見ることもできよう。彼らはヒツジに対して相手が犬であるかのように話しかける。ちょうどわたしたちが犬に対して、相手が人間であるかのように話しかけるのと同じように。

遊びの合間に、棒を持ってくる合間に、そして牧羊の仕事をしている合間に、犬はすわって考えるのだろうか——ぼくって素敵な中型犬だよなあ……。まさか、そんなことはない。サイズや体格や外貌についてたえず考えるのは、人間にのみ用意された運命である。だが犬は、自分についての知識が役に立つ状況では、たしかにその知識をもって行動する。彼らは——たいていの場合——自分の身体的能力の限界がわかっており、高すぎるフェンスをとぶように命令されたなら、すがるようにあなたを見るだろう。歩いていて自分の糞の山に出くわせば、慎重にとんで避けるだろう。彼はその匂いが自分の匂いだとわかるのだ。ではもし犬が自分について考えているとすれば、はたして彼らは過去における——あるいは未来における——自分についても考えているのだろうか。彼らは頭のなかで静かに自伝を書いているのだろうか。

過去と未来について㊺

角を曲がると、パンプはその場で立ち止まる。半歩後ろにある匂いを嗅ごうとしているみたいだ。わたしは彼女のために足どりをゆるめてやる。たちまち彼女はいまの角を曲がってもときた道にぱっと戻ろうとする。じつは「そこ」に着くまでには、あと一二ブロック歩き、小さな公園と噴水を過ぎ、それから右に折れなくてはならない。だが彼女はこのルートを知っている。ここまで歩くあいだも、彼女はわたしをちらちらと見上げていた。そして最後のこの曲がり角ではっきりしてしまった。獣医さんのところに行くのだ。

世の中には、たった一回読み上げられただけの何百ものでたらめな数字の羅列を正確にくりかえしたり、読み手がまばたきしたりつばをのみ込んだり頭をかいたりした瞬間まで、すべて覚えているといった驚異的な記憶をもった人々がいる。心理学者の報告によると、時としてもっとも彼らを苦しめているのはその記憶なのだという。そこまで完全に思い出す能力は、反面、何も忘れることができないという奇妙な無能力に通じる。どんな出来事も、どんな細部も、彼らのなかの記憶というゴミの山に積み重ねられていく。

あふれるゴミの山、過ぎ去った日のコレクター——こういった表現は、犬の記憶について考えるときには少なからずぴったりの言葉である。なぜなら、もし何かが犬の心に残っているとすれば、それは台所（犬には拷問に等しいオフリミットの地域だ）にわたしたちが意地悪く保存しているあの猛烈な匂いの山だからだ。その匂いの山には大量の残りもの、冷蔵庫の後ろで見つかった極上のチーズ、長く着すぎて匂いがきつくなった服などが、何もかもごちゃごちゃになって入っている。

はたして犬の記憶はこんなふうなのか？　あるレベルでは、たしかにそうかもしれない。犬に記憶はあるのか。そうだという証拠はある。帰宅したあなたを、犬はすぐに認める。飼い主ならだれでも知っていることだが、犬はどこにお気に入りのオモチャを置いてきたか、けっして忘れない。いつ夕食がもらえることになっているかもそうだ。公園への近道はちゃんと知っている。おしっこをかけるのにぴったりの柱や、落ち着いてしゃがみ込める場所を覚えている。友だちや敵を、ひと目、ひと嗅ぎで見分ける。

それでもあえてわたしたちが「犬は記憶するのか？」という質問を提起するのは、人間の記憶には、大事な品物、なじみのある顔、行ったことのある場所を覚えているということだけでなく、それ以上のものがあるからである。わたしたちの記憶には、その人自身が過去に感じた経験とその人自身の未来への期待で色づけられた一本の糸が通っている。したがって、先の疑問はつぎのように言いかえるべきだろう。犬はわたしたちのように、自分自身の記憶について主観的経験をもつのか。「自分の」人生における「自分の」出来事として、内省的に考えるのか。

犬の記憶について、ふつう科学者の主張は懐疑的で控えめではあるけれども、現実に彼らがしていることは、あたかも犬が人間と同じ記憶をもっていると信じているかのようである。犬は長いあいだ人間の脳研究のモデルとして使われてきた。加齢による記憶の衰えについてわたしたちが知っていることのいくぶんかは、ビーグル犬の記憶に関する実験からもたらされたものである。心理学の初歩で教えられている人間の短期の「作業」記憶を、犬もまたもっている。つまりこういうことだ。どの瞬間にも、わ

たしたちは注意の「焦点」が置かれた事柄だけを記憶するのであって、起こっているすべての事柄を記憶するわけではない。くりかえされ、復唱された事柄だけが、あとになって思い出される。つまり長期記憶として蓄えられるのだ。同時に多くの事柄が起こっているならば、そのうちの一部だけを記憶する。そのさい、最初と最後がもっともよく記憶される。犬の記憶も同じように働く。

　ただし、同じといっても限界がある。その違いは言語によるものだ。おとなの人間が、三歳より前に起こった事柄について、多くを記憶していない（おそらくまったく記憶していない）理由のひとつは、その年齢では言語を巧みに使いこなせないため、自分の経験を組み立て、じっくり考え、収納することができなかったからである。わたしたちは出来事、人々、そして考えや気分についてさえも、身体的な記憶をもつことができる。だが、わたしたちが「記憶」という言葉で意味するものは、言語能力の出現によってのみ獲得できるものなのだろう。そうであれば、犬は幼児と同じようにその種の記憶はもたないことになる。

　それにしても、犬はたしかに多くのことを記憶する。彼らの飼い主を記憶し、彼らの家を記憶し、彼らが散歩する場所を記憶する。数えきれないほど多くの犬を記憶する。雨や雪を一度でも経験すれば、それを覚えている。どこで良い匂いを見つけられるか、どこで素敵な棒きれを見つけられるか覚えている。自分がしていることをわたしたちに見られないのはいつか、彼らにはちゃんとわかっている。最後に「あれ」を噛み砕いたときにわたしたちをひどく怒らせたことも。いつベッドに上がらせてもらえるか、そしていつ禁じられるかも知っている。彼らはこれらの事柄を学習によって知る——そして、学習とは時を経ての連想もしくは出来事の記憶なのである。

自伝的記憶というテーマに戻ろう。多くの点で、犬はその記憶を個人的な生活記録と見ているかのように行動する。ときどき彼らは将来を見越して行動しているように見える。おなかの調子が悪いときや、よほど眠いときは別として、パンプがビスケットを遠慮するなどということはないのだが、それでも家にひとりでいるときは我慢してわたしの帰宅を待っている。一緒にいるときでさえ、犬はしょっちゅう骨を隠し、お気に入りのおやつを溜め込む。一見無関心に外に打ち捨てられたオモチャでも、翌週になれば犬は直行するだろう。過去の出来事から行動を変えることもしばしばある。足もとがでこぼこの地面を覚えていて、それを避ける。とつぜん乱暴になった犬たちや、変わったふるまいや残酷な行為をした人間たちを覚えている。くりかえし出会う動物や事物には親しみを示す。子犬は新しい飼い主をたちまち認識するばかりでなく、飼い主のもとにくる人々も時とともにわかるようになる。いちばん上手に遊ぶのは昔からよく知っていた犬たちであり、遊びにともなう儀式もいちばん少ない。彼らだけ別格のようだ。こうした長期にわたる遊び相手には込み入った遊び信号を使う必要はない。彼らは自分たちだけの省略表現法を使う。本格的な遊びに入る前に、短縮された信号がぱっと放たれるのである[46]。

犬の自伝的感覚についてのわたしたちの知識が半世紀前のスヌーピーの主張よりも進んでいないというのは、いくぶんがっかりさせるものがある。スヌーピーはこう言ったのだ――「昨日ぼくは犬だった。今日ぼくは犬だ。明日もたぶん、まだ犬だろう。」これまで、犬が過去と未来を考えるかという問題を取り上げた実験研究はない。だが、ほかの動物では少数の研究が、その自伝的意識と考えられるものの一部を取り上げて、実験を行っている。たとえば、アメリカカケスを対象にした実験がある。この鳥は生来、餌を隠して貯えておき、のちの消費に備える性質がある。実験でこの鳥が示したのは、人間なら意志の力とでも呼べそうなものだった。チョコレートチップクッキーを食べたくてたまらないときに、だれかが袋入りのチョコレートチップクッキーをくれたとする。わたしなら、せっかくのクッキーをわざわざ翌日までとっておくことなどしない。このカケスたちは、好物の餌（彼らにとってのチョコレートチップクッキー）を与えられたならば、つぎの日の朝は餌をもらえないことを教えられた。すぐにでも食べたくてたまらないだろうに、カケスはそのうちいくらかをとっておき、つぎの日に食べた。わたしのほうはつぎの日にはクッキーはない……。

犬もまた同じように行動するのだろうか。翌朝餌をもらうのを禁じられたら、前の晩に食べものを蓄えるだろうか？　もしそうなら、犬は未来のために計画できるという示唆的証拠となろう。冷蔵庫の中のテイクアウト容器に入った正体不明の物体からもわかるように、貯えた食べものがすべて時がたっても同じように食べられるわけではない。三ヶ月続けて毎月一回ずつ、骨を土の中に、あるいはソファの隅に埋めたとしたら、どれがいちばん古く、どれがいちばん腐敗していて、どれがいちばん新鮮かということを犬は覚えているだろうか。ソファから発散する強烈な匂いは別として、そんなことはありそうにない。犬の環境を考えれば、彼らにはこんなふうに時間を使う必要がないことは明らかである。なぜなら犬はカケスと違って、きちんと毎回食べものが与えられているからだ。それに加えて、食べものに関してオポチュニストであった祖先をもつ彼らにとって、食べものを賞味期限によって区別するとか、いま空腹なのに明日のために食べものをとっておくとかいうのは困難だろう。オポチュニストの動物は、食べものが手に入ったときにはあるだけ食べ、食べものがないときには長期間の断食に耐える。犬の「骨埋め行動」が、食料が乏しいときのために食べものをとっておこうとする先祖の衝動と結びついていると考えている人たちもいる。[47]考え方としては筋道はたっている。もし犬がいちばん新鮮な骨と腐った骨とを区別できるとか、あるいはそのうちいくらかをあとで楽しむために残しておくというのなら、この説を裏付けることになろう。だがもっと考えられるのは、犬が食べもののことを考えているとき、彼らは時間のことなど考えていないということだ。骨は骨であり、それ以外の何ものでもない——埋められようと、口の中に入ろうと。

それにしても、骨については時間を測ることが実証されないからといって、彼らが過去、現在、未来を区別しないというわけではない。たった一度でも攻撃されたことのある犬と出会うと、最初は用心深くなっているが、やがて時間がたつにつれて大胆になっていく。たしかに犬は、近い未来の状況を予期する。ドッグフードを売っている店まで歩いていくときのしだいに高ぶる興奮。動物病院に行くために自動車に乗せられるときの不安げな様子。

犬という動物を、過去をもたず、瞬間に生き、覚えていないがゆえに幸福な生きものだと見る考え方もある。だが、彼らは覚えていても幸福なのである。犬の目の後ろに「わたし」があるのかどうか、自己の感覚、犬であることの感覚があるのかどうか、わたしたちはまだ知らない。ひょっとして、自伝が書かれるためには、つねに切れめなく語る語り手がいることだけが必要なのかもしれない。そうだとすれば、彼らはあなたの真ん前で、たったいま、それを書いているのだ。

していいこと、いけないこと

パンプがまだ子犬だったとき、家ではしょっちゅうこんなシーンが見られた。わたしが背を向けるか、別の部屋に行く。あっという間にパンパーニッケルは台所のゴミ箱に鼻を突っ込み、おいしい食べもののかけらを探る。わたしが戻ってきて犯行現場のパンプを見つけるや、彼女はすぐに鼻をゴミ箱から引き出し、耳をぺたりと下げ、尻尾をたらして振りながら、こそこそと逃げていく。見つかっちゃった！

サンプル抽出した犬の飼い主に、犬はわたしたちの世界についてどんな種類のことを知っているか、あるいは理解しているかと尋ねたとき、いちばん多かったのは、犬は自分が間違ったことをしたときにそれがわかるというものだった。犬は「絶対にしてはいけないこと」の範疇を理解しているというのである。今日、その範疇には、生ゴミをぐちゃぐちゃにあさる、靴をかじる、台所のカウンターから料理したばかりの食べものをひっさらう、などが含まれる。文明の進んだ現代、違反者への罰はありがたいことにたいして恐ろしいものではない。きびしい言葉、しかめつら、足を踏みならす、などだ。いつもこうだったわけではない。中世とその前の時代、犬や他の動物は悪いことをすると残酷に罰せられた。嚙んだ人間の数に応じて、耳、足、そして尻尾までの「漸増的身体切除」もあれば、殺人に対する法的裁判と宣告を経て死刑に処されることもあった。[48] 古代ローマでは、ガリア人がローマを攻撃した夜、犬が敵軍の接近を警告しなかったことから、毎年、その日の夜には犬の儀式的な磔刑が行われた。

これほど大罪でなくても、小さな過ちを犯したときのうしろめたそうな犬の表情は、犬を飼っている人ならだれでもおなじみだ。パンプのように鼻づらをゴミ箱に突っ込んでいるところを見つかった犬、口の中に嚙み砕いたクッションの詰めものを入れているところを発見された犬、ついさっきまではソファのはらわただったものが一面に散らばっている真ん中にいるのを見つかった犬――そんなとき、彼らに見られるあの表情だ。耳は後ろに引っ張られ、頭にぴったりとついている。尻尾は、両脚のあいだにたくし込まれて小刻みに振られている。こっそり部屋から出ていこうとしている犬には、自分が現行犯で捕まったことに気づいている様子がありありとうかがえる。

ここでの問題は、はたしてこのうしろめたさの表情がその種の状況ではたしかに生じるかどうかということではない。実際に、それは生じているのだ。重要なのは、そうした表情を促す状況とは正確には何なのか、という問題である。実際それは罪の意識なのかもしれないし、それとも何かほかのものかもしれない。ゴミの匂いを嗅ぐときの興奮なのか、発見されたことへの反応なのか、もしくはゴミ箱のゴミに出くわしたときに飼い主がやるあの嫌な大騒音の予測なのだろうか。

犬は正しいことと間違ったことの区別をつけられるのか？　自分がやったこの行動が明らかにとてつもなく間違っていることを、犬は知っているのか？　数年前、高価なテディベア・コレクション（エルヴィス・プレスリーのお気に入りのクマもあった）の警備のために雇われたドーベルマンが、ある朝、何百頭もの手足や首がとれてつぶされたテディたちの真ん中にすわっているのが発見された。ニュース写真に撮られた彼の表情は、自分が悪いことをしたと思っている犬のそれではなかった。

犬のうしろめたい表情の背後にあるメカニズムが、はたしてわたしたちと同じなのかどうかと問うのは、道理に合わないかもしれない。結局のところ、正しいか間違っているかは、わたしたちがその種の事柄を定義する文化で育てられたためにもつ概念なのである。幼児や精神異常者は別にして、全員が正しいことと間違ったことを知るようになる。わたしたちは、「すべきこと」と「してはならないこと」のそれぞれの行動基準からなる世界で育つ。はっきりとそれと教えられるものもあれば、観察からじわじわと学ぶものもある。

だがここで考えてみよう。他の人が正しいことと間違ったことを知っているとして、もしそれを話せなかったならば、そのことをわたしたちはどうやって知るのか。二歳児がテーブルににじり寄り、高価な花瓶に向かって手探りし、それを倒し、毀《こわ》す。その子どもは、他の人々の持ちものを毀すのが悪いことだと知っているのだろうか？　おそらく近くのおとなたちが大騒ぎするだろうから、それがきっかけとなって子どもは学びはじめるかもしれない。だが二歳では、子どもはまだその概念を理解しない。その子はわざとその花瓶を毀したのではなく、ぎごちなく体を動かすのをマスターしようとしているふつうの二歳児なのだ。花瓶が落ちる前と落ちたあとの子どもの行動を見ればその意図がわかる。まっすぐ花瓶のほうに向かい、それを倒そうとしたのか？　それとも花瓶のほうに手を伸ばし、そのせいでバランスを崩したのか？　花瓶が落ちたあと、子どもは驚きを見せたか？　それとも満足そうに見えたか？

本質的に同じやり方が犬にも適用できる。犬が高価な花瓶を毀すがままにして、その反応を見ればよいのだ。彼らのうしろめたさの表情が罪の意識からくるのか、それともほかのなんらかの原因によるのかを調べるために、わたしはある実験を工夫した。実験ではあるが、設定した状況はごくふつうである。彼らの自然の行動をもっともよくとらえるために、彼らにとっての「野生」の場、つまり家で行う。実験に先だって、被験者となる犬は飼い主から禁止の指示を与えられ、触れるべきでないことを知る必要がある。たとえば、さわるべきでないものを飼い主が指さしつつ、大声で「ノー！」と言うのである。(49)

高価な花瓶のかわりに、ここではビスケットやチーズなど、犬が大好きなおやつを使う。毀れることはないが、禁止品目としてはうってつけだ。はたして犬は、飼い主に禁じられた行為をするのが間違っているとわかるのか。これを調べるために、実験はまさにその禁じられた行為をするチャンスを与えることから始まった。飼い主は、犬の注意をおやつに向け、食べてはいけないとはっきり言い渡す。おやつは、犬の気をひくように、すぐに手に入れられる場所に置く。それから飼い主は部屋を出る。いま、部屋に残っているのは犬とおやつ、そして静かに観察しているビデオカメラだけである。犬にはいけないことをするチャンスが与えられている。このとき犬が何をするかを見るのは、実験の始まりにすぎない。ほとんどの場合、犬の最初の動きはおやつを取ることだが、これは想定済みである。それがすむまでわたしたちは待つ。それから飼い主が戻ってくる。ここからが実験の主眼である。このとき犬はどう行動するか？

心理学の実験でも、生物学の実験でも、全体の状況は変えないままでひとつかそれ以上の変数をコントロールする。変数はクスリの摂取、騒音、提起される一連の単語など、なんでもありうる。要するに、この変数が重要なものならば、それを経験した被験者の行動は変わるだろうということだ。わたしの実験には二つの変数があった。ひとつは犬がおやつを食べるか食べないか（飼い主がいちばん関心を寄せるもの）、もうひとつは犬がそれを食べたのを飼い主が知らされるか知らされないか（思うに、犬がいちばん関心を寄せるもの）という二点である。いくつかのテストをしながら、わたしはこれらの変数を一度にひとつずつ変えていく。最初は、おやつを食べる機会が変えられた。飼い主が立ち去ったあとでおやつを取り除くか、犬におやつを与えるか、犬に欲しがらせておくか（そして最終的には命令に背かせるか）のいずれかである。犬の行動について飼い主にどう思わせるかも変えられる。あるトライアルでは、犬がおやつを食べてしまい、飼い主は部屋に戻ってきたときにそれを知らされる。別のトライアルでは、犬はビデオ撮影者から（別の）おやつをこっそりもらい、飼い主は犬が命令に従ったものと思わせられる。

犬たちはたっぷり食べ、少しまごついた様子で実験を終える。多くの場合、犬たちの表情はまさにうしろめたさの典型だった。視線を下げ、耳を後ろにぴったりとつけ、体を前かがみにしておずおずと頭をそむける。たくさんの尻尾が、両足のあいだに下げられ、小刻みにリズムを打つ。ご機嫌をとるように前足を上げたり、あるいは神経質に舌をぺろぺろ出す犬もいる。だが、こうしたうしろめたさ関連の行動が、命令にそむいたときに、それに従ったときよりも多く見られたかというと、そうではなかった。むしろ、犬がもっともうしろめたい表情を見せたのは、命令に従ったか逆らったかには関係なく、飼い主から叱られたトライアルだった。禁じられたおやつに抵抗したにもかかわらず叱られたときは、犬たちは最高にうしろめたい表情を見せた。

つまり犬が眼前に迫った叱責と結びつけているのは、自分がやった行為ではなく、飼い主なのである。ここで何が起こっているのだろうか。犬が罰を予測するのは、なんらかの対象物にからめてか、あるいは飼い主からの怒りを示す微妙なキューを見たときである。だれもが知っているように、犬はすぐさま出来事のあいだのつながりに気づくようになる。台所の大きな冷たい箱を開けるのに続けて食べものがあらわれたら、もちろん犬はその箱が開くのに敏感になるだろう。こうした連想は、彼らが観察する出来事だけでなく、彼らが行う事柄によっても形成される。学習されることの多くは、根本の部分では連想に基づいている。クーンクーンと哀れっぽく鳴けば、続いて飼い主の注意が得られる。そこで犬は注意をひくために哀れっぽく鳴くことを学習する。ゴミ箱をひっかくと、箱が傾いて中身がこぼれる。そこで犬は、中にあるものを手に入れるためにひっかくことを学習する。部屋をめちゃくちゃに散らかすと、ときにはだいぶあとになってからの飼い主の出現へと続き、今度はたちまち飼い主の顔が赤くなり、怒鳴ったりわめいたりが始まり、それからその赤い顔で騒ぎたてる飼い主による罰へと続く。重要なのは、破壊の証拠現場らしき場所に飼い主が出現しただけで、犬にとっては罰が間近だと納得するには十分だということである。飼い主の到着は、何時間も前に犬がやってのけたゴミ箱あさりよりも、もっと緊密に罰に結びつけられる。そうである以上、ほとんどの犬は、飼い主を見たとたん服従的な姿勢をとるだろう。典型的なうしろめたさの表情である。

この場合、犬が自分の不始末を知っているという主張はきわめて的外れである。犬は自分がした行為を「悪い」とは思っていないかもしれない。うしろめたい表情は、恐怖や服従的行動にきわめてよく似ている。したがって、悪いことをした犬を叱っても効果がないと嘆く犬の飼い主があれほど多いのも、驚くに当たらない。犬がはっきり知っているのは、飼い主が不快な表情をして出現したら、罰が近いということなのだ。犬は自分が罪があるとは知らない。彼が知っているのはただ、飼い主を警戒することだけである。

うしろめたさがないからといって、犬がまったく悪いことをしないわけではない。人間によって決められた「悪いこと」を、犬はたくさんするだけでなく、ときどきその犯罪行為をひけらかすようなのだ。朝の忙しいとき、半分噛みちぎった靴が飼い主の前に持ち出される。糞の中で楽しく疲れるまで転がりまわった犬に迎えられる。テディベアの警備犬は、テディベアの残骸に囲まれて写真を撮られるとき、自慢げとまではいかないまでも、全然自責の念があるようには見えなかった。たしかに犬は、わたしたちが何かを知っている、あるいは知らないという事実を、もてあそぶように見える。そうすることでわたしたちの注意をひくためでもあり（だいたいにおいてそれは成功する）、ひょっとするとたんに知識そのものをもてあそんでいるだけかもしれない。ハイチェアにすわっている子どもがカップを何度も何度も床に落としては、物質的世界についての自分の理解の程度をテストしているのと似ていなくもない。子どもは何が起こるかを見ているのだ。犬はこれを、さまざまな状態の飼い主の注意、知識、あるいは警戒ぶりについて行う。このようにして、彼らはわたしたちが知っていることについて多くを学ぶようになり、それを自分

の利益のために使うのである。

とりわけ、犬たちは本当の動機からわたしたちの注意をそらして、実際に行動を隠蔽することができる。彼らが心を理解することを、わたしたちは知っている。そうであれば、だますのは完全に彼らの守備範囲内である。そしてその理解が初歩的なものである以上、そのだまし方は必ずしもきわめて巧妙とは言えない。これもまた子どもに似ている。親から「隠れる」ために目を両手で隠す二歳児のようだ。「隠れること」への過程ではあるが、完全には本質がわかっていない。犬は想像力において洞察と力量不足との両方を示す。彼らはひっくり返したゴミ箱の残骸や、草地の汚物の中で転がりまわったことを隠そうとしない。だが彼らはまた、本当の意図を隠すために、いろいろなやり方で行動する。大好きなオモチャで遊んでいる犬のとなりでなにげなく伸びをするのは、要するにそれをひったくるのに十分近くまで行くためである。犬どうしで遊んでいて噛まれたときにおおげさに悲鳴をあげるのは、相手をショックで立ち止まらせ、その瞬間、相手の体勢を不利にするためである。これらの行動は、たまたま起こることもある。その場合、偶然の行動が幸運な結果をもたらすことになるわけだが、いったん気がつけばくりかえし行われるだろう。実験者としては、あとは犬が意図的におたがいをだます機会を作る必要がある——彼らが賢すぎてその計略を暴露しないとなると、まずいのだが。

緊急事態と死について

歳とともに彼女は目をだんだん使わなくなる。彼女はわたしをあまり見なくなる。

歳とともに、彼女は歩くよりも立っていたがる。立っているよりも、横になりたがる——外に出ると、彼女はわたしのかたわらで横になる。両足のあいだに頭をのせ、鼻はいまだに警戒おこたりなく、そよ風にのってやってくる匂いを嗅いでいる。

歳とともに彼女はいよいよ頑固になり、階段を上がるときも断固として助けをはねのける。歳とともに彼女は、昼間の気分と夕方の気分の差が広がっていく。昼間はひどく横柄で、自分から歩きたがらないが、夕方になると待ちきれずにわたしを外に引っ張り出し、跳ねるような足どりで、匂いを嗅ぐのもやめて近所を意気揚々とひとまわりする。

歳とともに、わたしは贈りものをもらいつつある――わたしにとってパンプという存在のもつさまざまな細部がますます生き生きとしたものになってきたことに。今のわたしは、彼女が近所でチェックする匂いの地図を知っている。彼女がわたしを待っている時間がどんなに長いかを、わたしは感じる。ただそこに立っているだけで彼女が話すおびただしい話を、わたしは聞く。彼女の努力を、わたしは見る。彼女を急がせて通りを走って渡るとき、自分から協力しようとする彼女の努力を――。


あなたが名前をつけ、家に連れて帰る犬は、例外なくいつかは死ぬことになる。この恐ろしくも逃れられない事実は、犬を自分たちの生活のなかに引き入れる代償としてわたしたちが受け入れる運命である。だが犬自身はどうなのだろう。犬は自分自身が死ぬべき運命にあるという手がかりをもつのだろうか。はたしてパンプは道で出会う匂い嗅ぎ仲間の年齢に気づくのか、それを示すサインはないかとわたしは探ってみる。彼女は気づいているだろうか――目が濁ったたれ耳の老犬がちょっと先のブロックから消えたことに。自分自身のこわばった足どりと遅くなった歩みに。白くなった被毛に。そして不活発な気分に。

わたしたちが自分のため、また愛する人々のために危険な行為を控えるのは、自分自身の存在のもろさを把握しているからである。人間は自分が死すべき運命にあることを知っている。このことはわたしたちのすべての動きに見えてくるわけではないものの、いくらかの動きのなかにはぱっときわだつ。ベランダの手すりから後ずさりする。危険かどうかわからない動物から後ずさりする。安全のためにシートベルトを締める。横断するときに両側を見る。トラの檻のなかにとびこむようなことはしない。フライド・アイスクリームの三皿目には手を出さない。食べたあとでは泳がないことさえ守る。もし犬が死について知っているならば、彼らの行動にあらわれるかもしれない。

彼らにはそれを知らないでいてほしいと、わたしは思う。それでいて犬が死にかけていたとき、わたしは彼女にそのことを説明できればと思ったものだ。説明することが慰めとなるかのような気がしたのである。多くの飼い主は犬に説明する。コマンドを与えるたび、また何かの出来事が起こるたびに（公園でわたしはよく聞いたものだ――おいで、家に帰らなくちゃ、マミーはお仕事があるんだからね……）。それにしても、犬は説明によって慰められているようには思えない。死という終末についての知識に拘束されずに生きるのは、羨ましい生活だ。

羨ましい――だが、必ずしもそうとははっきり言いきれないようだ。それを示す証拠がいくつかある。ひとつは、前述のベランダを怖がる反応と同じで、犬もまたたいていの場合、本当の危険から身を引くからだ。高い岩、激流、捕食のきらめきを目にたたえた動物。これらの危険に直面したとき、彼らは死を避けるための行動をとる。

だが同じことを下等なゾウリムシもする。彼らは捕食者や有毒の物質から急いで退却する。回避は本能的行動であり、ほとんどの生物のなかになんらかの形で見られる。膝蓋反射からまばたきまで、本能であればその行動の意味を理解することは必要でない。わたしたちはゾウリムシが死を理解しているとは言わない。だがその反射運動は些細なものではない――そこからもっと複雑な理解が起動することもありうるのだ。

犬がゾウリムシと異なる点が二つある。ひとつは、犬は怪我を回避するだけでなく、怪我をしたときに異なる行動をとるのである。怪我している犬は、自分でそれに気づいている。傷つき、あるいは死にかけている犬は、しばしば彼らの家族から（犬の家族だろうと、人間の家族だろうと）離れていこうと必死で努力する。おそらくどこか安全な場所に落ち着いて、そして死ぬために。

第二に、彼らは他者がさらされている危険に敏感である。ローカルニュースなどでは英雄的な犬の話には事欠かない。山で迷子になった子どもが、付き添ってくれていた犬の体の温かさで死なずにすんだ。凍った湖で水に落ちた男が、氷の端に来てくれた犬に助けられた。子どもが毒ヘビの穴に入り込もうとするのを、犬が吠えて両親に知らせた……。わたしの友人で同僚でもあるマーク・ベコフは、四〇年間動物を研究している生物学者だが、ノーマンという名の目の見えないラブラドールのことを書いている。子どもたちの悲鳴でノーマンは行動を起こした。彼らは川の激流にはまって流されていた。「ジョーイはなんとか岸までたどりついた。だが妹のリーザのほうは激しい流れの中でもがいて、前に進めないでいた。ノーマンはまっすぐに川にとびこみ、泳いでリーザのあとを追い、そばに行った。彼女は犬の尻尾をつかみ、一緒に安全な岸に向かった。」

これらの犬たちの行動が最終的にもたらしたのは、だれかが死をまぬがれることができたという明白な事実である。このために犬が自己保存の本能を克服しなくてはならなかったことを考えると、偶然などではなく、犬が英雄的だったのだとふつうは解釈されるだろう。犬は人間が緊急事態にあることを理解していると見るしかなさそうだ。

だがこういった話で問題なのは、起きた事柄が完全に語られていないことである。語り手自身の環世界と知覚が、当然ながらその見方に限界を与えているからだ。ノーマンにリーザを救おうとする意図があったというより、兄の命令でとびこんだのではないかという疑問はうなずけるし、あるいはひょっとして、リーザが忠実なコンパニオンがそばにいてくれたために自力で岸まで泳げたのかもしれない。流れが変わって、岸まで近づけたのかもしれない。ほかの例もそうだが、ここでも何が起こったのか、ビデオを巻き戻して検討するわけにはいかない。そのうえ、これらの犬の長期にわたる行動についてもわかっていないのだ。男の子が危険にあるのを知らせようと吠えた犬は、ふだんは吠えていないのか。それとも夜も昼も見さかいなく吠える犬なのか。もしそうなら話は別だ。起こった出来事を正しく解釈するには、その犬の生活史を知ることもまた重要なのである。

犬がおぼれた子どもや迷子のハイカーを救わなかったおびただしいケースについては、どうなのだろう。新聞にはつぎのような見出しはけっして載らない――「道に迷った女性死亡。犬は発見もせず、安全な場所に導くこともなかった！」。種の代表として英雄的な犬が取り上げられるのなら、非英雄もまた考慮に入れるべきであろう。報道された英雄行為よりは、報道されなかった非英雄的行為のほうが多いのは確かである。

疑わしい話にしろ、英雄的な話にしろ、それらの犬の行動をより注意深く見れば、事件のもっと強力な解釈が可能である。さまざまな話を吟味すると、共通した要素があらわれる。犬が飼い主のほうに来た、あるいは窮境にある人々のそばに寄り添った、という説明である。犬の温かさが凍えた迷子の命を救った。凍った湖に落ちた男性は氷の上で待っている犬にしがみつくことができた。犬が大騒ぎをするケースもある。吠え、走りまわり、自分に（そしてたとえば毒ヘビに）人の注意を向ける。

飼い主の近くにいること、および注意をひく行動《アテンションゲッティング》をとることが、犬の特徴であることはすでに述べた。この特徴こそが、犬を人間にとってかくもすばらしいコンパニオンに仕立て上げているのだ。しかもこれらのケースでは人間たちの命を救っている。それならばこの犬たちは本当にヒーローなのか？　そのとおりだ。だが、彼らは自分たちがしていたことを知っていたのだろうか？　その証拠はない。自分たちが英雄的行為をしていることも、彼らは知らない。たしかに犬は、訓練によって人間の救助を行う可能性がある。訓練されていなくても、犬はあなたを助けに駆けつけるかもしれない。だが正確に何をしたらいいかは知らないのだ。成功のカギは、逆に彼らが「知っていること」であった。彼らは何かがあなたに起こったということを知り、それが彼らを不安にさせたのである。その不安の表現が、ほかの人々の注意を現場にひきつけるか、あるいは主人が氷の穴から這い出る助けとなったならば、まさにすごいことではないか。

この結論は、ある心理学グループによるすぐれた実験によって確かめられた。彼らは緊急事態が起きたときに、犬が適切な行動を示すかどうかに関心をもったのである。心理学者と飼い主は共謀して、犬のいるところでさまざまな緊急事態をでっちあげ、犬がどう反応するかを見ようとした。あるシナリオでは、飼い主は心臓発作のふりをした。あえいで胸をかきむしり、ドラマチックな卒倒の演技をする。別のシナリオでは、本棚（ベニヤ板の）が倒れて、飼い主は床に倒れて身動きできなくなり、高い叫び声をあげる。両方とも、飼い主の犬は現場にいた。事前に犬たちは近くにいる第三者となじみをもたせた。緊急事態が起きたときには、通報相手として役立つだろう。

これらの状況下で、犬たちの行動は興味と愛着を示していたものの、緊急という感じではなかった。犬によっては何度も飼い主に近づいては、心臓麻痺で無反応になったり本棚の下で助けを呼ぶ「犠牲者」の体を足でひっかいたり、鼻づらでつついたりするものもいた。だがほかの犬たちはここぞとばかりあたりをうろつきまわり、芝生や部屋の床の匂いをかいでいた。ごくまれに、声をあげたり（だれかの注意をひく助けになったかもしれない）、第三者（助けてくれるかもしれない）に近づく犬もいた。一匹だけ第三者に触れた犬がいた。そのトイプードルは、相手の膝の上にとびのると、落ち着いて昼寝と決め込んだ。

要するに、ほんのわずかでも飼い主を苦境から助け出すために行動を起こした犬は一匹もいなかったのである。結論はこういうことだ——危険や死を招くかもしれない緊急の状況にあたって、犬は生まれつきそれを認識したり、反応することはない。

興ざめの結論だって？　とんでもない。犬が緊急事態や死の概念を欠いているにせよ、これは彼らにとって不名誉でも何でもではない。犬に自転車やネズミ捕りの意味がわかるかと聞いて、頭をかしげたからといって非難するようなものだ。人間の子どももまた、これらの概念については無知である。幼児がむき出しのコンセントに向かっていったら、即、怒鳴らなくてはならない。そばでだれかが負傷しても、二歳児は泣くだけだろう。子どもたちは緊急事態への理解を、それから死の概念も、教えられて学ぶのである。同じようにいくらかの犬もまた、たとえば耳の聞こえない人のために、火災警報機などの音に敏感に反応するよう訓練される。子どもたちへの教え方は明示的であり、いくつかの段階的要素が含まれる——「もしアラームが鳴ったらママを呼ぶのよ！」という具合だ。犬の訓練は完全な強化プロセスである。

ふだんと違う状況が起こると、犬にはそれがわかるようである。人と犬が共有している世界での日常を、犬はきわめて巧みに識別する。わたしたちはしばしば決まりきった行動をとる。家では部屋から部屋へ動く。ソファで、あるいは冷蔵庫の前で長い時を過ごす。彼らに向かって話しかけ、ほかの人々に話しかける。食べ、眠り、浴室に長いこと入って出てこない……。環境もかなり不変である。暑すぎもせず、寒すぎもしない。家にいるのは、玄関から入ってくる人だけだ。居間には水たまりがない。廊下に煙は漂っていない。日常の世界についてのこの知識から、だれかが怪我したときの奇妙な行動や、犬自身がいつもはできる行動がとれないなどの異常な事実の認識が生まれるのである。

一度ならず、パンパーニッケルは苦境に陥った（一度などは建物の作業用通路《キャットウォーク》で身動きがとれなくなったし、またあるときはリードがドアにはさまったままエレベーターが動きだしたこともある）。そのときのわたしのうろたえぶりにくらべて、彼女の落ち着きぶりにわたしは驚嘆した。窮地から身を救い出すのは、けっして彼女ではなかった。彼女がわたしのことを気にかけるよりも、わたしのほうがずっと彼女の安全を気にかけていたと思う。それでも、わたしの安全や幸福の多くは彼女によるものだった――わたしが人生のなかで大なり小なりの窮地にはまり込んだときに助けてくれるからというのではなく、つねに楽しげに寄り添ってくれる仲間として。

II

犬であるとはどのようなことか

犬の内側《インサイド》に入るためには、まず犬の感覚能力について小さな事実を集め、つぎにそれらに基づいていくつかの大きな推理を導き出すことになる。ひとつの推理は犬の経験についてである。現実に、犬であるとはどういう感じなのか。犬は世界をどう経験しているのか。ここにはもちろん、世界が犬にとって「なんらかのようである」という前提がある。おそらく読者は驚くだろうが、これについては哲学や科学のサークルでいささか論争がある。

三五年前、哲学者のトマス・ネーゲルが「コウモリであるとはどのようなことか？」と問うたとき、科学と哲学の両分野において動物の主観的体験に関する長期にわたる議論が始まった。ネーゲルが思考実験として選んだコウモリについては、そのほとんど信じがたい「検知能力」——反響定位（エコロケーション）——が少し前に発見されたばかりだった。エコロケーションとは、高周波の声を発し、それが反響して戻ってくる音を聞くプロセスのことである。戻ってくるまでどのくらいかかるか、どのように変えられて戻ってくるかをもとにして、コウモリは自分の環境内にあるすべての対象の地図を手に入れる。これがどんなふうであるか、おおまかな感じをつかむためには、自分が夜、暗い部屋に横たわって、何者かが戸口に立っているかどうかと考えているところを想像すればよい。明かりをつければもちろん問題は解決する。あるいはコウモリのように、テニスボールをドアのほうに投げ、(a)そのボールが戻ってくるか、開いたドアの向こうにいってしまうか、(b)ボールがドアに着いたころにうめき声が聞こえるかどうか、を見る。さらに高度なのは、(c)ボールが跳ね戻る距離によって、その人物がひどく太っているか（ボールは彼の腹に当たってスピードはほとんど消失する）、あるいは筋肉質の腹筋か（ボールはみごとに跳ね返る）がわかるかもしれない。コウモリが行うのは(a)と(c)であり、使うのはテニスボールではなくて音である。彼らはそれをたえず、しかもものすごい速さで行う。人間が目の前の視覚風景を取り入れるくらいの速さだ。

この事実は当然ながらネーゲルをたじろがせた。彼はこう考えた。コウモリの「視覚」——したがってコウモリの生活――はきわめて異常で測りがたい、それゆえコウモリの経験（コウモリであるとはどういうことなのか）を知るのは不可能である。コウモリは世界を経験する。だがその経験は基本的に主観的である。コウモリであることが「どのようで」あろうと、それはコウモリにとってだけのことなのだ。

彼の結論には問題がある。それはわたしたちが日々行っている想像の飛躍とかかわっている。ネーゲルは種と種のあいだの違いを、同じ生物種内の違いとはまったく別のものとして扱っている。だがわたしたちは、ほかの人間であることが「どのようであるか」について平気で話す。わたしは他者の経験の詳細については知らないが、自分の経験から人間であるのはどんなふうかについては十分に知っており、それを他者の経験にも類推することができる。わたしは自分の認識から推定し、それを中心として他者に移し替えることによって、彼にとって世界がどんなふうであるかを想像することができる。その人物について多くの情報――体、生活史、行動――を得れば得るほど、引き出される類推は正確になっていく。

同じことが犬についても可能である。多くの情報を得れば得るほど、描写はすぐれたものとなる。すでにわたしたちは、犬の身体的な情報（神経システム、感覚システム）と歴史的知識（進化的遺産、誕生からおとなになるまでの発達の道のり）、そして彼らの行動に関するますます多くの研究成果を手にしている。つまり、わたしたちの手には犬の環世界のスケッチがあるのだ。手もとに集めてきたこうした科学的事実をもとにして、わたしたちはいま、犬の内側に向かって、想像の飛躍を行うことができる。犬の内側とはすなわち、犬であるとはどのようであるのか、犬から見て世界はどうなっているのかということだ。

わたしたちはすでに、それが匂いに満ちていることを知っている。人間たちが大きな場所を占めていることも。さらに考えを進めていけば、つぎの事柄が付け加えられるだろう。それは地面に近い。それは舐められる。それは口にくわえられるか、くわえられないかのどちらかである。それは今まさにこの瞬間のなかに存在する。それは細部《ディテール》に満ちあふれ、すべてが儚《はかな》くもまたすみやかに過ぎてゆく。それは彼らの顔一面に書かれている。そしてそれはおそらく、わたしたちにとって「人間であるとはどういうことか」というのとは、まったく別のものなのだろう。

それは地面に近い……

犬が世界をどう見ているか、これを考えるときいちばん見過ごされることのひとつに、犬のきわだった特徴——体高——がある。直立した平均的な人間の高さで見る世界と、直立した平均的な犬の高さ（三〇センチから六〇センチ）で見る世界とで、両者のあいだにほとんど違いがないと思ったら大間違いだ。地面に近い場所で感じる音と匂いの違いをとりあえず別にしても、違った高さにいることは、深い影響をもつ。

人間と同じ体高の犬はほとんどいない。犬は人間の膝の高さにいる。しばしば足もとにいると言ってもいいくらいである。だがこの違いに、わたしたちはひどく鈍感である。犬の体高がわたしたちの半分以下だというこの単純な事実さえ、なかなか想像できない。理性では犬と人間とは同じ高さでないことがわかっていても、両者の相互作用のなかで高さの違いはたえず問題を生じている。わたしたちは犬の「届かないところに」ものを置いては、犬が必死でそれを取ろうとするのを見ていらいらする。犬が同じ目の高さで挨拶するのが好きだということを知っていても、ふつうはかがみこんで話しかけたりはしない。逆に中途半端にかがみこんで、犬が顔に向かってとびあがったりすれば、怒るかもしれない。彼らはただ、ジャンプしなければ届かないものに届こうとしただけなのだ。

とびあがったことでたっぷり叱られても、犬にとってうれしいことに、まだ足もとにはおもしろいものがたっぷりある。たとえばたくさんの足だ。足は匂う――匂いはわたしたちの署名であり、足はその匂いをたっぷり発散する。精神的に負担を感じると、足の裏に汗をかく。ストレスを受けたとき、あるいは一生懸命集中しているときなどだ。しかも足はぎくしゃくしている――椅子にすわって、わたしたちは足を組むが、その動きはなめらかとは言いがたい。両足は別々の単位として作用する。足の先についている指もまた、そのあいだにたどりついた犬の舌にとっては、ひたすら匂いの供給所としてのみ存在する。

足がそれほど興味深い匂いがするとすれば、その足をわたしたちが扱うやりくちは、犬にとってひどく苛だたしいものに違いない。たとえばあのいまいましい靴だ。わたしたちはその中に匂いを閉じ込めてしまう。その一方で靴の匂いは、それを履いていた人間と同じ匂いである。靴への犬の関心をさらに喚び起こすのは、踏んだものの匂いをすべて靴底につけているからである。ソックスもまた同じようにわたしたちの匂いを運ぶ。ベッドの下に履き捨てたソックスに始終大きな穴が開いているのも、そのためだ。どの穴も、ソックスをくわえた犬の犬歯でいとしげに穿たれたものである。

足のほかにも、犬の高さから見る世界では、たくさんの長いスカートやズボンの足が、その着用者の歩みにつれて踊っている。パンツの足が急に旋回する様子は、犬の目にとって興味をそそるものに違いない。しかも犬は動きにきわめて敏感であり、探索好きな口の持ち主だ。あなたのパンツが、リードの端にいる彼らにくわえられるのも、驚くに当たらない。

地面に近い世界というのは、匂いの強い世界である。匂いは地面にとどまり、沈滞するからだ。一方、空中ではまき散らされ、四方に発散してしまう。音もまた地上近くでは伝わり方が異なる。だからこそ小鳥は木の高さで歌い、地中の生きものは地面を使って物理的に伝達することが多い。床に置いた扇風機の振動は、近くにいる犬を動揺させるかもしれない。大きな音は、床で弾んでもっと大きくなり、休んでいる犬の耳の中に入ってくる。

アーティストのヤナ・スターバックは、犬の目から見た世界をとらえようとして、愛犬のジャック・ラッセル・テリアのスタンリーの胴輪にビデオカメラを装着し、凍った川や、「ドージェの街」として知られるヴェネツィア〔ドージェ doge とはヴェネツィアなどの総督のこと、dog にかけた洒落か〕を連れ歩いた。ビデオの記録はまさに混乱した視界のラッシュだった。世界は非調和にあふれ、イメージは一瞬として落ち着くことはない。地上三五センチの高さから見たスタンリーの視覚世界からは、彼の匂いの世界がほの見える。匂いの興味をひきつけるものを、彼は体と目で追うのである。

だが、動物にクリッターカム〔野生動物に安全に装着してその行動を知るための小型カメラ〕を装着することによってわたしたちにわかるのは、ほとんどの場合、彼らが世界を見るときの「立脚点《ヴァンテージ》」がどんなものかということであって、彼らの環世界全体の理解ではない。だが全部とは言わずともほとんどの野生動物の場合、そのような「立脚点」をとることによってのみ、わたしたちは彼らの世界、彼らの日々についてなんらかの情報を手に入れることができるのだろう。人間はペンギンの背にくくりつけたカメラのようには、ダイビングするペンギンについていくことはできない。地下のハダカデバネズミのトンネル掘りをとらえるのは、目立たない小さなカメラだけである。スタンリーの背中に取り付けた観測所から彼を観察するのは、驚きに満ちた経験である。それにしても、スタンリーの一日の画像をとらえたわたしたちは、犬の環世界を想像するという作業がこれで終了したと思いたくなる。だがそれはまだ始まりにすぎないのだ。

……それは舐められる……

頭を前足にのせて、彼女は床に伏せている。ふと、床のほんのちょっと向こうに、おもしろそうな、ひょっとしたら食べられそうなものがあるのに気がつく。彼女は頭をそれに向けて伸ばす。鼻が――あの美しい、がっしりした、湿った鼻が――、その小さなかけらにほとんど突っ込みそうになるまで近づく（突っ込みはしない）。識別しようとして、鼻孔が動いているのが見える。彼女は湿った鼻息を出し、さらなる調査のために口を近づける。頭をほんの少し傾けて、舌を床に届かせる。その舌ですばやく「調査舐め」をしたあとは、体を起こして、もっと本格的な姿勢をとる。さあ、あとはもうその床を舐めて、舐めて、舐め続けるだけだ……舌全体を使った長いストロークで。

犬は舐める。犬が舐めないものはまずない。床のスポット、自分の体のスポット。人間の手、人間の膝、人間の足の指、顔、耳、そして目。木の幹、本棚。車の座席、シーツ。床、壁。何もかもだ。地面にある見分けがつかないものは、とくに舌を使う絶好の対象である。これはきわめて意味が深い。舐めるという行為は、分子に対して遠くから安全な立場をとるだけでなく、それを自分の中に取り入れることであり、きわめて密接なジェスチャーだからだ。犬自身に、密接になる意図があると言っているのではない。意図があろうとなかろうと、犬がこれほど直接的に世界と接触するのは、環境と自分の境界が人間とは違っているからである。つまり、皮膚や被毛と、その外界とのあいだのバリアが、人間より少ないのだ。こう考えれば、犬が泥だらけの水たまりの中に頭を完全に突っ込んだり、悪臭を放つ土の中で恍惚として仰向けにごろごろしているのも不思議ではない。

犬のもつ環境とのこの密接さは、彼らのいわゆるパーソナルスペース（個人的空間）についての感覚に反映されている。すべての動物は自分にとっての快適な社会的距離感覚をもつ。距離の侵害は衝突を引き起こし、距離の拡大は抑制される。アメリカ人は他者が四五センチより近くに寄ると尻ごみするが、アメリカの犬のパーソナルスペースは、ほぼゼロから二、三センチである。いまこの瞬間にもアメリカじゅうの歩道では、パーソナルスペースについての犬と人間の感覚が衝突する光景がくり広げられている。犬の飼い主が二人、たがいに二メートル離れて立ち、犬たちがおたがいに近づかないようにリードを引っ張っている。犬たちのほうは、こちらも必死で引っ張っておたがいに近づこうとしている。犬どうし、さわらせてやればよいのである。彼らはおたがいの空間に入ることによって（入らないことによってではなく）、知らない相手に挨拶する。犬たちには、おたがいの毛の中に入らせてやり、おたがいの匂いを深く嗅がせてやり、おたがいに舐めさせて挨拶させてやればよい。握手のために安全とされる距離は、断じて犬のためのものではない。

耐えられる他者の近さに限界があるように、わたしたちにはまた好みの距離についても限界がある。一種の社会的空間である。たがいに一メートル半も離れてすわっていれば、ぎごちない会話しかできない。通りの向こう側とこちら側を歩いていたら、一緒に歩いているという感じはしない。犬の社会的空間はもっと弾力的だ。飼い主と並んでうれしそうに歩くものの、リードいっぱいに離れたがるので飼い主の悩みの種になる犬もいれば、飼い主の歩く後ろから小走りについて行くのを好む犬もいる。犬が家で休んでいるときのわたしたちとの「フィット感」についても同じことが言える。ちょうど本箱の中の本があまりきつすぎずあまりゆるすぎずに収まっている——それと似た快適な感じを、犬たちはそれぞれ自分のバージョンで楽しんでいる。パンプは小さなソファにすっぽり包まれているのが好きだった。ベッドでわたしと一緒に寝ているとき、彼女はわたしの曲げた両脚のくぼみに入り込んで寝ていた。犬によっては、眠っている人間の体に自分の背中をぴったり張りつける姿勢をとるのもいる。この楽しみだけでも、わたしはつい犬をベッドに誘ってしまうのだ。

……口にぴったりか、大きすぎるかだ……

わたしたちの身のまわりにある無数のもののうち、犬にとって主要なものはほんのわずかである。家の中の家具、本、がらくた、その他もろもろは、犬から見ればより単純な分類体系におさまる。犬は自分が世界に対して作用するやり方によって、世界を定義する。犬の体系では、「もの」は操作のされ方(噛む、食べる、動かす、すわる、転がす)によってグループ分けされる。ボール、ペン、テディベア、靴は同等だ。どれも口に入れられる。同様に、ブラシ、タオル、ほかの犬など、いくつかのものは、彼らに対して作用する。

わたしたちが見る「もの」の典型的機能、すなわち作用トーンは、犬自身がそこに見る機能にとって代わられる。犬は銃を見ても怖がるどころか、それが口にはまるかどうかに興味をもつ。あなたが犬に向かってするジェスチャーは、「怖いこと」、「楽しいこと」、「命令」——そして「意味のないもの」——に集約される。犬にとって、手を挙げてタクシーを呼び止める人は、ハイータッチする、あるいはバイバイと手を振るのと同じことを言っている。犬の世界において、部屋は人間の世界のそれとパラレルに存在する。静かに匂いを集めるエリア(壁や床の隙間にある見えない有機物のかけら)、ものや匂

いが出てくる豊穣なエリア（クローゼット、窓）、そして飼い主やその素敵な匂いが見つかるすわるエリア。外では、建物そのものに気づくことはあまりない。大きすぎるし、「作用」しようがないし、犬にとって意味がない。だが建物の角は、電柱や消火栓と同じく、他の「通行犬」についての情報をのせており、出会うたびに新しいアイデンティティをまとう。

　人間の場合、ものに気づくときのもっともきわだった特徴は、ふつうは形あるいは姿である。ところが犬にとって、たとえば犬用ビスケットの形（骨の形に固執するのは人間のほうだ）などはどっちでもよいのである。犬にとって、もののアイデンティティの本質的な部分は、彼らの網膜がすみやかに検知する「動き」である。すばやく走るリスとのろまなリスは違うリスかもしれない。スケートボードをやっている子どもと、スケートボードを抱えている子どもは、違う子どもだ。かつて、動く獲物を追うようにデザインされた動物らしく、犬にとって動いているものは、静止しているものよりも興味深い（動かないリスや小鳥でも、しばしばふいに走るリスや飛ぶ小鳥になることを学習すれば、もちろん静止した相手でも追いかけるだろう）。スケートボードの上ですべっている子どもは、犬にとってはわくわくさせる存在であり、吠えかかる価値がある相手だ。スケートボードを止め、動きを止めれば、犬は静かになる。

　動き、匂い、そして口に入れられるかどうかで、犬が対象を定義するとすれば、見たところもっともわかりやすい対象のはずの飼い主の手は、犬にとってはわかりにくいものかもしれない。頭を撫でている手は、頭を押さえつける手とは異なるものとして経験される。同じように、凝視するのと、ちらっと見るのとでは（こっそり見るのさえ）違う。手や目というひとつの刺激が、速度と強さの違いによって、二つの別の経験になるのだ。人間にとっても、一連の静止イメージを速くシャッフルすれば連続したイメージになり、あたかもアイデンティティを変えたようになる。世界を用心深く渡るカタツムリにとって、ゆっくりたたいている棒の上を歩くのは危険だが、もしその棒を毎秒四回振動させたなら、カタツムリは進んでいくだろう。犬のなかには頭を撫でられるのは我慢しても、手を置かれるのには我慢できない犬もいれば、その反対の犬もいる。(50)

世界を定義するときの犬のこうしたやり方は、彼らが世界と相互作用するさいに、すべてあらわれる。歩道の上の何もない場所に興味を示す犬、「何でもない」のに耳がピンと立つ犬、草むらの中の隠れたものに釘づけになる犬。そのとき彼らは、わたしたちの宇宙と並行した、いわば自分たちの感覚的宇宙を経験しているところなのだ。成長するにつれて、犬はわたしたちになじみのあるものをもっと「見る」ようになるだろう。もっと多くのものが口にくわえられ、舐められ、体でこすられ、あるいは中で転がれることがわかるだろう。やがて彼らは、違って見える対象(デリにいる店員と、通りにいる同じデリの店員)が同一であることを理解するようになる。それにしてもこれだけは確かだろう――わたしたちがいま見ているものを何だと思っているにせよ、あるいはまた、たったいま起きたことが何だと考えているにせよ、犬はそれとは違った何かを見、違った何かを考えているのだ。

……それは細部に満ちている……

人間の正常な発達とは、一部には感覚の感受性が洗練されることを意味する。具体的にいうと、本来備わっている能力よりも、少なく感じ取るということだ。世界にはさまざまな色、形、空間、音、手ざわり、匂いがあふれている。そのすべてを一度に感知すれば、正常な活動は不可能となる。サバイバルのために、わたしたちの感覚システムは生存にとって不可欠なものだけに注意を高めるようになっており。残りの細部はわたしたちにとっては不必要な事柄であり、うやむやにされるか、まったく見過ごされる。

しかし気づこうと気づくまいと、世界にそうした細部《ディテール》が満ちているのは変わらない。そして犬は、世界を人間とは違った肌理《きめ》で感じ取る。犬の感覚能力はわたしたちと違っており、人間が見過ごす視覚世界のさまざまな部分、人間が感知しない匂いの要素、そして人間が無関係だとして無視している音に、注目するのである。犬にしても、すべてを見るわけでも聞くわけでもないが、それでも彼らが気づく事柄には人間が気づかない事柄が含まれる。たとえば広範囲の色彩を認められない犬は、明るさのコントラストに対して人間よりはるかに敏感である。犬が光を反射するプールにとびこむのを嫌がったり、暗い部屋に入るのを恐れたりするのは、このせいかもしれない(51)。動きに対して敏感なため、歩道のわきにふわふわ漂っている空気の抜けた風船に警戒する。言葉がないため、わたしたちの言葉の抑揚、声の緊張、感嘆符だの大文字の強調だのを、よけい鋭く聞き分ける。話しているときのとつぜんの乱調――怒鳴り声、一言だけの言葉、長びいた沈黙さえも――は、彼らを警戒させる。

人間と同じく、犬の感覚システムもまた目新しさに反応する。わたしたちの注意は、新しい匂い、新しい音に集中する。人間より広い範囲の匂いや音を感知する犬は、始終新しい匂いや音を感知しているように見える。目を大きく開いて通りを急ぎ足で歩く犬は、まさに新奇なものたちに集中砲火されているところなのだ。しかもたいていの人間と違って、彼らは人間の文化が作り出す音にすぐに慣れてしまうことはない。その結果、都会で過ごす犬の頭の中では、日々の細部が激しく渦を巻くことになる――人間が無視するようになった日々の不協和音だ。車のドアが閉まる音に慣れているわたしたちは、ことさら耳をすませないかぎり、通りで奏でられるバタンバタンを聞くことはない。だが犬にとって、それは奏でられるたびに新しい音として聞こえるかもしれない。しかも、しばしばその音に続いて人間が到着するのであれば、さらに興味ある音になるわけだ。

彼らは、わたしたちがまばたきする一瞬の時間の裂け目――わたしたちに見えない部分――に注意を払う。ときにはわたしたちが見えるものであっても、彼らの注意をひかせたくないものもある。股のつけね、ポケットに詰め込まれているお気に入りのキューキュー音の出るオモチャ、通りを足を引きずって歩いているホームレスなど――これらの対象を、わたしたちは見ることができるがあえて目をそらす。他人が指をこつこつやったり、組んだ足首をいじったり、そっと咳をしたり、体重を移動したりしても、わたしたちは無視するが、犬は気づく。椅子の中で体を動かすのは、立ち上がるということだ！　腰かけたまま前に少し移動するのは、何かが起こる前ぶれだ！　かゆいところをかくとか、頭を振るなどのありふれたしぐさも、犬を興奮させる――知らない信号とシャンプーの匂いだ。人間と違って、これらのジェスチャーは犬の文化的世界の一部ではない。非日常のものであるとき、細部はもっと意味をもってくる。

すでに述べたように犬は人間に注意を向ける。したがって時とともに人間の文化のなかで教え込まれ、これらの音に慣れてくるかもしれない。たとえば本屋の犬を例にとってみよう。彼は何時間も人々に囲まれて過ごす。いろいろなことに彼は慣れている。店に入ってきて体をくっつけて立ったまま、本のページをぱらぱらとめくる知らない人々に。彼らに頭を撫でられることに。過ぎていく匂いやいつもそこにある足音に――。一日に一〇回も指をボキボキ鳴らせば、そばにいる犬はこの習慣を無視するようになるだろう。だが人間の習慣に慣れていない犬は何にでも警戒する。家の番犬として一日じゅう鎖でつながれている犬は、知らない人が近くを通るのにも、空気中の新しい匂いや新しい音にもめったに遭遇しないため（しょっちゅう指をポキポキ鳴らすのはもちろん）、警戒が必要な事態になると最高に興奮するのである。

犬の感覚的環世界がどういうものかを知るには、わたしたちの感覚システムを驚かせてやるとよい。たとえば、毎日だいたい同じ色の取り合わせしか見ないという悪い習慣をやめて、たとえば黄色の狭い帯域幅のような、ひとつの色だけで照明された部屋に身を置いてみる。そのような光の下ではものの色はあせてしまう。あなたの手は血のめぐる生気あるものから、血の気が失せたものになる。ピンクのドレスはぼんやりした灰色に変わる。顔の無精髭はミルクの上の胡椒のように目立ってくる。なじみのあったものが、ふいに知らないものになる。上からの黄色い光を除けば、これこそは犬が知覚するだろう色彩の世界に、はるかに近いものかもしれない。

……それは瞬間に存在する……

皮肉にも、さまざまな細部に寄せる関心は、そういった細部から一般化する能力を邪魔するのかもしれない。犬は木をくんくん嗅ぐが、森を見ない。このように特定の場所や対象にこだわることは、車での外出で犬を落ち着かせたいときに役に立つ。お気に入りのクッションさえあれば落ち着かせることができるのだ。怖いものや人物でも、新しい状況に置かれると、怖くないものとして生まれ変わることがときどきある。

この限定性こそ、犬が直接目の前にないものごとについて抽象的に考えないことを示すものかもしれない。分析哲学に強い影響を与えたヴィトゲンシュタインは、犬はドアの向こうにあなたがいると「思う」ことはできるものの、二日後にあなたが帰ってくると期待して、それについて「思いめぐらす」ことはないと述べている。はたしてどうだろうか。こっそり隠しカメラで撮ってみよう。あなたが出たあと、犬は家の中をあちこちゆっくりと歩きまわる。部屋の中でまだ噛んでいないおもしろそうな表面を全部チェックする。肘掛け椅子に足を運ぶ。ずいぶん前に、一度食べものが残っていた場所だ。それからソファにも行く。ここは昨夜こぼれた食べものを見つけたところだ。それから六回、昼寝をし、三回水の入ったボウルのところに行き、二回、どこかの犬の遠吠えに頭を上げる。そしていま、ドアの外で近づいてくる足音を聞き、すぐさま鼻であなただと確認する。そして思い出す——いつもこの音を聞き、この匂いを嗅ぐときは、つぎには必ずあなたの姿が視覚的にあらわれるのを。

要するに、犬はあなたがそこにいると思っている。そうでないと主張するのはナンセンスだ。ヴィトゲンシュタインは、犬が「思う」ことはないと言っているわけではない。犬は選り好みし、判断をし、区別し、決定し、抑制する。彼らは考えるのだ。ヴィトゲンシュタインが言っているのは、あなたが到着する前に、犬がその到着を予期することも、それについてじっくり思いめぐらすこともないということだ。いま目の前で起こっていないものごとについて、犬がなんらかの思いをもつことは疑わしいと言っているのである。

抽象的思考なしに生きるというのは、すべてがその場に限定されたものに終わるということである。直面するどの出来事もどの対象も、唯一無二のものとなる。おおざっぱに言えば、これはまさにその瞬間を生きている状態である。思いわずらうことのない生活だ。そうであれば、犬は内省しないと言ってもさしつかえあるまい。彼らは世界を経験するけれども、自分の経験について思いめぐらすことはない。彼らは考えるけれども、自分の考えを吟味することはない。自分の考えについて考えることはないのだ。

犬は一日のリズムを学ぶようになる。だが主要感覚が嗅覚である動物にとって、瞬間の性質（瞬間の経験）はわたしたちとは違う。人間にとって一瞬と感じられるものは、異なる感覚世界をもつ動物にとってはいくつもの瞬間かもしれない。わたしたちの「瞬間」でさえ、一秒より短い。気づくことのできる一瞬の持続時間だ。おそらくこれが、通常わたしたちが世界を経験するときの最小の識別可能な時間単位であろう。これを計測できると主張する人々もいる。一秒の一八分の一だ。視覚刺激が意識に認められるまでに必要な時間である。したがって、わたしたちは一秒の一〇分の一でなされるまばたきに気づくことはほとんどない。この論理でいけば、犬の場合には閃光融合頻度（一五九ページ参照）が高いため、視覚的瞬間はより短く、またよりすばやくなる。犬の時間において、瞬間はより短い。別の言い方をすれば、つぎの瞬間がくるのがもっと速いのだ。犬にとっての「いまこの瞬間」は、わたしたちがそれを知る前に起こっている。

……儚くもまたすみやかに……

犬が遠近感、程度、そして距離をまがりなりにも知るのはその嗅覚による。だが嗅覚はすばやく過ぎていく。それは異なる時間尺度《タイムスケール》のなかにある。視覚の場合、（通常の状態では）光は一律に規則正しく目に到達するが、匂いはそうではない。これが意味するのは、「匂いの視覚」をもつ犬たちは、わたしたちとは違う速度でものを見ているということだ。

匂いは時間を物語る。過去は、弱まった、あるいは劣化した、あるいは覆われた匂いで示される。時間がたてば、匂いは強さが弱まるため、匂いの強さは新しさを、匂いの弱さは年輪を示唆する。そして未来は、犬が向かっている場所からの微風にのってくる。一方、わたしたち視覚的動物は、ほとんど現在を見ているようだ。「現在」の世界についてもまた、犬の匂いの窓はわたしたちの視覚の窓よりも大きい。いま起こっている情景だけではなく、たったいま起こったことと、少し先に起こることと、その両方の断片も含まれる。犬の現在は、そのなかに過去の影と、未来の響きをもつ。

このようにして、嗅覚は時間をも操作する。ひと続きの匂いであらわされたとき、時間は変えられるからだ。匂いは寿命をもつ。匂いは動き、匂いは消失する。犬にとって、世界は流動している。世界は彼の鼻の前で波打ち、ゆらめく。自分にとって世界が明らかなものであり続けるために、彼はたえず嗅ぎ続けなくてはならない。ちょうどわたしたち人間が、網膜と心に絶えざるイメージを残すために、世界をくりかえし見続けなくてはならないように。こう考えると、犬によく見られるある種の行動の説明がつく。ひとつは犬がたえず匂いを嗅いでいることであり、(52) もうひとつは、犬の注意がいかにも散漫に見えることだ。彼らはつねに注意をあちこち分散させて、忙しく嗅ぎまわっている。犬にとって、対象が存在するのは、匂いが発せられ、その匂いを吸い込むあいだだけなのだ。わたしたちはひとつの地点に立って世界を視界に取り込むことができるが、犬がすべてを吸収するためには、人間よりもはるかにせわしく動きまわらなくてはならない。注意力が散漫に見えるのも無理はない。彼らの現在はたえず動いているのだ。

したがって犬にとって、ものの匂いは、過ぎていく時間のデータを保持している。彼らは時間と一日の推移に気づくが、さらにまた匂いを通じて季節に気づくことができる。わたしたちもまた、ときには咲く花の香り、朽ちゆく葉の匂い、雨が近づくときの空気の匂いから季節のうつろいに気づくことがある。だがたいていの場合、わたしたちは季節を触感で、あるいは視覚で、感じ取る。春になれば、わたしたちは冬のあいだに青白くなった皮膚にうれしい太陽を感じる。窓の外の明るい春の日ざしに目をやって、「なんて素敵な新しい匂いなのだろう！」と言う人はあるまい。犬の鼻は、わたしたちの視覚と皮膚感覚のかわりを務める。春の空気を鼻いっぱいに嗅げば、冬の空気とは著しく違った匂いが入ってくる。その湿りと暖かさ、朽ちゆく死と花開く命の量、微風にのって旅する、あるいは地面から発散する空気の中に。

現在を広げてとらえる窓をもつ犬は、人間の時間の世界を航行しながら、人間よりも少し先を動く。彼らの感度は超自然的である――わたしたちよりほんの少し速いのだ。投げたボールを空中でうまくとらえるのも、ときどきわたしたちと犬とが調子がずれることがあるのも、さらにはわたしたちの望むようにさせられないことがあるのも、そのためである。犬が「言うことをきかない」、あるいはこちらが覚えさせたいことを覚えないのは、しばしばわたしたちが彼らをきちんと読んでいないからである。彼らの行動が始まったとき、わたしたちは見ていないのだ[53]。彼らはわたしたちより一歩前に、未来に向かって突進している。

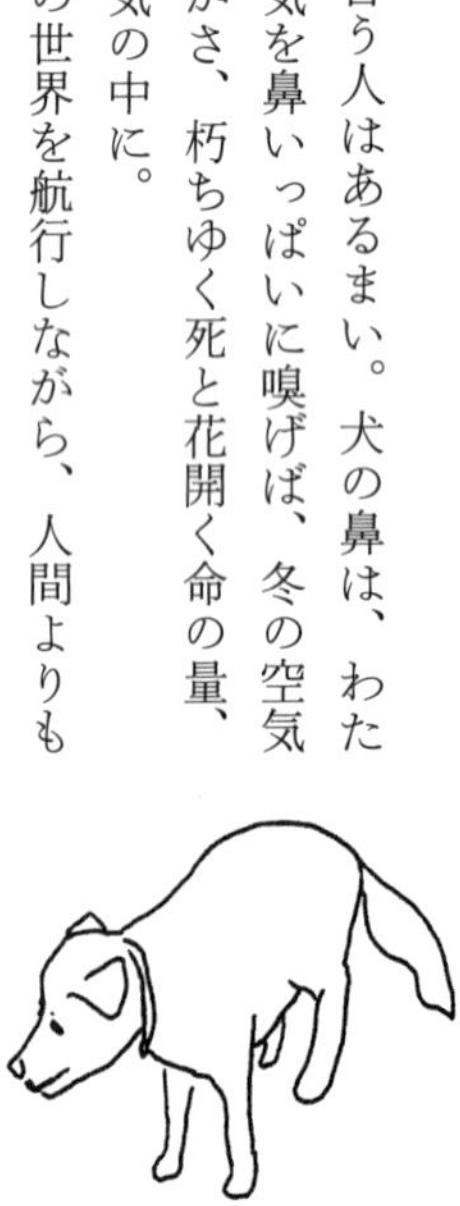

……それは顔一面に書いてある……

彼女は微笑する。パンティングしているときの表情のひとつだ。パンティングしているときにいつも「微笑」を見せているわけではないが、微笑しているときはつねにパンティングの表情である。唇のわずかなひだ（人間の顔ではえくぼだろうか）が、微笑に加わる。目はまん丸の円盤状（何かに夢中になっているとき）か、半開きの細目（満足しているとき）かのどちらかである。そして彼女の眉毛とまつげはなにかを叫んでいる。

犬は正直である。たとえときどきわたしたちをおだてたりだましたりすることがあるにせよ、彼らの体はあざむかない。それは心の状態をはっきり映す。あなたが帰宅したときの、あるいは近づいたときの彼らの喜びは、まっすぐにその尻尾によって示される。気がかりなときは眉毛が上がる。パンプの微笑は実際には笑いではないけれども、唇を深く引っ込めてちらっと歯を見せるあの表情は、わたしたちのコミュニケーションの一部として儀式のように使われている。

頭の持ち上げ方でも、多くのことがわかる。犬の気分、興味、そして注意が、頭の高さや耳の置き方、そして目の輝きに、はっきりと書かれているのだ。犬が尻尾と頭を高く上げ、お気に入りの（それとも盗んできた）オモチャをくわえて、ほかの犬の前を威張って歩いている姿はどうだろう。いつもの犬たちの相互作用からすると、これは明らかに意図的なジェスチャーであり、自慢に似ているものだ。若いオオカミもまた、年長の動物たちの前で食べものを生意気に見せびらかす。犬の頭は世界を相手に相互作用するときの先導者であり、リーダーであって、ふつうは彼らが進む方向へと向けられる。横に向けることもあるが、それもほんの一瞬で、そちらに何か追いかける値打ちのあるものがあるかどうか決めるときだけである。これは人間とは違う。わたしたちが頭をひねるのは、考えていたり、気どっていたり、あるいは効果をねらうためかもしれない。犬には見せかけは一切ない。まさに胸がすくほどである。

犬の意図について、頭が語らないことは、尻尾が語る。頭と尻尾はおたがいに鏡であり、同じ情報を並行して伝える。典型的な対句法だ。だが犬はまた本物の「プシュミプリアス」〔pushmi-pullyus ロフティングの「ドリトル先生」シリーズに登場する双頭の動物。井伏鱒二はオシツオサレツと訳した〕でもあり、それぞれの両端で違った感覚をもつこともある。顔を嗅がれて吠える犬は、尻をチェックされても平気なこともあり、あるいはその反対かもしれない。この場合、尻尾か頭のどちらかが犬の内側を語っているのだ。

ここまで犬の内側が「どんなふうなのか」について述べてきたが、それがまったく間違っていたとしてもわたしは驚かない。むしろまったく正しいとしたら、そちらのほうが驚きである。犬であるとはどんなふうなのか。この問いは結論を出すためではなく、むしろわたしたちがそれによって共感と、情報に基づいた想像力、そしてものごとを全体的に把握する道へと踏み出すきっかけを作るものなのだ。ネーゲルは、ほかの生物種の経験について、いかなる客観的説明もけっしてなされることはないと述べている。犬の心のプライバシーはちゃんと保たれているわけだ。だがそうであっても、犬が世界をどう見ているのかを想像してみることはきわめて重要である。すなわち、擬人化を環世界で置き換えるのだ。そしてもしわたしたちが本当に注意深く見るならば、本当に、そして上手に想像するならば、犬はびっくりするかもしれない——自分たちがどれほど理解されているかを知って。

絆を作り上げるもの

帰宅してドアを開けると、寝ていたパンプを起こしてしまう。最初に聞こえてくるのは音だ。尻尾を床にたたきつけるパタンパタンという音。ものうげに起き上がるとき足の爪が床をひっかく音。体全体をくねらせて尻尾の先までブルブルッと振るうときに、首輪についた名札や鑑札がジャラジャラ鳴る音。そしてわたしは彼女を見る。耳がぺたんと後ろに張りつき、目は柔らかだ。彼女が微笑しているのがわたしにはわかる。彼女はわたしのところに急ぎ足でやってくる。頭をわずかに下げ、耳をピンと立て、尻尾を振って。わたしがかがみこむと、彼女はくんくん嗅いで挨拶する。わたしもお返しに嗅いでやる。彼女の湿った鼻がわたしにちょっと触れる。ヒゲがわたしの顔を撫でる。ただいま、帰ったよ。

最近まで犬がまじめな科学的研究の対象ではなかったのはなぜか。その理由がここにある。人間はすでに答えを本能的に知っている問題について質問をしないのだ。一日に二、三回あるわたしとパンパーニッケルの再会は、途方もなく楽しいのだが、それでいていかにもあたりまえなのである。こうした単純な相互作用ほど自然に見えるものはない。すばらしいことではあるが、あえて科学的調査が必要なほどの不思議な現象ではないのだ。たとえて言えば、自分の右の肘の性質について考えるようなものだ。肘はつねにわたしの一部である。それが上腕と下腕のあいだに位置することがいかに便利か、頭を悩ませることもなく、将来どうなるかについてもあれこれ思案しない。

今こそ、その肘の性質について再考すべきときだ。いくつかのグループで「犬と人間の絆」と呼ばれているこの相互作用の性質は、きわめて特別なものだからである。それはわたしの到着を待っているただの動物というだけではなく、ましてやただの犬でもない。それはきわめて特殊な種類の動物——家畜化された動物——であり、同時にきわめて特殊な種類の犬——わたしと共生関係を作り上げた犬——である。わたしと犬の相互作用は、ふたりだけが特別のステップを知っているダンスを踊るようなものだ。家畜化と発達の二つが、そのダンスを可能にした。家畜化がステージを設定する。振り付けはともに作り上げられる。わたしたちは知らないうちに一緒に結びついている。それは省察や分析以前のものである。

人間の犬との絆は、その核となるところでは動物のそれである。動物の生活は、個々の動物たちが他者と仲間になり、最終的に絆を結ぶことによって成功してきた。もともと動物の相互のつながりは、性行動の一瞬しか続かなかったかもしれない。だが、ある時点で、生殖器の結合が無数の方向に発展した。子どもを育てることを中心とした長期のつがい形成、血のつながった個体どうしがともに暮らすグループ、保護あるいは交わり《コンパニオンシップ》もしくはその両方を目的とした同性の動物たちの結びつき、さらには協力的な隣人どうしの提携まで。代表的な「ペアボンド（つがいの絆）」とは、二匹のつがいの動物たちのあいだに形成される関係である。つがいの動物たちは、素人の観察者でもそれとわかるかもしれない。ほとんどのつがいは一緒に暮らす。彼らはたがいに気を配り、世話をしあい、離れていたあとで一緒になると興奮して挨拶を交わす。

この種の行動はとくに意外には見えないかもしれない。結局のところわたしたち人間は、多大な時間を割いてペアボンドを形成し、維持し、あるいは論じ、あるいは失敗した「絆」から脱出しようとしている。だが進化の見地から見れば、他者との絆の形成はあたりまえとは言えない。遺伝子の目標は自己の複製である。社会生物学者が述べるように、その目的は本質的に利己的なのだ。だいたいなぜ他者のことを気にかける必要があるのか？　利己的な遺伝子がわざわざほかの遺伝子による個体を気にかけ、挨拶するのであれば、その理由は、やはり利己的にならざるをえない。すなわち、生殖は有用な突然変異のチャンスをふやすのである。そして新しい子どもの遺伝子を生み育てるために自分の生殖の相手が十分健康であることは、利己的な遺伝子にとって有利なのだ。

強引すぎるって？　だが、この「つがいの絆形成」については、それを支持する生物学的メカニズムが発見されている。繁殖にかかわるオキシトシンと体内水分の調節にかかわるバソプレシンの二つのホルモンが、パートナーと相互作用するさいに放出される。これらのホルモンは、快楽と報酬にかかわる脳の領域でニューロンのレベルを変化させる。ニューロンの変化は行動の変化を導く。すなわち快を感じるがゆえに、つがいの相手との結びつきを促すのである。小型のネズミに似たプレーリーハタネズミの場合は、バソプレシ

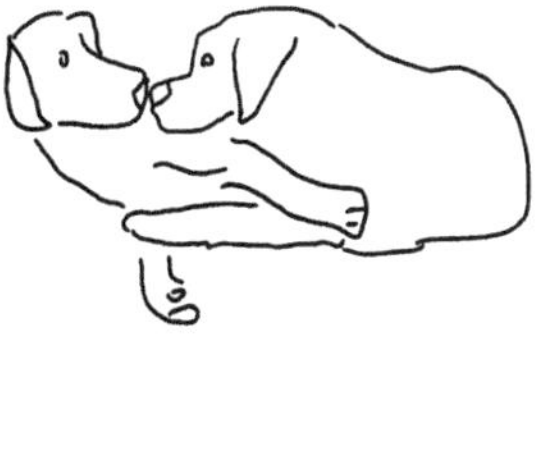

ンがドーパミン・システムに作用すると考えられ、雄はつがい相手を強力に求める。その結果、プレーリーハタネズミは一雌一雄で長期にわたるつがいの絆を形成し、父親と母親の両方が幼いハタネズミを育てるのにかかわる。

だが、これは同じ種のメンバーどうしのペアボンドである。では異種間の絆を作り出したのはいったい何なのだろう。いまわたしたちが犬と一緒に暮らし、一緒に休み、セーターを着せるようなことになったのは、何がもとになったのだろう。コンラート・ローレンツは、それについて考えを述べた最初の人間だった。一九六〇年代、彼は自分が簡単に「絆」と名づけたものについて論じた。現代の神経科学の時代よりはるか以前、人とペットの関係についての研究集会などがあらわれるよりも前のことである。その「絆」について、彼は科学的言いまわしでつぎのように定義している。「客観的に実証可能な相互的愛着の行動パターン」。いいかえれば彼は動物間の絆を、目的（繁殖など）によってではなく、プロセス（一緒に住む、挨拶するなど）によって再定義したのである。絆の目的は繁殖だと言えようが、同時にそれは、サバイバルであり、仕事であり、共感であり、もしくは快でもありうるのだ。

ローレンツによるこの発想の転換は、つがい以外の多くのペアリング（同じ種のメンバーどうしでも二つの種のあいだでも）を真の絆とみなす考え方への出発点となった。犬に関して言えば、仕事犬が代表的なケースである。たとえば牧羊犬はごく幼いときから、仕事の対象である動物――ヒツジ――と絆を形成する。実際、有能な牧羊犬となるためには、牧羊犬はその最初の数ヶ月のあいだにヒツジと絆を形成しなくてはならない。彼らはヒツジのあいだで眠り、ヒツジと同じときに食べ、ヒツジと同じときに眠る。生後数ヶ月のあいだ、彼らの脳は急速に発達している。その時期にヒツジに会わなければ、良い牧羊犬にはならない。どんなオオカミでも犬でも、働いていようがいまいが、社会的発達のための感受期をもつ。生後まもなくは世話をする人をとくに好み、その人物を捜し求め、ほかの者たちとは違った反応を見せ、特別な挨拶をする。[54] 幼い動物たちにとって、そうすることが適応なのである。

そうはいうものの、発達上の利点から作られた絆から、仲間との交わり《コンパニオンシップ》に基づく絆までには、やはり大きな飛躍がある。人間が犬とつながうわけでもなく、サバイバルのために犬を必要としているわけでないとすれば、わたしたちはなぜ絆を形成するのだろうか？

絆を形成できること

それは相互反応という感じである。わたしたちのどちらかが相手に近づき、もしくは見つめるたびに、それはなんらかの反応を作り上げ、わたしたちを変えた。彼女が見たり歩きまわったりするのを見て、わたしはほほえんだ。彼女の尻尾がバタバタする。注意と楽しさを示唆する耳と目のかすかな筋肉の動き。わたしはそれを見ることができた。

ヒツジと違ってわたしたちは駆り集められる必要はないし、だれかを駆り集めるべく生まれてもいない。そのうえすでに見てきたように、わたしたちは生来の群れ《パック》ではない。それではわたしたちと犬との絆を説明するのは何だろうか？　犬には、絆を形成する相手としての望ましい特徴がいくつかある。犬は昼間活動する動物であり、わたしたちが彼らを連れ出せる時間帯には、いつでも起きることができるし、連れ出せない時間帯には眠っている。たしかに、夜行性のツチブタやアナグマなどは、めったにペットにはならない。犬の場合、大きさもちょうどよい。それも犬種のあいだでさまざまなバリエーションがそろっている。つまみ上げられるくらい小さいの、人間と一対一のつきあいができるくらい大きいの、好みに合わせて選りどり見どりである。犬の体も人間にとって親しみやすい。目、腹、足など、体のそれぞれの部分がわたしたちと同じであり、同じでないものも、人間の体に当てはめることができる。前足はわたしたちの腕であり、口と鼻はわたしたちの手だ[55]（尻尾は違うが、それはそれでまことに楽しい）。彼らの動き方もわたしたちと多少とも同じである（彼らのほうが迅速だとしても）。後ずさりするより前向きに進むほうが得意だ。足どりはゆったりしており、走る姿は優美である。彼らは扱いやすい。長時間ひとりにしておくことができるし、餌をやるのも手間がかからない。さらに訓練することもできる。彼らはわたしたちを読もうと努め、わたしたちもまた彼らを読むことができる（しばしば読み違えるとしても）。彼らは立ち直りが早く、また信頼できる。そのうえ彼らの寿命はわたしたちの寿命に比例している。わたしたちは一生のうちの長い部分を、犬たちと一緒に過ごす。多くは子どものころから若者までの時期だろう。ペットのネズミは一年生きるが、それでは短すぎる。ヨウム（アフリカ産の灰色のオウム）の寿命は六十歳だ。これは長すぎる。犬はその中間である。

　最後に、彼らはたまらなくかわいらしい。たまらなく、と言ったのは、文字どおり心理学でいう強迫、つまり押さえがたい欲望という意味である。子犬に赤ちゃん言葉で話しかけ、頭が大きくて足の短い雑種犬を見てとろけそうになり、パグの鼻やふさふさの尻尾にのぼせ上がるのは、わたしたちに生まれつき備わった体質の一部になっている。人間は、誇張された顔の造作をもつ生きものにひきつけられるように作られているという。最高の例が人間の幼児だ。幼児の顔の造作は、おとなのパーツのおかしいほどゆがんだバージョンである。巨大な頭、まるまるした短い手足。ちっぽけな指。このように進化したのは、おそらく幼児に対して本能的な関心と助けたいという衝動を感じさせるためだったのだろう。年長の人間の助けがなければ、幼児はひとりでは生き延びることができない。彼らはほれぼれするほど無力なのだ。こうして幼児のような形質をもつ幼形成熟《ネオテニー》の動物たちは、わたしたちの関心と世話を促すのかもしれない。犬はたまたまその条件を満たしている。彼らのかわいらしさは、なかばは被毛にあり、なかばはネオテニーにある。犬は確かにネオテニーそのものだ。頭はボディに比して大きすぎる。耳はそれがついている頭のサイズとはまったく不釣り合いだ。皿のような大きな目。鼻は小さすぎるか大きすぎるかで、けっして「鼻」サイズではない。

こうした特徴はすべて、わたしたちが犬にひきつけられる理由と関係があるが、それでもなぜ絆を結ぶのかという問いに対しては、完全な答えになっていない。その絆は、見た目だけでなく、わたしたちがともに行う相互作用に基づいて、時間の経過とともに形成される。ごく一般的に言えば、その答えはただ、ウディ・アレンがその映画《アニー・ホール》で披露したジョークと同じかもしれない。自分をメンドリだと思い込んでいる弟を精神病院に入れろと言われ、「でも卵はほしいんです」といった兄の答えである。アレンはここで自分のクレージーな「つがいの絆形成」の試みを説明しようとしている。いいかえれば、答えは、答えがないところにある。絆を作るのは、理屈も何もない人間の本性なのだ。[56]わたしたちのあいだで進化してきた犬もまた同じである。

なぜ絆を作り上げるのが犬と人間の本性となったかに対して、科学的なレベルではつぎの二つの説明が可能である。動物行動学でいうところの「至近」的な説明と「究極」的な説明だ。究極的な説明とはすなわち、進化の面から考えるということだ。他者とのあいだに絆を作り上げる行動がそもそもなぜ進化したか。ここでの最良の答えは、わたしたちも犬も（そして犬の祖先も）、社会的動物だということである。絆を作ることになったのは、社会的であることがわたしたちに利益をもたらしたからである。

たとえばよく知られている理論に、人類はその社会性によって役割分担をすることができるため、効率的な狩猟が可能になったというものがある。狩猟に成功したわたしたちの祖先はサバイバルと繁殖にも成功したが、気の毒にひとりでがんばっていたネアンデルタール人は成功しなかった。オオカミもまた社会的家族グループにとどまることで、大型の獲物を共同で狩猟することが可能となり、つがいの相手を見つけるうえでも、子どもの養育のためにも役立ったのである。

もしそうなら、相手が社会的動物ならば他のどの種ともつきあってよかったはずだ。だがミアキャットにしろ、アリにしろ、ビーバーにしろ、人間が彼らと絆を結ぶことはありえない。そうなると、なぜ犬を選んだのかという問いに答えるには、もう一歩近くを見なくてはならない。至近的な説明とは直接的な理由から考えるということだ。ある行動を強化したり、「その行動をした者」が報われるような直接的効果とは何だろうか。動物にとって、強化をもたらすのは狩りに続く食餌、もしくは精力的な求愛のあとの交尾などだろう。

犬がほかの社会的動物と異なるのはこの点である。わたしたちが犬と絆を保ち、それによって報われたと感じるのは、三つの本質的な行動手段――強化――による。第一は接触《コンタクト》である。動物の感触は、たんなる皮膚の神経刺激をはるかに超える。第二は挨拶の儀式である。おたがいの出会いをこのように喜んで祝うことが、相手を認め、受け入れるのに役立つ。第三はタイミングである。相互作用の足並みは、その成否を決めるもののひとつだ。この三つの要素が一緒になって、わたしたちと犬を決定的に結びつけてしまったのである。

動物にさわる

ふたりともあまり快適ではないのだが、どちらも動かない。彼はわたしの膝にのって、腿の上に体を伸ばしている。この姿勢をとるには足が少しばかり長くなりすぎて、椅子の端からぶらさがっている。顎はわたしの右腕の上、ちょうど肘を曲げた内側のところにのせている。ひたすらわたしとぴったりくっついていようとして、頭が鋭角に持ち上がっているほどだ。こちらとしてはなんとか腕をデスクトップに伸ばしてキイボードをたたきたいのだが、自由に動かせるのは指だけで、体は不安定に傾いたままだ。おたがいの運命を絡み合わせようとしているのか、あるいはすでに絡み合ってしまっているのか、わたしたちはその蜘蛛の巣のような微妙なコンタクトを保とうと、必死でおたがいにしがみついていた。

わたしたちは彼をフィネガンと呼ぶことにした。彼は地元の保護施設《シェルター》にいた。そこの何十もの部屋のひとつ、そこに置かれた何十ものケージのひとつに、彼は入っていた。そこには、いますぐにも家に連れて帰りたいと思うような犬たちがいっぱいいた。いまでもわたしは、彼がフィネガンになると知ったあの瞬間を覚えている。彼がわたしの胸にもたれたあのときだ。彼はケージから出され、診察台の上に置かれていた。ばい菌を運ぶ人間たちが病気の犬と接触を許されている場所である。彼は尻尾を振った。小さな顔の横で耳がパタパタ揺れていた。彼は長い咳の発作をし、それからわたしの胸にもたれた。台の高さと同じわたしの腋の下に、顔を押し込んで。つまりはそういうことだった。

わたしたちはしばしば、触れることによって動物にひきつけられる。物質と物質の接触という意味で、触覚は力学的な感覚である。ほかの感覚能力とは違って、触覚は明らかにもっと主観的に決定される。皮膚の神経終末の刺激は、状況と刺激の強さによって、くすぐりとも、愛撫とも、あるいは耐えがたい苦痛ともなるし、ときにはまったく気づかれないことさえある。気が散っていれば、ふつうなら痛いやけどのように感じられるはずのものも、些細な刺激としか感じられないこともあろう。撫でられるにしても、嫌いな人の手であればいやらしく感じるかもしれない。

だが、いまわたしたちが言っている接触（「タッチ」もしくは「コンタクト」）とは、たんに二つの体を分かつ間隙を消し去ることである。体験型動物園が生まれたのは、柵の向こう側にいる動物に対して、ただ眺めるだけでなく触れることによって、かかわりたいという衝動を満足させるためだった。相手の動物がお返しに触れてくれたらさらによい。そう、たとえば、温かい舌で、あるいはすり減った歯で、伸ばした手の上の食べものを取ろうとして触れてくれたら……。犬を連れて歩いているとき、通りがかった子どもたちはもちろん、おとなたちまで近づいて立ち止まるのは、犬を見るためではない。尻尾を振るのを見るためでもなければ、その犬について考えるためでもない。彼らはひたすら犬を撫でたい、犬にさわりたいのである。実際、さっと撫でたあとで、多くの人々はその相互作用に満足しているようだ。ほんのちょっと触れただけでも、犬とかかわったという気持ちになれるのである。

ときたま、ベッドの端から出ているはだしのつま先を犬が舐めているのに気づく。

犬と人間は、ともにこうした接触への生来の衝動をもっている。母親と子どものあいだのコンタクトは生得的なものだ。食べものを求めて、幼児は母親の乳房に引き寄せられる。それゆえ、母親に抱かれることは生まれつき快適なのだろう。世話する人間（男でも女でも）のいない子どもは、異常な発達を見せる。これについて実験的にテストすることは人道的ではありえない。だが人道的であろうとなかろうと、一九五〇年代、ハリー・ハーロウという名の心理学者が、母親との接触の重要性を調べるため、今では悪評高い一連の実験を行った。彼はアカゲザルの子どもを母親から離し、孤立させて育てた。何匹かが入れられた囲いには、二つの代理「母」が置かれていた。ひとつは、針金のフレームで作ったサルと同じ大きさの人形で、詰め物をして布で覆い、白熱電球で暖めてある。もうひとつはむき出しの針金で作ったサルの人形に、ミルクを入れたボトルを持たせてあった。このとき、子どものサルはほとんど一日じゅう布の母親にしがみついており、ときおり食べるために針金の母親のもとに走っていった。つぎにハーロウは囲いの中に恐ろしげな物体を置いてみた。凶暴な音を出すロボット風の仕掛けである。すると子どもは布の母親のほうに突進した。彼らは暖かい体との接触を夢中になって求めた――引き離されたあの本物の暖かい体を求めて[57]。

この実験の長期的な結果はつぎのとおりだった。孤立させられたサルは身体的には比較的正常に発達したが、社会的には異常な発達を見せた。彼らはほかのサルとうまく相互作用を行うことができず、ほかの若いサルをケージに入れると、おびえて隅にうずくまった。正常な発達のためには、社会的相互作用と個人的接触は「望ましい」どころではなく、きわめて必要なのである。数ヶ月後、ハーロウは初期の孤立によってきわめて異常な発達をしたサルを社会復帰させようとした。その結果、もっとも効果を発揮したのは若い正常なサル（セラピー・モンキーと呼ばれた）とたえず接触させ遊ばせることだった。これによって孤立させられたサルのうち何匹かには、より正常な社会的行動が戻った。

わずかな視力と、さらにもっとわずかな運動能力しかない赤ん坊が、母親にしがみつき、頭を押し込んで触れようとしているところは、まさに生まれたての子犬と同じである。生まれたときは目も見えず、耳も聞こえない子犬たちは、きょうだいや母親、あるいは近くにある物体にしがみつこうとする本能をもって生まれてくる。動物行動学者のマイケル・フォックスが子犬の頭を「感温触覚探測装置」と述べているように、頭が何かに触れるまで半円を描いて動き続ける。接触によって強化され、接触を喜ぶという社会行動の生活は、これから始まる。推定では、オオカミは一時間に少なくとも六回、たがいに触れあおうとする。たがいの毛を、生殖器を、口を、そして傷を、彼らは舐める。自分の口吻が、相手の口吻に、体に、あるいは尻尾に触れる。鼻づらや毛に鼻をすりつける。敵対的活動でも、他の多くの種とは異なり、たいていは接触が含まれる。押す、噛んで相手を押しつける、体や足を噛む、おたがいの鼻づらや頭を口でくわえる、などだ。

人間が相手の場合、この子犬のころの本能は、わたしたちが寝ている体の下に頭をぐいぐい押し込んだり、体の上に頭を置こうとする衝動に変わる。散歩しているあいだもわたしたちにぶつかったり、押したり、そっとかじってみたり、さっと舐めたりする。大喜びで遊んでいる犬たちは、近くで見ている飼い主たちにしょっちゅうぶつかっては、遊び場を仕切るための「人間バンパー」として利用しているけれども、これは偶然でもなんでもない。お返しに犬たちはわたしたちにさわられても黙認する。これは犬がわたしたちにしてくれることのなかでも、最高のお手柄だ。わたしたちは彼らにさわって楽しむ。被毛はまさぐる指先の下でふさふさと柔らかく、しばしばネオテニーの効果もあって、なんともいえずかわいらしい。だが犬自身はさわられたときにどう感じるのだろうか。どうやらそれはわたしたちが思っているのとは違うようだ。子どもは犬のおなかを強くこするかもしれない。わたしたちはかがんで犬の頭を軽くたたいたり撫でたりする——はたして犬のほうは強くこすられるのを望んでいるのか、それ

ウムヴェルト

は、わたしたちのそれとはほとんど確実に違っているのである。

第一に、体の感覚は均一ではない。人間の触覚は、異なる皮膚の部位により違っている。首筋では一センチ離れた二本の指を別々に識別できるが、指が背中を下がっていくと、二本の指は同じスポットに触れているように感じる。動物の皮膚感覚はさらに異なる。わたしたちがそっとたたいていると思っても、それはほとんど感知されないかもしれないし、逆に苦痛かもしれない。

第二に、犬の身体地図は人間のそれとは同じではない。体のもっとも敏感な部分、あるいは意味のある場所は、犬と人間とでは違う。先に述べた犬の敵対的場面での接触行動では、相手の頭や鼻づらをくわえることが多い。よく犬をかわいがろうとして、まっ先に頭や鼻づらをつかむ人がいるけれども、これは攻撃的とみなされるかもしれない。母親が手に負えない子犬に対して、あるいは年長の支配オオカミが群れのメンバーに対して行う行為とこれは似ている。口のヒゲ（感覚毛）も同じで、ほかの毛と同様、先端に感圧性の受容体がある。とくに口のヒゲの受容体は、顔のまわりや近くの空気の流れを感知するのに重要な働きをする。犬の鼻づらのヒゲをよく観察すれば、攻撃的な気分のときは横に張り出すのに気づくかもしれない（その場合はあまり近くにいないほうがよいだろう）。尻尾を引っ張るのは挑発を意味するが、攻撃を誘うというより、たいていは遊びへの誘いとなる。ただし、つかんで放さないのは別だ。下腹に触れると、犬は性的に興奮してじゃれつくかもしれない。相手の生殖器を舐める行為がしばしばマウンティングを促すのと同じである。ごろりと仰向けになるのは、腹をただ見せるというよりも、はるかに多くのことを意味する。これは母親に生殖器をきれいにしてもらうのと同じ姿勢である。強く腹をこすれば、尿をかけられるかもしれない。

最後にもうひとつ、人間にはとくに敏感な場所——たとえば舌の先や指など——があるが、犬も同じである。これには種に共通のレベル（目を突かれたがる人はいないだろう）と、個体によるレベルがある（足の裏がとくに敏感でくすぐったがる人もいれば、まったく感じない人もいる）。自分の犬の体を探って触感の地図を描くのは簡単だ。犬によってさわられるのが好きな場所や嫌う場所が違っているだけではない。接触の形態そのものがきわめて重要である。犬の世界では、くりかえしさわることと、ずっと圧力をかけることでは違う。触れるだけでメッセージが伝達される以上、犬の体のある場所にじっと手を置くことは、その同じメッセージを特筆大書して伝えることになる。犬によっては全身のコンタクトを好むことがある。とくに若い犬で、しかもコンタクトの初心者である場合がそうだ。しばしば犬たちは、相手の体と自分の体が最大限に接触するように横になる。これは犬にとって——とくに完全に他者に頼って面倒を見てもらっている子犬にとって——きわめて安全な姿勢なのかもしれない。全身に沿って軽い圧力を感じることで、安心感にひたれるのである。

犬を知り、それでいてさわらない（あるいは犬からさわられない）というのは、とうてい考えられない。犬の鼻に突かれるほど楽しいことが、ほかにあるだろうか。

挨拶

パンパーニッケルと暮らしはじめたころ、わたしはフルタイムの仕事をもっており、そのため彼女は典型的な分離不安症状を見せるようになった。毎朝散歩のあとで家を出る用意をしていると、彼女はくんくん鳴きはじめ、部屋から部屋へとわたしについてまわり、しまいには嘔吐さえするのだった。

相談したトレーナーたちは、彼女の分離ストレスを減らすために、とても道理にかなったやり方を教えてくれた。ありとあらゆる常識にかなった処置を行った結果、まもなくパンプは心身ともに健康に戻った。だが権威ある意見のなかで、ひとつだけわたしが従わなかったものがあった。出かけるときと帰ったときの挨拶をやめたほうがよいという忠告である。もう一度会えた喜びを祝うのはやめなさいと言うのだ。わたしは拒んだ。ふたたび会えたうれしさで、彼女が鼻でふんふん言ってくる、一緒になって床でとび跳ねる。こんな素敵なことがどうしてやめられようか。

ローレンツは離れていたあと動物が仲間どうしでする挨拶を、「転位された和平の儀式」と呼んだ。自分の書斎やテリトリーの中で他人を見たとき、とたんに感じる不安な興奮は、二つの結果を導くことがある――その見知らぬ相手を攻撃するか、あるいはその興奮を挨拶に向け直すことだ。彼の考えでは、攻撃と挨拶のあいだには、わずかの微妙な変更もしくは付け加えがあるだけで、ほとんど違いがない。彼が広く研究したマガモのあいだでは、二つの個体が出会うとリズミカルな「儀式的な前後運動」を行い、攻撃に発展することもありうるのだが、雄のマガモはここで頭を上げて後ろにそらす行動をとる。ここからたがいに羽づくろいするふりをするという相互儀式に発展し、挨拶は完了する。さらなる争いは抑えられる。

人間のあいだでも、挨拶は同じように儀式化されている。わたしたちはおたがいの目を見つめ、おたがいに手を振りあい、抱きあってキスをする。一回、もしくは二回、もしくは三回――回数は生まれた国による。このすべては、ふいに他人を見たときの不安な感情を転嫁することなのかもしれない。そのうえわたしたちは微笑したり、くすくす笑ったりする。笑いほど他者の善良な意図を確かめられるものはないと、ローレンツは述べている。この音の発作——笑い声——は、実際に喜びを表現する場合がもっとも多いが、警戒心が喜びや驚きに再構成されたときに特有の爆発かもしれない（犬が乱暴に遊んでいるときに笑いが見られる状況と似ていなくもない）。

ローレンツの言うようにこうして自分の興奮を挨拶に変えたあと、その挨拶にはほかの要素が付け加えられるかもしれない。オオカミと犬はこれを行う。彼らだけでなく、すべての社会的なイヌ科動物の挨拶もまた同様である。野生では、親が巣穴に戻ってくると、子どもたちは親に群がり、食べた獲物を吐き戻してもらおうと、気が狂ったように口をめがけて突進する。夢中になって尻尾を振りながら、親の唇、鼻づら、口を舐め、服従的な姿勢をとる。

すでに見てきたように、多くの飼い主がうれしげに「うちの犬のキス」と称するものは、顔舐めであり、あなたに吐き戻しを要求する犬の努力である。もちろん犬としては、自分のキスが実際にあなたのランチを吐き戻させることになればうれしいに違いない。犬は興奮してあなたに近づき、夢中になって接触する。ここではじめて挨拶は完全なものとなる。あなたの到着を検知するためにピンと立っていた耳は、今はぺたんと頭に張りつき、その頭も服従的な姿勢でわずかに下げられている。唇は後ろに引っ張られ、まぶたは下がっている。人間なら本物の笑いだ。尻尾は気が狂ったように振られ、あるいは尻尾の先が床にたたきつけられて狂乱のリズムを打つ。興奮して走りまわろうとするすべてのエネルギーは、あなたのそばにいたいがために抑えつけられ、それがこのような尻尾の動きになっている。うれしさのあまりクンクンしたり、キャンキャン鳴いたりするかもしれない。おとなのオオカミは毎日遠吠えする。群れのあいだでは、遠吠えのコーラスは狩りの遠征を調整し、愛着を強めるのに効果があるのだろう。それと同じように、もしあなたが犬に声を出して挨拶をしたならば、犬は叫び声で挨拶を返すかもしれない。自分があなたを認めていることを、犬はすべての動きのなかで、まるで呼吸するかのように表現しているのだ。

もし挨拶と接触がすべてならば、サルがオオカミと絆を形成し、ウサギがプレーリードッグと共同生活をするといった例がおびただしく見られてもおかしくない。彼らはすべて幼い時期に接触を必要としている。アリさえ巣に戻ってきた仲間に挨拶する。捕食性の問題は留保して（大変な留保だが）、その潜在性はあると思う。ココと名づけられたゴリラは、コミュニケーションを行うための手話を教えられ、人間の家で育てられたが、自分だけのペットの子猫をもっていた。わたしたち人間は、本能に基づいて行動することから遠ざけられているが、ほとんどの動物はそうでないのである。だが人間と犬の絆を独特のものにしているものに、もうひとつ別の要素がある。タイミングである。わたしたちはうまく歩調を合わせて行動しているのだ。

ダンス

長い散歩のあいだ、パンプはわたしのそばについてはいるが近づきすぎることはない。呼べば全速力で走ってきて、わたしからちょっと過ぎたところで立ち止まる。一歩だけ離れているのが好きなのだ。それでも細い小道でわたしの前を歩いているときなど、彼女はチェックを怠らない。始終ふり返ってわたしがどこにいるかを見るのだ。地面を調べるのをちょっと中断して、下げていた頭を半分ほど後ろにふり向ける。わたしが遅れたときは、完全にふり返る。耳を立て、全神経を向けた注意でわたしを待つ。このようにしてわたしを招いている彼女のところに行くのが、どんなに好きだったことか。近づきながらわたしは少し小走りになる。そしてそれをきっかけにして、彼女は遊びのお辞儀《プレイバウ》を始めるか、それとも後ろ足を軸にしてくるっとふり向き、また小走りに散歩をリードしていく。

　二日目の今日、彼は指を鳴らすとくるようになった——あっという間に覚えたのだ。わたしたちは彼に向かって指を鳴らし、二人の間を行ったり来たりさせている。

協力して狩りをするわけではないが、犬は協力的である。都会の道を連れだって歩いているリードつきの犬と人間の行進を見るがよい。少しばかりルートからはずれることはあっても、彼らはみごとに息の合ったダンスをしている。ふたりは一緒に旅をしているのだ。盲人と盲導犬はかわるがわる動きを主導しつつ、たがいに補いあっている。

　犬が人間と同じ速さで生きていることが、このシンクロを助けている。イエネズミは休んでいるときの心拍数が一分間四〇〇回であり、四六時中急いでいる。ダニは一ヶ月間、一年間、あるいは一八年間、あの酪酸の匂いがくるのを、活動を止めて待っている。犬はネズミよりもダニよりも、はるかに人間のペースに合っている。人間のほうが寿命は長いが、犬の一生はわたしたちの世代にまたがっている。動きのペースもわたしたちのペースに近いから（わずかに速いにせよ）、彼らの動きを見分け、その意図を想像するには十分だ。彼らはわたしたちの動きに合わせて動く。しかも積極的に。彼らはわたしたちと一緒にダンスをする。

　はじめのうち、子犬はリードから尻ごみしたり、がむしゃらに引っ張ったりする。あるいはまた、自分がリードに（そして飼い主に）つながれていることがわからず、道の向こうに漂っているおもしろそうな新聞紙めがけて引っ張っていく。だがじきに、子犬はきわめて協力的な散歩のパートナーとなり、飼い主とほぼ同じ速度で、しばしば歩調を合わせて歩くようになる。彼らは飼い主の動きと自分の動きをマッチさせる。ほとんどまねしているようだ。お返しにわたしたちもまた無意識に、自分たちをまねしてくれる相手をまねしている。動物行動学において、これは「相互模倣的行動」と呼ばれており、動物のあいだでの良き社会的関係の発達と維持にかかわっている。だがそれだけではない。子犬は「散歩」という、飼い主がくりかえす行動の手順について学習し、期待するようになる。まもなく彼は、散歩が始まる前の一連のプロセスを知り、公園へ行くときの曲がり角を覚え、リードがはずされる場所、あるいはボールが取り出される場所を知る。長い散歩のときの方向転換地点、短い散歩のときの方向転換地点を予期し、後者をいかに避けるべきかを知る。いくらかの犬は、リードの限界がどのくらい遠くまでわたしたちの手から伸びるかを知っているように見える。彼らはわたしたちの散歩の足どりを乱すこともなしに、リードの限界いっぱいに突進しまくり、棒をくわえ、通りすぎる犬の匂いを嗅ぐ。

リードをはずしたときにも、ダンスは続く。わたしが考えている「完全な散歩」はこうだ。これはときどき成功するのだが、犬のリードをはずし、わたしの横ではなく、わたしのまわりを大きくまわって走らせる。こうすれば速度の違うふたりが何キロかをほぼ一緒に進んでいけるわけだ。この途中で一ダースくらいほかの犬に出会えれば最高である。二匹の犬が荒々しく力強いけんか遊びを一緒にしている光景ほど、健康的な見ものはめったにない。会話のように相手の反応を見て反応を返す、いわば発話交替さながらの犬たちの遊びを見るのは、つねに楽しいのだが、そのうえにここではものすごいスピードと活力の魅力が加わるのだ。信号、タイミングなど、遊びのルールは、わたしたちの会話のルールと似ている。わたしたちが犬と遊びの会話に入ることができるのもそのためなのである。

始めるのはわたしだ。彼女が横になっているところに少しずつにじりより、前足の上に片手を置く。すると彼女はその足を抜き出して、わたしの手の上に置く。またまたわたしは手を抜き出して彼女の足にのせる。こんどは前よりもすばやく、彼女もわたしのまねをする。こんなふうにふたりは、ぴしゃぴしゃと手を重ね合わせ続ける。もうたくさん——ついにわたしは笑いだす。緊張がほどける。彼女は伏せたまま前足をぺたんと床につけ、口を開ける。ほとんど微笑のようだ。彼女はわたしの顔を舐める。わたしの手の上に彼女の前足がのるとき、その重さ、肉球のひっかくような触感、ひとつひとつの爪の感触をひっくるめて、何か特別な親近感がある。彼女がわたしとコミュニケーションするとき、それが意味するのはたいていの場合、この前足＝手を使うという単純な事実なのである。彼女がそれをわたしの手とまったく同じように扱うとき、その部分はふいに「手」として見えてくる——それまでは腕の延長としか見えていなかったのだが。

遊びを楽しいものにする要素が何なのか、正確に指摘するのはむずかしい。おもしろいジョークの解説がつまらないのと同じである。ロボットと一緒に遊ぼうとしてみればわかるのだが、彼らにはつねに、何というか、遊び好きなところが欠けているように思える。数年前、ソニーが機械のペット、アイボを開発した。そのロボットは外見は犬のようで（四つ足、尻尾、特徴的な頭の形など）、また犬のように行動する（尻尾を振り、吠え、簡単なコマンドに従う）。アイボがやれないのは、犬のように遊ぶことだった。設計者たちは、アイボが人間と楽しげに相互作用できるようにしたいと考えた。そのため、委嘱をうけたわたしは犬と人間がともに行う遊びについて調べることにした。取っ組み合い、追いかけっこ、ボールや棒きれ、ロープを投げて取ってこさせる、などなどである。わたしは観察し、ビデオにとり、遊びに参加した者たちのすべての行動を書き出した。それからわたしは、この異種間の遊びがうまくいったケースで一貫して見られる要素を探った。

当初わたしが見つけだそうとしたのは、アイボのように犬に似たオモチャのモデルになりうるような、はっきりした遊びの手順とゲームだった。だが現実にわたしが見つけたのは、より単純で強力なものであった。とりわけ重要なのは、どの遊びにおいても、遊び手の行動が相手の行動にきわめて左右されていたことである。相手の行動に基づいて、またそれに関連して、行動が決められる。これが遊びにリズムを作っていた。相手の行動に左右されるという状況は、ごく幼い子どもの社会的相互作用においてもふつうに見られる。生後二ヶ月で、子どもは母親とのあいだで、顔の表情をまねするといった単純な動きを調整する。遊びでは、たとえばボールが手を離れるといった行動への調整された反応が起こるのは、ビデオテープのわずか五コマ分である（ほぼ一秒の六分の一）。突撃されたあとで突撃しかえすといった、相手の反応をそのまままねた反応は遊びのあいだじゅう頻繁に起きている。もっとも重要なのはタイミングである。わたしたちの動きに対して、犬もまた他の人間がするように、同じ時系列枠《タイムフレーム》で応える。たとえば、「フェッチ」と言って物を取ってこさせる簡単なゲームは、呼びかけと応答《コールアンドレスポンス》からなるダンスである。このゲームが楽しいのは、犬がわたしたちの行動に対してすばやく反応するためだ。猫とやっても全然楽しくない。猫にしてもあなたに物を持ってくるかもしれないが、あくまで自分のペースである。犬はボールをめぐって飼い主と一種の一体化した関係を作り上げ、それぞれが会話のペースで反応しあっている。それも時間ではなく秒単位なのだ。犬の行動は、きわめて協力的な人間のそれである。

もうひとつ例をとろう。ただ一緒に並んで活動する、つまり走るというゲームである。犬どうしの遊びでは、並行性はめずらしくない。二匹の犬がおたがいに、相手が大きく口を開けて前後に振るのをまねすることもある。彼らはしばしば相手のしていることを観察し、それをまねする。穴を掘る、棒きれを噛む、ボールを自慢する——。オオカミは協力して一緒に狩りをする習性があるから、犬がおたがいに合わせて行動する犬の能力も、祖先から伝わったものかもしれない。あなたがふざけて犬をたたき、犬がふざけてあなたをたたく——自分がほかの種とコミュニケーションしていると感じるのは、まさにそんなときだ。

このような犬の反応性のせいで、わたしたちはおたがいに理解しあっていることを感じる——わたしと犬は一緒に散歩しているのであり、一緒に遊んでいるのだ。人間と犬の相互活動のタイミング・パターンを調べたところ、これが恋のプレイをしている男女間のタイミング・パターンや、サッカー場をすばらしいチームワークで移動する選手どうしの動きのタイミングに似ていることがわかった。隠された一連のペア行動が、相互作用のなかでくりかえされる。たとえば犬は棒きれを取ってくる前に飼い主の顔を見る。飼い主は指さす。犬はそれに従って指示されたところに向かう。一連の行動はくりかえされ、そのたびに同じ結果が得られる。こうしてわたしたちは、時とともに、二者のあいだには共有された相互作用の約束があると感じはじめる。一連の行動のどれひとつとして、それ自体難解でも深遠でもないが、どれもでたらめではなく、一緒になって累積効果をもつ。

ウィークデイの昼どき、マンハッタン中心部の五番街を歩いていると、人間という種のメンバーであることへの苛だちと同時に、楽しさをも経験する。歩道には人が群れ、観光客は歩きまわり、ぽかんと

あたりに見とれている。会社員たちは大急ぎでランチをかき込み、あるいはオフィスに戻るまでぶらついている。商魂たくましい街頭の物売りは、取り締まりの警官たちから急いで逃げだす。たしかにすさまじい眺めであり、あえて参加したくはない状況だろうが、それでもよほどのことがないかぎり、あなたはやすやすと好きな歩調で群衆のあいだを進んでいくことができる。集団で歩いている人々はたがいにぶつかることはないとされている。人々の動きは簡単に、またすみやかに予測できるからだ。向かってくる人間が自分のところまでどのくらいかかるかを計算するには、一瞥で事足りる。相手を避けるために無意識にわずかに右によけ、相手もまた同じことをする。集団で泳いでいる魚の群れがとつぜん尾ひれをめぐらし、まるで一心同体のように一斉にきたルートを戻るのと似ていなくもない（ただしわたしたちの場合はそれほど完全には成功しないが）。わたしたちは社会的動物であり、社会的動物は自分たちの活動を調整する。犬は種の境界を越え、その活動をわたしたちの活動に合わせて調整する。近所の顔見知りの犬ならば、あなたがそのリードを手に取ったとたん、一匹とひとりは一緒に歩いている――昔からの友だちのように。

接触、挨拶、タイミング――これらの三つの要素の意味は、それが消えたときわたしたちを襲うある種の感情によってはっきりする。わずかに裏切られた感じ、絆が一瞬切断された感じである。犬がこちらの伸ばした手を避けて頭を下にそらすとき、わたしたちは気持ちが伝わっていないと感じる。一緒に遊ぼうとして拒まれれば、たちまちがっくりする。こちらが投げたボールを見ようともせず、追いかけもしないときがそれだ。裏切られた感じを受けるのは、たとえば「来い！」といっても犬が来ないときのように、単純なコミュニケーションが拒まれたときである。近づいたとき、もし犬が尻尾も振らず、耳が頭にぺたりと平らにつくこともなく、おなかを出して撫でてもらおうともしなかったら、どんなにつらいだろう。こうした要素が欠けている犬を、わたしたちは頑固で不服従だとしている。だが本来これらの要素は、犬にもわたしたちにも生まれつき備わっているものなのだ。不服従とされる犬は、ただたんに、どういうルールが自分に要求されているのか、気づかないだけなのだろう。

絆の効果

犬と人間の絆を強めるのは、接触であり、同調性《シンクロニー》であり、さらに再会のときの挨拶の儀式である。そしてその絆によって、わたしたち自身も強められている。犬を撫でるだけで、数分のうちに交感神経系――心拍、高血圧、発汗――の過剰な活動が鎮められる。犬と一緒にいるとき、体内ではエンドルフィン（快を感じさせるホルモン）と、オキシトシンおよびプロラクチン（ともに社会的愛着にかかわるホルモン）のレベルが上昇し、同時にコルチゾール（ストレスホルモン）のレベルが下がる。犬と一緒に暮らすことで、ソーシャルサポート〔コミュニティにおける有形無形の助け〕が手に入れられ、それが心血管疾病から糖尿病、肺炎まで、さまざまな病気にかかるリスクを減らし、あるいは回復を助けていると考えられる。多くの場合、これは犬にとってもほとんど同じである。人間と一緒にいることで犬のコルチゾールのレベルは下がる。撫でられれば心拍が落ち着く。人間と犬の双方にとって、これは一種の偽薬《プラセボ》である。だからといって偽物だというわけではない。どんな化学物質が作用しているのかは不明だが、現実に変化がもたらされるということだ。ペットと絆を形成することは、薬剤の長期の使用や認知行動療法と同様な効果をあげることがあるのだ。もちろん良くない結果もある。犬の分離不安は、愛着の度合いが過ぎることによって起こり、一瞬の別離にも耐えられないほどになる。

絆による効果には、ほかにどんなものがあるだろうか。すでに述べたように、犬はわたしたちについて多くのことを知っている――匂い、健康状態、そして情動。彼らがそれを知るのは、たんに感覚が鋭いためだけでなく、ひたすらわたしたちと親密であるがゆえである。日々の接触を通じて彼らは、わたしたちがふだんどのように行動し、どんな匂いがし、どんなふうに見えるかを知るようになる。だからこそ、いつもと何かが違っているとき、それに気づくことができるのだ。それもしばしば、わたしたちが自分ではそれに気づかないときに。絆が効果をあげるのは、犬がきわめてすぐれた相互作用の相手として本領を発揮しているからである。彼らは敏感に反応する。そしてもっとも重要なのは、わたしたちに注意を払っていることなのだ。

しかもこの結びつきはきわめて根深い。簡単な実験によって、この結びつきが反射のレベルにおいて本能的だということが示された。犬は人間のあくびに感染するのである。そばの人間があくびをしているのを見た被験者＝犬は、数分もたたないうちにどうしようもなくあくびを始める。わかっているかぎり、あくびが伝染するのは、ほかにはチンパンジーだけである。数分間あなたの犬に向かってあくびをしてみれば（凝視したり、くすくす笑ったり、不満そうな犬の抗議に負けてはいけない）、人間と犬のあいだのこの根強い結びつきを体験することができる。

あくびする犬はさておき、ここには科学の限界が見られる。犬の飼い主にとってもっとも重要な要素――人と犬の関係の「感触」――を、科学は意図的に見ようとしないのだ。その感触は、日々の確認とジェスチャー、調整された活動、共有された沈黙からできている。それは科学のなまくらなバターナイフでいくぶんかは解体できるものの、実験の場で再現することはできない。重要なのは、それが非実験的なものだということだ。実験者たちはしばしば、いわゆる「二重盲検方式」を使って、データの確実性や妥当性、有効性を確認する。被験者は、実験の目的について知らされず、実験者もまた、自分が分析している被験者のデータが、はたして実験グループのデータか、それとも対照グループのものなのか、知らされていない。実験ではつい、最初に立てた仮説と被験者の行動が合うように見てしまいがちだが、これによってそうした傾向から逃れようとするわけだ。

それにくらべて犬と人間の相互作用は、二重盲検どころか、うれしいことに二重観察方式である。わたしたちは、犬の行動を正確に知っているという感じをもつ。犬もまたそうだろう。わたしたちが見ていると思っているもの、それは良き科学の対象ではない。だがそれは満足をもたらす相互作用の光景なのだ。

絆はわたしたちを変える。もっとも重要なのは、それがほとんど瞬間的に、わたしたちが動物と——この動物、この犬と——親しく交わることを可能にすることだ。わたしたちが犬に対してもつ愛着の大きな理由は、彼らに見られることであり、それをわたしたちが楽しむということなのだ。彼らはわたしたちについてイメージをもつ。わたしたちを見、そして嗅ぐのだ。彼らはわたしたちを知っている。そしてどうしようもなく、痛々しいほど、わたしたちに愛着している。哲学者のジャック・デリダは、猫に自分の裸を見られたときのことを書いている。彼は驚き、また当惑した。驚いたのは、猫が、彼のイメージを彼に映し返すということだった。デリダが猫を見たとき、そこに彼が見たものは、猫が裸の自分を見ているということだった。

デリダは正しかった。ペットがわたしたちを見る視線のなかには、わたしたちがみずからを見るまなざしがある（ただわたしの知るかぎり、デリダは犬を飼ったことがない。犬のすばらしい凝視にあったなら、彼の当惑はもっと大きかったかもしれない）。もちろん、わたしたちは動物そのものを楽しむ。それでもわたしたちが犬を見るとき、そこに見いだすものの一部は「犬がわたしたちを見ている」という事実だ。これもまた、わたしたちの絆を作り上げる構成要素になっている。今でもわたしは、パンパーニッケルがわたしを見ているのを思い出す。彼女がわたしの目のなかに自分を見ているのを。わたしもまた彼女を見る。そしてその目のなかに自分を見るのだ。

朝の大事な時間

パンプはわたしの「環世界《ウムヴェルト》」をも変えた。彼女とともに世界を通りすぎ、彼女の反応を観察しながら、わたしは彼女の経験を想像しはじめた。木々が影を落とす森の中、低木の茂みや草で縁どられた狭い曲がりくねった小道は、わたしのお気に入りだが、その楽しみの一部はパンプがそこで楽しむ様子を眺めることにある。涼しい木蔭はもちろんだが、じつは彼女は道そのものも楽しんでいるのだ。ここで彼女は好きなように突っ走ることができる。立ち止まるのは道の両脇について刺激的な匂いをチェックするときだけだ。

いま、わたしが都会の街並み——歩道と建物——を見るとき、いつもそこで匂いを嗅ぐ可能性を考えている。フェンスも木々もない、とぎれずに続く変化のない壁に沿った歩道など、わたしはけっして歩きたいとは思わない。公園ですわろうとして、わたしが選ぶのは、ベンチであれ岩であれ、かたわらの犬にとってももっとも嗅覚的「眺望」が望める場所だ。パンプは広い開けた芝生が大好きだった。

その上で彼女は体をどたんと落とし、ごろごろ転がり、果てしなく匂いを嗅ぎ続けることができた。あと、ゆったりと走り抜けられる高い草や茂みもお気に入りだった。彼女が楽しめると思うと、わたしもまた広い開けた芝生と高い草の茂みが大好きになった（見えない匂いの中を転がりまわりたがる趣味は別だが……）。

前よりもっと、わたしは世界の匂いを嗅ぐ。そよ風の吹く日には外にすわっているのが大好きだ。わたしの一日は朝に重点が置かれている。わたしにとって朝がこれほど重要なのは、早く起きれば、あまり人のいない公園や海岸で、リードをはずした長い散歩が一緒にできるからだ。いまでもわたしは朝寝坊が苦手である。

わたしの心のどれほど深いところに彼女がいるかに気づくのは、少しだけ——ほんの少しだけ——慰めである。あの日、彼女がわたしのかたわらにいて、わたしの手が顎の下のもじゃもじゃの巻き毛をくすぐるにまかせ、そして最後にその顎を床の上に休めたあの日から、一年たったいまも。

すわって犬を膝にのせ、犬の能力、経験、そして知覚についてわたしたちが何を知っているか考えながら、わたしは自分がだんだん犬になっていくような気がしている。そのうえ今のわたしは体じゅう犬の毛で覆われていることだし……。

たとえ犬の毛で覆われていなくても、犬の科学がもたらす知識は、わたしたちにとって犬の行動に対する理解と評価をいっそう近しいものにしている。現在見られる犬の行動が、どのようにして祖先のイヌ科動物から、家畜化から、感覚の鋭さから、そして人間への感受性から生まれたのか。もし運がよければ、それを深く理解することで、犬の見地から犬を見ることができるだろう。そこにいくまでの段階で、犬にかかわり、その行動を解釈し、わたしたちの暮らしのなかで彼らを考えるのに役立つヒントを少しだけ紹介しよう。どれも犬の環世界に基づいたものだ。

「匂いの散歩」をする

ほとんどの飼い主は、犬を散歩に連れていくのは犬のためだと考えている。毎朝、公園で認められているリードなしの散歩の時間に間に合うようにわたしが早起きしたのは、もちろんパンプのためだった。彼女のためにわたしは昼間に一度家に戻り、一緒に近所をひとまわりした。彼女のためにわたしは寝る前に靴をはき、夢うつつで散歩をしたのだった。それにもかかわらずしばしば犬の散歩は、犬のためというよりも、奇妙なことにきわめて人間の都合で行われる。さっさと早くすませたい。きびきびしたペースで歩きたい。郵便局まで行って帰りたい。飼い主は犬をぐいぐい引っ張り、リードを引いて犬の鼻を匂いのもとから離し、魅力的な犬がいても引っ張って通りすぎ、とにかく散歩をさっさとすませたがる。

犬はさっさと散歩をすませることなど、考えもしない。犬が望む散歩とはどんなものだろう。パンプとわたしはいろいろやってみた。なかに「匂いの散歩」というのもある。わたしたちは一歩も進まず、彼女が無数の魅惑的な分子を吸い込むのにまかせるのだ。「パンプにおまかせ」というのもあった。交差点に着くたびに、彼女に方向を選ばせるのである。「うねうね」散歩では、リードにつながれているのは彼女ではなくわたしで、彼女はわたしの左から右、右から左と、勝手にくねくねと道をたどる。若いころ、彼女はわたしと一緒に走るのに同意してくれたが、そんなときわたしはときどき立ち止まって、ちょうど彼女が興味ある犬のまわりをまわるように、彼女のまわりをまわったものだ。彼女が歳をとってからは、「歩かない散歩」さえやった。地面に伏せ、歩きだす用意ができるまでそのままじっとしているのだ。

思いやりのある訓練を

犬に何かをやらせたいと思ったら、相手が理解できるように教えることだ。教えるときは、明確であること（何をやらせたいのかをはっきり示す）、そして首尾一貫していること（犬に求めることもそのやり方も）の二つを念頭に置く。犬が正しく理解したときは、それを知らせてやる（すぐにほうびをやること。それも頻繁に）。すぐれたトレーニングは、犬の心を理解することから始まる。犬が何を知覚するか、そして何によって動機づけられるかを知らなくてはならない。

犬に教え込むのは、すわれ（sit）、そのまま（stay）、言うとおりにしろ（obey）、の三つでよいという伝統的な考えがあるが、こう考える人に共通してひとつの過ちがある。あなたの犬は生まれつき、「来い」という言葉が何を意味しているのか知っているわけではない。飼い主が少しずつ段階をふんではっきり教えてやり、実際にきたときには必ずほうびをあげなくてはならない。犬はあなたから来る小さな手がかり《キュー》に敏感である。ときには「来い」というときと「行け」というときのキュー（声のトーンや体の姿勢）が同じになってしまうかもしれない。それぞれの要求にはっきりした区別がつくかどうかはあなたしだいなのである。

トレーニングには時間と忍耐が必要である。「訓練された」犬でさえ呼びかけに応えないこともあるが、そんなとき飼い主は追いかけて叱ったりする。だが犬から見れば、その罰は飼い主の到着と結びついてしまい、自分がした不服従の行為とは結びつかない。呼んでもこない犬に仕立て上げるための、これが最高のやり方だ。

「来い」を覚えたら、あとはふつうの犬にとって知る必要があるコマンドはほとんどないと言える。ただし犬も人も楽しんでいるなら、もっと教えるとよい。犬がいちばん覚えなくてはならないのは、あなたという存在の重要性であり、犬は生まれつきこれがわかるようにできている。「お手」ができない犬は、少しだけ犬らしいにすぎない。犬たちには、あなたがどんな行動をさせたくないのかを明確に示し、首尾一貫してその強化を避けなくてはならない。近づくと犬がとびかかってくるのを喜ぶ飼い主はめったにいないが、じつはこのとき顔や体をそらしてとびつきを助長しているのはわたしたちなのである。これに気づくことが相互理解の第一歩なのだ。

犬の犬らしさを考慮する

ときには、正体不明のものの中で好きなように転がらせてやることだ。ぬかるみの中をほっつきまわるのも我慢しよう。可能ならばリードをはずして歩かせてみる。リードをはずせない場合でも、首ねっこをリードで引っ張ったりするのは絶対にいけない。甘噛みと、本気で噛みつくことの違いを覚えよう。近づいてくる犬たちにはたがいに尻の匂いを嗅がせてやったらよい。

行動の原因を考える

ほとんど毎日のように、わたしは聞かれる――「どうして犬はあんなことをするんでしょう?」多くの場合、わたしが答えられるのはただ、犬の行動が何もかも説明がつくわけではないということだけだ。ときどき、犬がふいに床にばったりすわりこみ、あなたを見つめることがある――このとき彼がしているのはただすわりこんで見ているだけで、それ以上のことはないのである。すべての行動が何かを意味するわけではない。実際に何かを意味している場合は、犬の自然史を考えれば説明がつく――動物として、イヌ科の動物として、そして特定の犬種として。

犬種はたしかに関係がある。見えない獲物をじっとにらみつけたり、ほかの犬たちのあとをゆっくり追跡する犬は、牧羊犬にふさわしいすぐれた「凝視」行動を示しているのかもしれない。家族のだれかが部屋を出ると怒ってしまう犬や、廊下を歩く人のかかとに噛みつく犬も同じである。低木の茂みに隠れた動きに向かって犬が静止《フリーズ》する。そのたびに散歩は遅くなるが、これはきわめてすぐれたポイント行動なのだ。仕事のない「仕事犬」は、それこそ流れ者のように何の活動もさせられずに、落ち着かず、緊張し、ひたすら苛だっているかもしれない。彼にいくらかの仕事を与えてあげよう。これが「ボール投げ」遊びにひそむ偉大な科学なのだ。くりかえし、くりかえしボールを投げて取ってこさせる……それだけでレトリーバーは幸せになる。彼は自分の能力を発揮しているのだ。だがもしあなたの犬が短い鼻で、呼吸しにくいタイプなら、一緒に走るのはやめたほうがよい。さらにその種の犬は、近視で視野が中央に寄っているため、物をくわえて持ってこさせる、いわゆる「フェッチ」ゲームは好きでないかもしれない。レトリーバーのほうは広い視覚線条をもっているから、この遊びは大好きだ。犬が生まれつきの傾向を発揮できる状況を与えてやることだ。そしてときどきは茂みの中を凝視させてあげよう。

「動物らしさ」も関係がある。「犬とはどういうものか」という奇妙な先入観に適応させようとせず、あなた自身が犬のもつ能力に適応することだ。わたしたちは犬が「ついて歩く《ヒール》」のを望む。ついて歩かない犬を叱りつける光景はよく見かける。だが犬が自分の社会的コンパニオンである飼い主のそばを並んで歩きたがる度合いは、犬によって差がある。レトリーバーは一緒に歩きたがるが、ポインターなどは違うかもしれない（ともに飼い主をじっと見る）。そのうえほとんどの犬には、右利き／左利きといった利き手――利き前足――の傾向がある。したがって犬の訓練学校で教えているように、彼らを左側につけて歩かせるのは、犬によっては不利かもしれない（そのうえ良い匂いがすべて道の右側にあったとしたらどうだろう！）。犬の本性を知らないがために、不必要に犬を罰するというのは残念なことだ。すべての犬が同じように「ついて歩く」必要はないのである。要は、安全で扱いやすくするためなのだから。

動物であることばかりでなく、イヌ科の動物であることも関係がある。あなたの犬は社会的動物なのだ。その生活の大部分をひとりで過ごさせないことである。

「何かすること」を与えよう

あなたの犬の能力と関心を知るには、ひとつは犬が取り組めるものごとをたくさん用意してやることだ。犬の鼻先に紐を這わせてみる。靴箱におやつを隠しておく。市販の創造的な犬のオモチャを与えてみる。ほじくったり、嗅いだり、噛んだり、動かしたり、揺すったり、追跡したり、あるいはただ見守るためのさまざまな物で犬の関心をひきつければ、あなたの持ちもののなかからほじくったり噛んだりできるものを探しだすのは減るだろう。戸外ではアジリティ・トレーニングはもちろん、適当に障害物コースを作って走らせてやれば、精力的だが欲求不満の犬たちの興味をひいて、忙しくさせることができる。そこまでしなくても、くねくね曲がった匂いのついた小道だとか、まだ探索していない野原の一区画に連れていくだけで、犬の興味をひくには十分である。

犬は、なじみのあるものも新しいものも、両方とも好きである。よく知っている安全な場所で、新奇なもの（新しいオモチャ、新しいおやつ）を楽しむのが幸せなのである。それはまた退屈をも癒す。新しいものは注意を必要とするし、活動を促すからだ。食べものを隠して探させるのもよい。鼻と前足と口を一緒に使って、食べもののある場所を探すために動きまわらなくてはならないからだ。アジリティの新しいコースでの犬たちの興奮ぶりを見れば、犬にとって新しいものがどれほど魅力的かわかるだろう。

犬と一緒に遊ぶ

子犬のとき、いや、生涯を通じても、犬はたえず世界について学んでいる。まさに発達の途上にいる子どものようだ。人間の子どもにとってとてつもなくおもしろいゲームは、犬にもうける。「いないいないばあ」がその良い例だ。両手で顔を隠すかわりに柱のかげや毛布の下に隠れてやる。犬がいわゆる「見えない置き換え」、つまり見えなくなっても物が存在し続けていることを学んでいるときにこれをやるととくにおもしろい。犬は連想の知覚が鋭いから、それを利用して遊ぶことができる。食事の前にべルを鳴らせば、パブロフの犬同様、犬は食事を予期する。ベルであれ警笛であれ、あるいは口笛、ハーモニカ、ゴスペルミュージックであれ、とにかく何でも音の出るものを使って、食べものだけでなく、家族の到着や風呂の時間などと結びつけることができる。連想の糸を作り、犬の行動をその糸に加えていくのだ。模倣ゲームもよい。犬の行動をまねする遊びである。ベッドにとびあがり、キャンキャン吠え、空中を前足で打つ。あなたの犬が今もっているスキルを調べ、その力を伸ばしてみよう。犬が「散歩」や「ボール」といった言葉を知っているようなら、もう少し微妙な言葉を使ってみる。「匂いの散歩」。「青いボール」。「夕方の匂いの散歩」。そして「青いキューキュー鳴るボール」。犬の年齢がどうであれ、彼がしたいように一緒に遊ぶことだ。最初にまず、あなたの好きな遊びの信号を選ぶ。たとえば両手を床にパタッと置くとか、犬の顔の近くでパンティングのまねをするとか、犬をふり返りながら走り去るなどの信号を与える——そして遊ぶのだ。犬が口を使うように、あなたは両手を使い、それで相手の頭や足や尻尾やおなかをつかむ。犬がくわえていられるオモチャを与えておくか、さもなければ甘噛みされる覚悟をすることだ。気をつけて——あなた自身が尻尾を振りはじめないように。

もう一度見直す

あなたの犬の特徴、それも「見えていながら見えていない」特徴を見つけるのは、楽しいことだ。目の前で見せつけられながら、わたしたちはたいていの場合それらを見過ごしている。これまで述べてきたように、犬は人間と、その人間の注意に対して、きわめて深い注意を寄せている。犬があなたの注意をとらえようとして使う、さまざまな創造的手段に注目してみよう。吠えるか？　やかましくわめくか？　せつなそうにあなたを見つめるか？　声を出してため息をつくか？　あなたとドアのあいだを行ったり来たりするか？　顎をあなたの膝の上に置くか？　このなかであなたが気に入った手段を見つけたら、それに反応してやり、ほかのものは自然に消えるようにする。

　あなたの犬がどのように目を使うか注意しよう。熱狂的な鼻の使い方も。耳が後ろにたたまれ、あるいはピンと立ち、遠くの吠え声の方向に旋回する様子も。彼が立てるすべての音、彼が気づくすべての音に、注目しよう。遠くからでも見分けがつくほどなじみのある犬の動きでも、注意して調べると新しい発見がある。まず、歩き方（歩様）はどうだろう？　中型犬のそれは典型的なウォーク（常歩《なみあし》）スタイルだ。片側の後ろ足がゆっくりと前足を追って地面につき、対角線上の足とほとんど同調した感じで動く。少し急ぐときはトロット（速歩）だ。このときは対角線上の足が同時に前に出る。ときどき、四本のうち一本しか、完全に地面についていないことがある。短足種の歩様は、トロットと常歩の中間といった感じだ。ブルドッグがその代表である。両前足の幅が広くて前躯が重いため、臀部が歩くにつれて横揺れする。足の長い犬は、ギャロップにすぐれている。グレイハウンドの走りがそれである。二本の後ろ足が両前足より先に地面につき、体はピンと伸びた姿勢と、空中にばねで浮かんだような姿勢を交互にとる。ギャロップでは、たいていの犬にある狼爪《ろうそう》（前足のちょっと上にある蹄のような五番目の指）が、安定性とてこの作用をする。ギャロップしたあと、いつもはきれいな狼爪の下に少し泥がついていることがあるのもそのせいだ。愛玩サイズの犬はハーフバウンドをする。二本の後ろ足を同時に蹴り出すが、前足の着地は一緒にはならない。ペース（側対歩）を見せる犬もいる。同じ側の前後の足を同時に前に出し、ただちに反対側の足が続く。犬の歩様の複雑さはあなたを魅了するだろう。

犬をこっそり見張る

あなたが留守のあいだに、家にひとりでいる犬がどんなふうなのかを知るには、ビデオをセットしておくのがいちばんである。わたしにとって楽しみのひとつは、自分が家にいないときのパンパーニッケルの行動を見ることだった。よその犬の行動を観察するためにあれだけ時間を使ってビデオを回していても、わたしはめったに彼女にカメラを向けなかった。パンプがわたしなしでがんばっている姿を見られるのは、彼女がわたしの帰りを予想していないときに限られていた。たとえば友人が彼女を外に連れ出していて、わたしがたまたま帰宅していたときなどである。

こんなふうにひとりでいるときの犬をかいま見るというのは、すばらしい体験だった。これと同じことをやるには、朝家を出るときにビデオを据え付ければよい。わたしがこの「盗撮」をすすめるのは、それがドラマティックな見ものとなる——そうはならない——からではなく、これによってあなたがいないときの犬の生活が見られるからである。あとになってその日の断片が分刻みに経過するのを眺めることで、犬の一日がどんなものなのかが正確に理解できるようになる。

この盗撮でわたしが見たのは、パンプの「独立」だった。ひとりになった彼女は、もはやわたしをふり返ってチェックする必要がなかった。それだけでなく、彼女の行動のすべてを支配していたわたしの監視からも自由になっていた。わたしが本屋をうろつきまわり、長いことランニングをし、どこかに夕食を食べに出かけ、そのあとまたどこかに飲みにいっていた何時間かのあいだ、彼女はわたしなしでみごとに存在していた。わたしはほっとするとともに、何かとても謙虚な気持ちになった。彼女がその一日をひとりでやりおおせたことはうれしいが、ひょっとしたらわたしの外出で彼女が孤独に思ったことなどなかったのかもしれないと思ったりもするのだった。

たいていの犬はほとんど何もすることなしに、一日じゅうひとりで過ごす。飼い主が帰ってくるのをひたすら待ち、そのあとはわたしたちが彼らにさせたいように行動する……と、そのようにわたしたちは期待している。それがじつは、わたしたちのいないあいだ彼らが何かをしていることがわかると驚き、ショックを受けるのだ！　犬はこのように放っておかれることに（もっとひどいのは誤解やネグレクトにも）耐える。我慢するのはほとんど彼らの体質の一部になっている。犬をそんな目にあわせても、わたしたちは罰を受けるわけでもなく、平気でやってのけている。だが犬はそれぞれが別々の独立した個体である。だからこそ、彼らの環世界、経験、そして見方に対して、もっと注意が必要なのだし、事実それだけの価値があるのだ。

犬を毎日洗わない

犬に犬らしい匂いをさせてやりなさい。もちろんこちらが我慢できる範囲でだが。しょっちゅう洗っているせいで、痛みをともなう皮膚疾患にかかる犬もいる。どんな犬も、風呂桶のような匂いがするのを望まない。それも自分が浸かっていた水の……。

犬の「手の内」を読む

まるで新米のポーカープレイヤーのように、よく見ると犬のあらゆる動きには、彼らの「手の内」

――持ち札や意図――が、暴露されている。顔、頭、体、そして尻尾の様子、すべてが意味をもつ。尻尾を振るとか、吠えるとかだけではない。犬は一度に二つ以上のことが言えるのだ。吠えながら、尻尾を扇のように空中に振っている犬は、「攻撃しようとしている」のではなく、好奇心と、警戒と、不安と――そして興味を抱いている。尻尾を低い位置で猛烈に振るのは、ボールを防衛するときにおなじみの唸り声から攻撃性を取り除く効果がある。

すべてのイヌ科動物に備わっているアイコンタクトという顕著な特徴、さらには「人間を見つめる」という犬の特性のおかげで、知らない犬でも、その目からたくさんの情報を手に入れることができる。たえずアイコンタクトするのは脅威となりうるため、犬を凝視したまま近づいてはならない。そうすると、犬はにらみつけられていると思うかもしれない。逆に犬があなたをじっと見つめていたら、少し顔をそむけてアイコンタクトを一瞬やめれば、犬の凝視をそらすことができる。これと同じことを犬たちは緊張しているときに行う。頭を横に向けたり、あくびしたり、ふいに地面の匂いを嗅いだりして、自分の気をそらすのだ。犬が脅威的な凝視をしていると感じたら、それにともなう行動から確認することができる――肩や背中の毛を逆立てているか、耳を立てているか、尻尾を上げているか、体を硬直させているか。凝視と一緒に、舌をすばやく空中に出して舐めるのは、攻撃的というよりもっといとしげな行動である。

上手に撫でる

人間にとって、たいていの犬は撫でたい存在だが、必ずしも全部の犬が、撫でられたがっているわけではない。これを知っておくことは、犬への思いやりというだけでなく、ときにはきわめて重要である。おびえた犬や病気の犬は、さわられると攻撃してくるもしれない。愛撫に対する犬の感受性にはきわめて大きな個体差があり、しかもそのときそのときの健康状態、幸福の状態、そして過去の経験によって、犬の関心は変わってくる。上手に触れてやれば、ほとんどの犬は落ち着きと絆を感じる。軽く触れるのは、犬を興奮させるか、いらいらさせる。しっかりした手は犬をリラックスさせるが、強すぎると、おそらく圧迫されたように感じるだろう。犬は（人間もだが）、頭から臀部に向かってしっかりした手で連続して撫でてやるか、あるいは上手な深部筋マッサージをしてやると、体の緊張がほぐれる。犬の反応を観察し、触れると喜ぶお気に入りのゾーンを見つけるとよい。それから今度は彼にあなたをさわらせるのだ。

雑種犬を手に入れる

あなたがまだ犬を飼っていないのなら、あるいは犬はいるけれどももう一匹飼おうと思っているのなら、おすすめの犬種がある。犬種カタログには載っていない犬、つまり雑種である。保護施設《シェルター》から来た犬、とくに雑種犬が、純血種の犬より劣っているとか、信頼できないとかいう神話は、間違っているだけでなく、完全に時代遅れだ。雑種犬は純血種の犬よりも健康で、穏やかで、長命である。あなたが純血種の犬を買うとき、（ブリーダーが何と言おうと）別に将来においていくつかの行動が保証されているという意味で固定した個体を買っているわけではけっしてない。あなたが手に入れる（かもしれない）のは、今後一緒に暮らしていくあいだ絶対やらないような仕事のために交配され、優先的に固定した犬である（それでもすばらしく犬らしいだろうが）。それにくらべて雑種犬は、犬種の特徴が薄められ、多くの潜在的能力をもつとともに、異常な性癖も少なくなっている。

犬の環世界を心に留めて擬人化する

散歩のあいだ、パンプは道の片側だけを歩くのにけっして満足せず、気まぐれにあっちに行ったりこっちに行ったりしていたから、いつもわたしはリードと自分の手を調整しなくてはならなかった。ときどきわたしのかたわらにステイするように命令されると、彼女はため息をついた。そしてふたりして、反対側のまだ匂いを嗅いでいないスポットを意味ありげに見やるのだった。

犬について科学的に取り組みながらも、わたしたちは擬人化された言葉を使っている。わたしたちの犬――わたしの犬――は友だちを作る。うしろめたさを感じる。楽しく遊ぶ。やきもちをやく。わたしの言葉がわかる。いろいろなことについて考えている。分別がある。さびしがっている。幸せだ。怖がっている。欲しがっている。愛している。望んでいる。

この言い方は簡単であり、ときには便利なのだが、じつはこれは、より大きな、より特殊な現象の一部でもある。犬の生活のあらゆる瞬間を、人間の言葉で作り直すにつれて、わたしたちは彼らのなかの「動物」との接触を完全に失いつつある。犬にシャンプーし、服を着せ、誕生日を祝うことは、いまどきめずらしくもない。一見無害なように見えても、それは犬の脱動物化の一部、それもどちらかというと過激なものである。わたしたちは彼らの分娩に居あわせることはめったにないし、多くの人は自分の犬の死にも立ち会いたがらないだろう。だいたいにおいてわたしたちはセックスを抹殺する。避妊・去勢手術を施し、ほんのちょっと挑発的に腰を突き出すのさえ許さない。餌はボウルに入れた衛生的な食べものだ。外ではわたしたちの足もとからリードの長さまでの範囲に縛りつけられている。都会では、彼らの排泄物は、つまんで始末される（ありがたいことに、彼らにはまだトイレの使い方を教えていない……そうなったらさぞかし便利だろうけれども）。さまざまな犬種には、製品カタログのようにタイプと特徴が羅列されている。まるで犬から動物の部分を取り除こうとしているかのようだ。

こうして犬から動物の要素をすべて削りとったと思い込んだ場合、いくらかの不幸な驚きが待ち受けることになろう。犬はつねに人間の想定どおりに行動するとは限らない。彼らは「おすわり」し、「伏せ」をし、転がって遊ぶかもしれない。だがそれからみごとに先祖返りするのだ。家のなかでとつぜんしゃがみ込んで排尿し、あなたの手に噛みつき、人のズボンの股を嗅ぎ、知らない人にとびつき、草むらの中のぞっとするようなものを食べ、呼んでもこようとせず、小さな犬に乱暴にタックルする。つまりわたしたちが犬に苛だつ理由の多くは、犬のもつ動物らしさを無視した極度の擬人化から生ずる。複雑な動物は単純に説明することはできないのだ。

擬人化に代わる姿勢は、たんに動物を「人間でないもの」として扱うことではない。今のわたしたちには、彼らの行動についてより正確に見るためのツールがある。彼らの環世界、そして知覚と認知能力を心に留めるのだ。動物に対して感情に動かされないスタンスをとる必要もない。科学者もまた擬人化を行っている……自分の家で。彼らはペットに名前をつけ、その犬の上目づかいの凝視のなかに愛を見る。研究室では名前をつけるのは厳禁である。名前は個別に動物たちを認識するのに役立つかもしれないが、それは適切ではない。野生の動物に名前をつけることは「そのあと永久にその動物についての人の考え方をゆがめてしまう」と、野外生物学《フィールドバイオロジー》を研究しているある高名な学者が述べている。被験者に名前をつければ、明らかな観察上の偏見が持ち込まれるのだ。ジェイン・グドールはこの一般原則にそむき、そのチンパンジー、「グレイビアード」は世界中に知られるようになった〔グドールはイギリスの霊長類学者。タンザニアでチンパンジーの研究にたずさわる。友好的な態度を示したチンパンジーをディヴィッド・グレイビアード（白髭）と名づけた〕。わたしにとっても「グレイビアード」という名は賢い老人という感じがするため、なんらかの行動を観察したときに、それが愚かさよりも知恵を示すと思ってしまうかもしれない。たいていの行動学者は、個々の動物を区別するために足環、タグ、毛や羽根に着色するなどの識別マークを使い、あるいはまた、習慣的行動、社会的組織、そして生来の身体的特徴に基づいて、識別しようとしている。[58]

犬に名前をつけることは、彼を個人的なもの——つまり擬人化のできる存在——にするプロセスの始まりである。それでもわたしたちはそうしなくてはならない。犬に名前をつけることは、その犬の本性を理解しようとする関心のあらわれである。犬に名前をつけないというのは無関心の極致のように思われる。「ドッグ」と名づけられた犬は、わたしを悲しい気持ちにさせる。その犬はすでに、飼い主の生活のなかのプレイヤーとしての役割からはずされている。「ドッグ」と呼ばれるのは、自分の名前をもたないのと同じだ。彼はたんなる分類学上の亜種にすぎない。けっして個体として扱われないだろう。犬に名前をつけるのは、犬が育ち上がっていく個性への出発点だ。わたし自身、犬にどんな名前がいいか、いろいろ考え、いくつもの名前を呼んでは、どの名前にいちばんすみやかに反応するか見ようとしたものだ——「ビーン！」「ベラ！」「ブルー！」。そんなときわたしは、自分が「彼女の名前」——すでに彼女のものである名前——を探していると感じた。そしてその名前とともに、人間と動物のあいだの絆が——投影ではなく理解によって織りなされた絆が——形成されはじめるのである。

それでは、あなたの犬のところに行き、観察してみよう。彼の環世界を想像し——そして彼にあなた自身の環世界を変えさせるのだ。

おわりに――わたしの犬

ときどき彼女の写真を見ていると、その目がまわりの黒い毛の色と区別できないことに気づき、あらためて深い思いに打たれる。わたしにとって彼女という存在はいつもどこか謎めいたものがあったのだが、それはこのせいだった。彼女という存在――パンプであるということはどんなふうなのだろう。彼女はけっしてそれをさらけ出さなかった。彼女は自分のプライバシーを保持していた。そのプライベートな領域に入れてもらえたことを、わたしは誇りに思っている。

パンパーニッケルが尻尾を振ってわたしの人生に入ってきたのは、一九九〇年八月のことだった。それ以来、二〇〇六年十一月に彼女が息を引き取るまで、わたしたちはほとんど毎日一緒に過ごした。そしていまも、わたしの日々は彼女とともにある。

パンプはわたしにとって完全な不意打ちだった。それまでわたしは、自分が「犬」によって本質的に変えられるとは思ってもいなかった。それが、たちまちわたしは悟ることになる——その存在の驚くほど豊かな側面、その経験の深さ、そして彼女を知って過ごす人生の可能性は、たんなる「犬」という言葉ではけっしてとらえられないものであることを。まもなくわたしは、ただ彼女と一緒にいることの喜びを感じ、彼女の行動を見ることに誇りを感じるようになった。彼女は活力にあふれ、忍耐強く、わがままで、愛嬌があり、それらの性質がひとつの大きな毛の束の中にくるまれていた。彼女ははっきりした自分の意見をもっており（キャンキャン吠える犬はまったく無視した）、それでいて新しいものを受け入れた（ときおり保護した猫などがそうだ。おたがいに完全に無関心だったが）。彼女はあふれるような感情をもち、すばやく反応し、一緒にいてとにかく楽しかった。

わたしの研究で、パンプが被験者だったことは一度もなかった（少なくとも意図的には）。それでもわたしは、犬の観察に出かけるときはパンプを一緒に連れていった。彼女は、わたしがドッグパークや、犬サークルに入り込むための合い鍵になってくれた。犬を連れていない人間は、犬たちからも飼い主からも胡散臭く見られるからだ。そんなわけでわたしのビデオカメラが、気づいていない被験者の犬たちに（わたしのパンプにではなく）向けられているあいだ、パンプの姿もまた画面に出たり入ったりしてうろついている。今になってわたしは、カメラが無情にも彼女を見落としたことを後悔している。わたしは望んでいた犬の社会的相互作用をとらえることができたし、ビデオを何回も見て分析したあとで、犬の驚くべき能力のいくらかを発見することができたけれども、「わたしの」犬のいくつかの瞬間は見逃したのだった。

犬の飼い主はだれでも同じだと思うが、それぞれ自分の犬が特別だと考えている。理屈から言えば、そんなことはありえない。すべての犬が特別な犬であるはずはないのだから。そうなったら、特別イコール普通ということになってしまう。だが間違っているのは理屈のほうだ。特別なのは、それぞれの飼い主がよく知っている自分の犬のライフストーリーなのである。それを彼らは自分の犬と一緒に作り出すのだ。わたしもまた同じように感じている。科学的視点から見てもそうなのだ。犬の行動科学は、このストーリーを排除するどころか、じつはそれぞれの犬の飼い主がもつ犬との経験――その独自の理解――に基づいている。

確実に歳をとり、生涯の終わりに近づいたころのパンプは、痩せて鼻づらも白くなり、散歩の途中でもときどき足どりが遅くなって、止まることとさえあった。わたしは彼女の挫折を、彼女のあきらめを見た。彼女の衝動が追求され、あるいは見捨てられるのを見た。わたしは彼女の思慮を、彼女の抑制を、彼女の心の落ち着きを見た。だがわたしが彼女の顔を見、目をのぞき込んだとき、彼女はふたたび子犬に戻っていた。あのときのまだ名前さえついていなかった子犬の目のきらめきを、わたしは見た。わたしたちがぶかぶかの首輪を彼女の首にはめ、保護施設から家まで三〇ブロック歩かせていったあいだ(それ以来何千マイルも歩くことになったのだが)、彼女はいかにもおとなしく、わたしたちのするがままに従っていた。

パンプを知り、そしてパンプを喪ったあと、わたしはフィネガンと出会った。今のわたしにはこの犬がいなかったときのことなど想像できない。足にもたれかかり、ボールを盗み、膝を温めてくれるこの犬は、信じられないほどパンパーニッケルと似ていない。それでもパンプがわたしに教えてくれたことは、フィネガンと過ごす一瞬一瞬を、限りなく豊かにしてくれている。

彼女は頭を上げ、わたしのほうをふり向いた。その頭は呼吸に合わせてわずかに脈うっていた。鼻は黒く濡れて、目は静かだった。彼女は舐めはじめた——前足を、床を、長い舌全体でべろっと舐め上げる。首輪の名札や鑑札が木の床に当たってガチャガチャ鳴った。耳はぺたりと平らに頭に張りつき、耳のつけねが強い日ざしで乾いたフェルトの木の葉のように少し縮れて巻き上がっていた。あのころ、彼女の足指は少し広がっていて、足先がまるでとびかかろうとするかのようにかぎ爪みたいになっていた。彼女はとびかからなかった。彼女はあくびをした。眠たげな長い午後のあくびだ。彼女は舌で、まわりの空気をものうげに調べていた。彼女は頭を両足のあいだにもたげ、咳ばらいのような音で息を吐いた——そして目を閉じた。

感謝の言葉

犬たちへ――

パンパーニッケルを知っていた人ならだれでも、わたしのもっとも熱烈な感謝が彼女に向けられることを知っても驚かないだろう。彼女は保護施設《シェルター》でわたしたちを選んでくれ、彼女を知るという信じられないほどの喜びをわたしに与えてくれた。それ以来、わたしは何度も彼女に感謝してきた、言葉が足りないところはチーズで補って。それからフィネガンにも感謝しなくては。彼の独立心と、しかもまったく犬らしい犬であることに。彼が気が狂ったようにわたしのもとに駆けてくるおかげで、わたしの毎日はますますすばらしいものになっていく。昔の犬たちにもありがとうを言いたい。アスターはわたしの子ども時代のたくさんの馬鹿げた行為に耐えてくれ、わたしがもっと賢くなるように教えてくれた。チェスターはにやにや笑いと唸るのが同時にできた。ベケットとハイディは、その死をもって大切なことが何かを教えてくれた。そしてバーナビーは、猫というその存在をもって犬とは何かを教えてくれたのだった。

人間たちへ――

本を書くのはむずかしいという。もしそうなら、これは本ではない。なぜならこれを書くのはわたしにとって喜びだったからだ。犬を観察し、犬と一緒に過ごし、フルタイムで犬が何を考えているかを考えるのは楽しかった。さらにうれしかったのは、スクリブナー社の人々に本を作ってもらえたことである。バッグに詰めたわたしの原稿を実際の本にしてくれたのは彼らだった。コリン・ハリスンは根気強く原稿を読んでくれ、どんなことでも嫌がらずに受け入れてくれた。たとえばわたしが、この本を犬ではなく猫についての本に変えたいと言ったとしても、コリンは同意してくれたと思う……もちろん良いものであればだが。最初からこの本の企画に夢中になってくれたスーザン・モルダウにもたくさんの感謝を捧げたい。

自分でもエージェントをもつ前は、わたしはいつもいろいろな本の謝辞のなかで著者がエージェントに捧げる感謝の言葉に刺激され、わたしもこのエージェントに頼もうかなどとよく考えたものだ。クリス・ダールにはこのことを前もって謝りたい。彼女こそは著者とその本の代理人として理想的な人だ。本当にありがとう。

大学院のアドバイザーであったわたしの指導教官たち、シャーリー・ストラムとジェフ・エルマンは、犬の観察を通して認知に関する難解な問題を扱うにはどうしたらよいかを快く考えてくれ、わたしの理論と実践方法を改善してくれた。そのときからずっと今にいたるまで、わたしは彼らに感謝している。アーロン・シクーレルにも感謝したい。彼もまた、自分が言うように、「苦労して鋸で木を切る」タイプのひとりなのだ。マーク・ベコフは、犬の遊びを生物学的に興味あるものとみなした最初の人々のひとりだった。わたしがこのリサーチを追求することになったきっかけは、彼の著書（きわめて洞察力にすぐれたコリン・アレンとの共著）のおかげであり、のちには彼のアドバイスと心からの友情がわたしの励みとなった。

デイモン・ホロウィッツに感謝を捧げる。本書を書くというプランは、彼と一緒に温めたのだった。これが賢明で現実的なアイディアだと彼は信じていたらしい。彼は完全な懐疑主義者だけれども、ことわたしがかかわるとなると、すべての面でサポートしてくれている。父と母、エリザベスとジェイには、ほぼすべての面で感謝している。まず最初にこの本を見せたかったのは、この二人だった。最後にあなた、アモン・シェイ〔『そして、僕はOEDを読んだ』（田村幸誠訳　三省堂）で知られる著者のパートナー〕。ありがとう、わたしが言葉を扱うのを上手にしてくれて。犬を扱うのを上手にしてくれて。そして、わたし自身をよりよくしてくれて。

註

（1）もちろん研究者たちは、まもなく人間の脳より大きい脳を発見した。イルカの脳は人間のそれより大きく、またクジラやゾウなど、人間より体の大きな生物の脳もやはり大きい。「大きな脳」の神話はだいぶ前から覆されている。いまだに頭の良さと脳の質量を対応づけようとしている人々は、いまではほかのもっと精巧な手段を考えている――脳の脳回（しわ）の量、脳の重量比すなわち脳と体の両方を計算に含めた比率、新皮質の量、ニューロンおよびニューロン間のシナプスの総数、などである。

（2）このことは、ある日わたしがシロサイの行動についてのデータを収集していたときにはっきりと示された。サンディエゴのワイルド・アニマル・パークでは、動物たちは（比較的）自由に動きまわっており、見物人たちは大きな囲いの周囲をまわる電車から見ることになっている。わたしはフェンスと電車の軌道のあいだの狭い草地帯に陣取り、サイのいつもの一日の社会的活動を観察していた。電車が近づいてくると、サイたちはそれまでしていたことを中止して、すみやかに防御のための体勢をとった。臀部をくっつけ、頭を強烈な日光に向けて放射線状に立つ。この動物たちは温和であるが、視力が弱いため、近づいてくる者の匂いを嗅げないとすぐに驚き、おたがいに協力して見張りをするわけだ。電車は止まり、見物人たちはうっとりとしてサイたちに見とれながら、ガイドが「サイは何もしていません」という説明を聞いていた。やがて電車は走りだし、サイたちはまたふだんの行動に戻った。

(3) これと似ているのが、二十世紀なかば、行動学者たちが行った実験の結果である。彼らは犬たちに逃げ場のない場所で電気ショックを与えた。犬たちはその後、逃亡ルートが見えている部屋に移され、ふたたび電気ショックにさらされた。そのときこれらの犬は「学習された無力状態」を示した。彼らはそのショックを避けるために逃げようとはせず、逆にその場で静止したのである。まるで運命をあきらめているかのようだった。要するに研究者らは犬を、服従するように、そしてまた状況をコントロールできないことを受け入れるように、訓練したわけである(その後彼らは犬たちにその反応学習を忘れさせ、ショックを逃れることができるようにした)。ありがたいことに、犬にショックを与えて反応に関する学習をさせるというような実験の時代は終わった。

(4) このリストにはハイエナは入っていない。ハイエナは、サイズと形が犬と似ており、ジャーマン・シェパードに似た直立した耳をもち、多くのイヌ科動物のようによく鳴き声をあげ、遠吠えするなど、いくらかの点で犬に似ているが、じつのところイヌ科の動物ではない。この肉食動物はマングースの近縁であり、犬よりも猫に近い。

(5) 現在、レーズンは、たとえ少量であっても、犬によっては毒性をもつと疑われている(有毒性のメカニズムは知られていないが)。はたしてパンプは生得的にレーズンを避けていたのだろうか。

(6) (いくらかの)遺伝子がするのは、細胞にその役割を割り当てるタンパク質の形成を調整することである。細胞がいつ、どこで、そしてどんな状況で発達するか、これらはすべて、その結果に影響する。このようにして、遺伝子から身体的特徴もしくは行動の出現までの道は、最初に思うよりも回り道であり、途上で修正される余地がある。

(7) 犬をオオカミとは別個の種とみなすべきか、それともオオカミの亜種とみなすべきかについては、いくらかの議論がある。種を基本的単位と見なすリンネ分類体系自体、これがいまだに有効もしくは有用であるかどうかについてさえ論議がある。大部分の研究者は、現状ではオオカミと犬を別個の種とみなすのがベストと考えている。この二つの動物は交雑できるものの、その生殖習慣、社会的行動、そして生息環境はきわめて異なっている。

(8) ミトコンドリアDNAとは、細胞内でエネルギーを作り出すミトコンドリアにあるDNAの鎖である（細胞核の外側にある）。それらはいかなる変化もなしに、母親からその子孫に伝えられる。個人のミトコンドリアDNAは、人間の祖先をたどるのに、また動物の種のあいだの進化上の関係を推定するのに使われている。

(9) ここにはまた大きな犬種の違いがある。たとえば、プードルの子犬が回避行動を示したり、遊びのけんかを始めるのは、ハスキーの子犬より何週間も遅れてからである。しかも、この時期の「一週間」は、子犬の人生においてきわめて大きな意味をもつ。実際、いくつかの点でハスキーの発達はオオカミよりも早い。彼らが人間とよい関係を作り出すうえで、このことがどのように影響を及ぼすのか研究した者はいない。

(10) 家畜化プロセスはおそらく、初期のイヌ科動物が人間の集団のまわりで食べ物——残飯——をあさることから始まったのだろう。それゆえ犬が根っこの部分でオオカミだという理論から、彼らに生肉しか与えないというのはじつに馬鹿げている。犬は雑食性であり、何千年ものあいだ人間が食べるものを食べてきたのである。ごくわずかな例外はべつとして、人間の皿にあって美味しいものは、犬の餌入れにあっても美味しいのである。

(11) 「気質《テンペラメント》」は、擬人化の含みなしに、「人格《パーソナリティ》」とほぼ同じ意味で使われている。犬の「パーソナリティ」というものを「通常の行動パターンと個体の特性」だと考えるならば、わたしたちが犬のパーソナリティについて話すのはけっしておかしいことではない。行動と特性は人間に特有のものではないのだ。研究者によっては、幼い動物にあらわれる特性——犬の遺伝的傾向——のことを、気質という言葉で表現し、成犬の特性と行動——その気質と環境での経験が結びついた結果——については「パーソナリティ」という表現を使っている。

(12) ただし、現存のどの犬種であっても、原初の犬種の子孫だと主張できる証拠はまったくない。ファラオ・ハウンドとイビザン・ハウンドはともに「最古の」犬種だと説明されているが、その主張は、古代エジプトの絵に描かれた犬と外見が似ていることが根拠になっているようだ。しかしながら、これらの犬のゲノムは彼らがずっと最近になってあらわれたことを示している。

(13) 命名のもとになっている仕事は、ほとんどの場合、現実的ではない。仕事のために交配された犬のうち、その犬種の仕事(圧倒的に狩猟もしくは牧羊)を実際にしているのはごくわずかだからだ。残りは、人間の膝にすわるコンパニオンとしてか、あるいはドッグショーに出場するために訓練され、トリミングされ、シャンプードライされるかのどちらかに収まる。素敵なシャンプーのあとでわたしたちのサンドイッチのかけらをかじるのは、沼地に落とされた水鳥をさらうのとはずいぶんかけはなれているのだが……。

(14) 遺伝子分析テストは、ゲノム・マッピング以来可能となった。さまざまな会社が、料金と引き替えにあなたの犬の遺伝子コードを決定すると謳っている。血液サンプルもしくは頬細胞に基づいて、どんな犬種が入っているかをつきとめるというのだが、現在のところ、この種のテストが正確かどうかははっきりしない。

(15) 「攻撃性」なるものは、文化や世代によって変わる相対的な概念である。ジャーマン・シェパードは第二次大戦後は攻撃的とされる犬種リストのトップにいた。一九九〇年代にはロトワイラーとドーベルマンが槍玉に挙げられた。アメリカン・スタフォードシャー・テリアは

（ピットブル・テリアとしても知られる）現在のところ嫌われている犬種である。こうした分類は、彼らの生得的な特性というよりも、その時期に起こった事件と大衆の認識に関係していることが多い。最近のリサーチでは、すべての犬種のうちで、飼い主と他人の両方に対してもっとも攻撃的だったのはダックスフントだった。これが過少申告されているのは、おそらく唸るダックスフントはつまみ上げてトートバッグにしまいこまれてしまうからだろう。

(16)だいたいにおいて犬は、自分が食べるために狩りをしない――そう仕向けられると否とにかかわらず――ばかりでなく、彼らがもつ狩りのテクニック自体、「下手でぶざま」だと言われている。オオカミが獲物に向かう追跡は、物静かで、着実であり、無意味な動きはしない。だが訓練されていない犬が狩猟するとき、彼らは気まぐれに歩きまわり、前後に迂回し、速くなったり遅くなったりする。さらに困ったことに、彼らはいろいろな音に気を散らされたり、とつぜんの衝動に駆られて落ち葉を楽しく追いかけようとするだろう。オオカミの追跡は彼らの意図をあらわす。犬はこの意図を失ってしまった――人間がそれを補っているのだ。

(17)とりわけ、チンパンジーと人間の行動の類似点（さしあたって文化と言語はわきに置いて）は、チンプの科学的研究が着実に増えているのにともなって、これまた着実に増えている。

(18)理論的にそうだということだ。テストでは、いかなるプールも使われていない。そのかわり、実験者は、きわめて小さい匂いのない媒体のサンプルを使い、それらのひとつに、これまた極度に小さい砂糖のサンプルを加える。

(19)心理学者のマーサ・マクリントックは、人間におけるフェロモンの検知についてまじめに研究した最初の人だった。彼女の研究グループは、フェロモンもしくはフェロモン様のホルモンが、人間の行動とホルモンの割合にいかに影響を及ぼすかについて、情報に満ちた魅力的な研究を行ってきた。だがこれらの主張についてはまだ結論は出ておらず、さかんに論議されているところである。

(20)この、「知らない犬」という表現自体、恐怖をかき立てるように思われる。この言葉の使用もまた、欠陥のある前提に基づいている——「知っている」犬の行動は予測がつき、信頼がおけるが、「知らない」犬はそうではないということだ。これまで見てきたように、どんなにわたしたちが犬に対して、自分たちが望むとおりに行動するように望んでいるにせよ、彼らは独立した動物なのであり、したがって必ずしもわたしたちの要求とは一致しないのである。

(21)他の病気に関する研究もまた、歩調を合わせて進んでいる。興味深いことに、てんかん患者と一緒の家で暮らしている犬は、発作をかなりよく予測するようである。二つの研究報告によると、犬はてんかんの発作が起きる前に、その人物の顔もしくは手を舐め、くんくん鳴き、近くに立ち、もしくは守るかのように動いたという。あるケースでは子どもの上にすわった。また別のケースでは、子どもが階段に近づくのを遮ったという。これが本当なら、その犬たちは、嗅覚的、視覚的、あるいはわたしたちには見えないなんらかの手がかりを使ったのかもしれない。だが、そのデータは「自己申告」——客観的に集めたデータではなく家族のアンケート——によるものであるため、もっと多くの証拠が必要とされる。そうだとしても、わたしたちはこうしたスキルの可能性について感嘆の念を抱くことはできよう。

(22)実際には、ほとんどの人はこの連続体の音域を同じようによく知覚するわけではない。年齢とともに、より高い周波数の音、およそ一一〜一四キロヘルツを超えると、人間の耳には検知されなくなる。このことから、ティーンエイジャーの環世界に基づく商品のデザインが開発された。その器具は、一七キロヘルツのトーンを発信するもので、ほとんどの成人の聴覚域外であるが、若者にとっては不快な音として聞こえる。店の持ち主は、ティーンエイジャーが店にたむろするのを追い出すための駆逐剤としてこれを使っている。

(23)二〇〇四年にリコの成功譚が出版されて以来、ほかの犬たち(やはりほとんどがボーダーコリー)が、八〇から三〇〇を超える単語を理解するという報告がなされている。どれもさまざまなオモチャの名前だ。ひょっとしたらあなたの犬も、こうした驚異的な語彙の持ち主かもしれない。

(24) ただし対象が動いているときは別である。捨てられたビニール袋が微風に吹かれて、街の歩道をひらひらと転がっていくさまは、不安を感じた犬から唸り声、警戒、ときには攻撃をも引き起こすことがある。人間の子どもと同じように、犬は世界に対してアニミズム的な見方をすることがある。見たことのない対象になじみのある（生きものの）性質を帰することによって、世界を理解しようとするのである。ビニール袋に吠えるのはわたしの犬だけではない。ダーウィンは、開いたパラソルがそよ風に揺れているのを見た自分の犬が、それを生きたものとして扱い、吠えかかり、追いかけたことを述べている。さらにジェイン・グドールは、チンパンジーが雷雲にむかって脅かすようなジェスチャーをしているのを観察している。そういうわたし自身、雷雲にむかって怒るという評判が立っているのだが……。

(25) 驚くべきことに、犬は、相手の犬の高さよりもその姿勢のほうを気にかける。体の高さをそのまま自信とか支配性につなげることはないのだ。のちに述べるように、大きな犬にむかってえらそうに向かっていく小さな犬について、飼い主が「この子は自分が大きい犬だと思っているの」と言うのは、完全に正しいわけではない。その小さな犬はそんなふうには思っていない。彼はたんに姿勢が重要だということを知っているのである。

(26) 完全にデジタルのテレビ放送に切り替えるならば、閃光融合の問題はなくなり、犬にとってテレビはより見やすくなるだろう（だが嗅覚的におもしろくないのは同じだ）――テレビについての姿勢でも、犬は明らかに「曖昧」なのである。

(27) 動物行動学者のコンラート・ローレンツは、一九三〇年代、幼い水鳥のこうした傾向をみごとに実証した。自分がハイイロガンの雛の群れが見る最初のおとなの生きものとなったのである。雛たちはすぐさま彼のあとを追い、ローレンツは一腹の雛を自分の子どもとして育てるはめになった。

(28)進化心理学者がよりどころとしているのは、乳児は自分たちが考えていることを報告することはできないが、自分たちの興味をひく対象は明らかにより長く見つめるという事実である。乳児行動におけるこの特徴を用いて、心理学者たちは、乳児が何を見、識別し、理解することができるか、そして何を好むかについて、データを集めている。

(29)これは「だいたいにおいて」、ということである。ボノボのカンジとヨウム(アフリカ産の灰色のオウム)のアレックスなどは、質問されてそれに答えることができる。アレックスは、研究者たちの言葉を聞いて得た語彙に基づいて、新しい、筋の通った、三つの語からなる文を作り出し、言葉を発した。カンジは、絵文字(レクシグラム)による何百もの単語の語彙をもち、それを指さしてコミュニケーションをすることができる。そして一匹だけだが、ソフィアという犬は、八つのキイからなる単純なキイボードを使うように訓練された。それらのキイは自分がすでに学習した出来事(散歩に行く、ケージに入る、食べものやオモチャをもらうなど)と対応していた。彼女は自分が求めているものを伝えるために適切なキイを押すことを学習したのである。コミュニケーションとしてのこの行動は、完全な言語というよりは、飼い主に食事をせがむのに空の餌入れを持ってくる行動に近い。これ以上のより抽象的な発話は報告されていない(抽象的なキイボードもまたデザインされていない)。

(30)この行動は「人間を見ること」がもつサバイバル上の価値ゆえに強化されたと考えられる。幼児の場合と同じく、おとなの顔は多くの情報――とりわけつぎの食事がどこから来るかという――をもっている。二十世紀初期の動物行動学者ニコ・ティンバーゲンは、赤ん坊のカモメがおとなのカモメの赤い斑点のあるくちばしに(さらにまた、行動学者がつけた赤い斑点のあるどんな棒にも)強くひきつけられることを発見した。

(31)犬は顔を見るときに、人間と同じように、特別な傾向を示す――最初に左を見るのだ(つまり顔の右側である）。幼児さえこの「視野バイアス」を示す。相手の顔の右側を、最初に、そしてより長く見るのである。顔を見つめる犬を詳細に観察した結果、研究者たちは、犬にもまたこのバイアスがあることを発見した。ただし人間の顔を見るときだけだ。ほかの犬を見るとき、彼らは視野バイアスをまったく示さない。理由はいまだに推測の域にある。もしかすると人間のほうは顔の左右で違った情動をあらわしているのかもしれない。あるいは犬の表情は、人間のそれよりシンメトリックなのかもしれない（不揃いな耳は別にして）。犬は、「人間が人間を見るように」人間を見ることを学習したのである。

（32）注目すべきなのは、このスキルを確認するための実験で、餌の入った二個のバケツのうちの一個を手で示された犬が、「偶然を有意に上回る」確率で、指されたバケツの下を探るという事実である。すなわち、犬たちはどのバケツの下を探るべきかを、はじめからあてずっぽうには選ばないのである。彼らは、七〇から八五パーセントの割合で、指さされたバケツを選ぶ。それはそれでたいしたものだが、それでも一五から三〇パーセントの割合で間違った判断をしている。人間の三歳児は毎回正しいバケツを選ぶ。これが示唆しているのは、犬の成功が、わたしたちの理解の仕方とは違った「理解モード」の結果なのだろうということだ。

（33）しばしば「ピープル・ドッグ（人なつこい犬）」と呼ばれるような犬がそうだ。彼らは犬よりも人々に対して強い関心をもつ。

（34）言葉のかわりにスペリングを言っても、たいていの場合無駄である。そのうえ犬は、綴られた単語の抑揚と、そのあとの散歩とのつながりを学習できる。スペリングを言ったすぐあとに散歩が続かなくても同じだ。その一方で、まったく関係のなさそうな状況で（風呂に入っているときなど）散歩という単語のスペリングを言っても、大して興味をそそりはしないだろう。あなたがすぐに立ち上がり、裸で濡れそぼったまま散歩に連れていくようなチャンスはほとんどないからだ。

(35) たしかに犬は、微妙に変わった行動をする人々を区別するかもしれないが、自分たちの犬をこのように使う人々は、心理学で言う確証バイアス〔先入観に基づいて観察し、都合のよい情報だけを集めてその先入観を補強する現象〕の影響を受けやすいかもしれない。犬の反応のなかで、その人物についての自分の考えを支持するような部分だけに気づくのである。あなたから見てその紳士は胡散臭い感じだって？　そういえば、犬も一度唸ったではないか――それで一件落着というわけだ。犬はわたしたちの信念の増幅器となる。わたしたちは「自分が」考えていることを、彼らのせいにすることができるのだ。

(36) 犬は新奇な対象を好む――ネオフィリアと呼ばれるものだ。ある実験では、なじみのあるオモチャと新しいオモチャの山から、特定せずにオモチャを持ってくるように言われると、犬たちは四分の三以上の割合で、新しいオモチャを自発的に選んだ。棒をくわえた二匹の犬が公園で出会ったとき、しばしば二匹とも同時に、それまで誇らしげにくわえていた棒を落とし、近づいてくる犬の獲物をくわえようとするが、その理由は新しいものへのこの強い偏好かもしれない。

(37) 臭跡についての犬の「曖昧さ」は、これまで述べてきた彼らの嗅覚スキルの優秀さからすると、一見、不思議に思えるかもしれない。だが、通った跡の匂いを嗅げるということと、この能力を始終「使う」ということとは別である。しばしば犬は、特定の匂いに注意を払うように訓練される必要がある。

(38) 子どもの過剰模倣についての事例で、わたしが気に入っているのは、心理学者のアンドリュー・ホワイトンが、おいしそうなキャンディを入れてロックした箱を使って行った実験である。実験者が箱を開けるプロセスを見せられた三歳から五歳の子どもたちは、はたしてその特定のプロセスをまねできるだろうか（筒の中にさしこまれている棒をねじってはずす作業を含む）。子どもたちは夢中になってそれを見守っていた。そのあとで、またロックした箱を子どもたちに渡すと、彼らはほとんど全員がまねをした。そしていちばん幼い子どもたちはまねしすぎた――棒をはずすのに二度か三度ねじるだけでなく、ときには数百回もねじったのである。彼らがまだ理解しなかったのは、その（キャンディがもたらされる）目的を手に入れるためには、その（ねじる）プロセスのもつどの要素が必要かということだった。

(39) ゲームがまだゲームであることをつねに視覚的に確認することが重要である。これを考えれば、三匹による取っ組み合いの遊びがうまくいくケースが、二匹の犬のあいだのそれよりもはるかに少ないというのも、不思議ではない。これは会話と同じで、だれもが一度に話しているときには、何かが失われてしまう。ここで遊びの信号が、あそこでアテンションゲッターが消えるわけだ。三匹による遊びがうまくいくのは、たいていは、おたがいになじみのある犬の場合だけである。

(40) 犬が公平さを知覚していることを示すもうひとつの実験がある。別の犬がある行為――コマンドで前足の握手をする――をしてほう・び・をもらったのを見た犬が、自分が同じ行為をしてもほうびをもらえなかった場合、最終的には握手をするのを拒んだのである（ただし、ほうびをもらえた犬のなかで、一匹として、この明らかに不公平な状況を見て自分の戦利品を不運なパートナーと分かち合おうとした犬はいなかった……）。

(41) たとえば二五分間というもの、彼女はお気に入りの生皮のガムを落とすための穴を掘っていたのだが、実際には、穴よりも山を作り上げていた。その結果、ガムはまったく隠されておらず、誇らしげにはっきりと展示されることになった（このこと自体は、貯える本能の不完全さゆえであろう）。同じように、わたしが彼女の前で指を広げ、手の中にあったおやつがなくなっているというショーをするとき、彼女はそれを、皮肉な展開と見るだろうか。それとも手品だと？

(42) このことからも、オモチャの山からなじみのない名前のオモチャを持ってくるリコの能力が説明できる。彼は自分が認識していないオモチャを選んだ。

（43）年齢とともに、犬はより長い時間眠るようになるが、レム睡眠には若いときよりも入りにくくなる。なぜ犬が夢を見るかについて、科学者のあいだで諸説あるが、なんら最終的な説明はない。たしかに彼らは生き生きとした夢を見る——目がぴくぴくし、足爪が丸まり、尻尾が小刻みに震え、眠りながらキャンキャン鳴いているのであれば。ある理論は、犬の夢もまた、人間の場合と同じように、レム睡眠（身体の回復の時間）の偶発的な結果だとしている。あるいはまた夢とは、想像という安全空間のなかで、未来の社会的相互作用と肉体的スキルを練習するための時間として、あるいは過去の相互作用と技を省みるための時間として、機能するのかもしれない。

（44）動物がこのテストに合格したとき、懐疑論者はその結論の論理的誤謬を強調する——自己を認識する人間がみずからを調べるために鏡を使うからといって、鏡の使用は必ずしも自己認識を必要とするわけではないというのだ。一方、動物がテストに合格しなかったときには、論争は逆の方向に行く——動物がたとえ自己を認識していても、頭の上の痛くもかゆくもないものを調べる進化的理由などないというのである。いずれにせよ、鏡のテストは現在でも、自己認識を調べるためにこれまで開発されたなかではベストであり、しかも単純な器具で行えるテストなのだ。

（45）犬の寿命について、犬の一年は人間の七年に当たるという神話がある。この神話の出どころがつきとめられているのかどうか、わたしは知らないが、おそらくこれは人間の予期される寿命（七〇余年）を犬の予期される寿命（一〇年から一五年）に当てはめた推測ではないだろうか。この類推は便利ではあるが真実ではない。わたしたちがともに生まれ、そして死ぬという事実以外に、両者のあいだに実際の寿命の等価はない。犬はすさまじいスピードで成長し、生後二ヶ月で自力で歩き、食べるが、人間の赤ん坊はそうなるまでに一年以上かかる。

生後一年までにはほとんどの犬は、成熟した社会的活動者となっており、犬と人間の世界をやすやすと行き来できている。ふつう、人間の子供は四歳から五歳になれば、その段階にいくかもしれない。そのあと犬の成長は遅くなり、一方で人間の成長は急上昇する。もし比較するとすれば、変動するスライディングスケールを適用できよう。最初の二年間は一〇対一くらい、それから減退して最後の年月には二対一くらいになる。だが計算において本当に考えなければならないのは、臨界期の窓であり、認知テストの成績であり、年齢にともなう感覚能力の減退であり、異なる犬種それぞれの寿命である。

(46) これは「個体発生的儀式化」と呼ばれているものに似ている。時とともに個体間である行動が共形成されていき、ついにはその行動の始まりの部分さえ意味をもつようになる。人間の場合、ある人が別の友人にむかって眉を上げることで、言葉による批判のかわりになる。これまで見たように、犬のあいだですばやく頭を上げる行為は完璧な「遊びのお辞儀」のかわりとなるかもしれない。

(47) これをいくらかのオオカミは本能的に行う。幼い子どものオオカミでさえ、鼻で地面の一区画をほじって骨を落とし、さらにまた鼻でほじったあと、それから誇らしげにその場所を立ち去る——彼らにしてみれば穴のつもりなのだが、骨ははっきり見えている。おとなになると、彼らはその行動をもっと上手に行い、また、貯えた食べものを回収する。ただし、その回収が時間の観念のもとになされているかどうかについては、データはない。

(48) 中世の政策は、犬が法的考慮に値すると決めてかかっているという点で、馬鹿げているように思える。一方で現代の政策は、犬が法的考慮に値しないと決めてかかっているという点で、同じように馬鹿げている。中世と同じようにわたしたちは人間を殺傷した犬を殺しているけれども、今ではその犬たちを「危険」だと呼んで処分するだけで、わざわざ裁判にかけるような面倒なことはしない（飼い主のほうは裁判にかけられるかもしれないが）。

(49)コマンドは飼い主によって異なる。「ノー!」から、最近はやりの「leave it（やめなさい）」まで、どれも基本的には否定である。鋭い音をともなう派手な文法的用法で、犬にさせたくない行動ならばどんなものにも適用される。

(50)ウマにとっては、体への圧迫から解放されるのはきわめて快いから、トレーニングでの強化として使えるほどである。頭をしっかりと片手で押しつけられるとおびえる犬についても同じことだろう。

(51)テンプル・グランディンがこれと同じことをウシとブタについて記している。その結果、食肉産業界では、家畜が屠殺場に入る通路を変えることになった。企業にとって彼女の研究は、よりストレスの少ない、したがってより上質の肉を生産するのに役立っている。動物にとってもまた、彼らが死にむかって歩いていくとき（その運命を知らないことを望みたいが）、余計な不安から解放されることになろう。

(52)犬にしてみれば、熱心に匂いを嗅いでいるところを引っ張られるのは、あなたが何かに目を向けたとたんその光景から無理やり引っ張られるのと同じことである。

(53)犬とわたしたちではこのように「瞬間」が異なり、犬が「いましていること」についての感覚も異なる。クリッカートレーニングは、この不一致に対処している。クリッカーとは、鋭いカチッというクリック音を出す小さな道具であり、トレーナーは、犬が望ましい行動を行い、すぐさまほうびを期待できるときにこれを使う。クリック音は、人間の「瞬間」を、犬にわからせるのに役立つ。そのままだと、犬は自分の時間を人間とは違った瞬間で区分けする。

(54)この時期は、子犬が新しい飼い主に会うのに良い時期であるようだ。この導入のタイミングについて科学的に調査したものは驚くほど少ない。人々がいつ犬を迎え入れるかを決める要素はいくつかあるが、たいていの場合、子犬が人間と出会うのにもっとも良い月齢は考慮に入れられていない。多くの州では、身体的に未熟な動物が売られるのを防ぐために、生後八週齢に満たない子犬の販売を法律で禁止している。ブリーダーは、子犬を売るに際してみずからの利害だけを考えている。だが子犬が社会性を身につけるには経験が必要である。生後二週間から四ヶ月まで、子犬は他者（どんな種でも）から学習するための窓がとくに大きくなっている。どんな犬も、離乳しないうちに母親から引き離されるべきではないが（六週から一〇週間）、それと同時に、犬にはきょうだい犬や人間との接触が必要なのである。

（55）たいていの場合、わたしたちは少なくともある点で自分たちに似ている生きものに魅了される。すべての動物が、格別に語られ、じっくり見られ、あるいは擬人化されるわけではない。サルと犬はその範疇に入る。だがウナギにしろ、エイにしろ、めったにそうならない。「あのフジツボはわたしとわたしの船に会うのが大好きだ」などと言うことはけっしてない。サルとフジツボとの違いは、なかばは進化によるものであり、なかばは親しみがあるかないかによる。幼いサルが母親の指のまわりに手を巻きつける姿は、人間の母と子のあいだに見られる心に訴える光景を容易に思い出させる。それにくらべ、いくら幼いウナギが母魚との接触を求めてすべっていったとしても、彼らに手足がないことから、わたしたちはそのシーンを「心に触れる」ものとして見ることはないし、「意図的」だとさえ思わない。

（56）エドワード・O・ウィルソンは、アリの個体群を驚くべき詳細さで研究した博物学者・社会生物学者である。彼は、人間にはほかの動物と結びつこうとする生まれつきの、種特異的な傾向があると主張した。「バイオフィリア仮説」と呼ばれる。この概念は魅力的であり、さかんに議論されている。明らかにそのような仮説に反証するのはむずかしい。いずれにせよわたしは、ウディ・アレンの言ったことを科学者に言わせるとこうなるのだと思っている。

（57）子犬の研究をしていた研究者たちは、母犬ときょうだいから離されて分離不安になっている子犬たちに、タオルややわらかなオモチャ（ヒツジのぬいぐるみなど）を与えるといくぶん鳴き方が少ないことを発見した。やわらかななじみのある対象は慰めになりうるというわけだ（子どもにとってのテディベア・パワーがこれである）。実際、この種のものは、ひとりで家に遺された犬たちの不安をいくぶんやわらげるかもしれない。

(58) これらの方法もまた、いくらかのケースではうまくいくとは限らない。キンカチョウと足環について有名な話がある。研究者たちは、キンカチョウの繁殖戦略を観察するため、一群のキンカチョウを捕獲し、個体識別のために、傷つけないようにして足環をつけた。驚いたことに、キンカチョウの雄にとって、交配の成功を予測する唯一の要素は、彼らの足環の色だったのである。雌のキンカチョウは明らかに、雄がつけている赤い足環に夢中になる（雄のほうは黒い足環の雌を好む）。

参考文献

※邦訳があるもののみ掲載した。

ウィルソン『バイオフィリア——人間と生物の絆』狩野秀之訳、平凡社、１９９４年／ちくま学芸文庫、２００８年 (Wilson, E. O. *Biophilia*.)

ウルフ『ある犬の伝記』出淵敬子訳、晶文社、１９７９年／『フラッシュ——或る伝記』みすず書房、１９９３年 (Woolf, V. *Flush: A biography*.)

エヴァンズ『殺人罪で死刑になった豚——動物裁判に見る中世史』遠藤徹訳／『拷問と刑罰の中世史』神鳥奈穂子・佐伯雄一訳、青弓社、１９９５年 (Evans, E. P. *The criminal prosecution and capital punishment of animals*.)

グランディン／ジョンソン『動物感覚——アニマル・マインドを読み解く』中尾ゆかり訳、日本放送出版協会、２００６年 (Grandin, T., and C. Johnson. *Animal in translation: Using the mysteries of autism to decode animal behavior*.)

サーペル編『ドメスティック・ドッグ——その進化・行動・人との関係』森裕司監修、武部正美訳、チクサン出版社、１９９９年 (Surpell, J., ed. *The domestic dog: Its evolution, behaviour and interactions with people*.)

サックス『火星の人類学者——脳神経科医と7人の奇妙な患者』吉田利子訳、早川書房、１９９７年 (Sacks, O. *An anthropologist on Mars*.)

サックス『妻を帽子とまちがえた男』高見幸郎・金沢泰子訳、晶文社、１９９２年／ハヤカワ文庫、２００９年 (Sacks, O. *The man who mistook his wife for a hat.*)
サベージ・ランバウ／ルーウィン『人と話すサル「カンジ」』石館康平訳、講談社、１９９７年 (Savage-Rumbaugh, S., and R. Lewin. *Kanzi: The ape at the brink of the human mind.*)
サポルスキー『なぜシマウマは胃潰瘍にならないか――ストレスと上手につきあう方法』森平慶司訳、シュプリンガー・フェアラーク東京、１９９８年 (Sapolsky, R. M. *Why zebras don't get ulcers.*)
ダーウィン『人及び動物の表情について』浜中浜太郎訳、岩波書店、１９３１年 (Darwin, C. *The expression of the emotions in man and animals.*)
ティンバーゲン『セグロカモメの世界』安部直哉、斎藤隆史訳、思索社、１９７５年 (Tinbergen, N. *The herring-gull's world.*)
ネーゲル『コウモリであるとはどのようなことか』永井均訳、勁草書房、１９８９年 (Nagel, T. *Mortal Questions.*)
フロム『人間における自由』谷口隆之助・早坂泰次郎訳、東京創元社、１９７２年 (Fromm, E. *Man for himself, an inquiry into the epsychology of ethics.*)
ペッパーバーグ『アレックス・スタディ――オウムは人間の言葉を理解するか』渡辺茂・山崎由美子・遠藤清香訳、共立出版、２００３年 (Pepperberg, I. M. *The Alex studies: Cognitive and communicative abilities of grey parrots.*)
ユクスキュル／クリサート『生物から見た世界』日高敏隆・羽田節子訳、岩波文庫、２００５年 (Uexküll, J. von and Kriszat, G. *Streifzüge durch die Umwelten von Tieren und Menschen.*)
ラム『エリア随筆』平井正穂訳、八潮出版社、１９７８年（他多数）(Lamb, C. *Essays of Elia.*)
ローレンツ『攻撃――悪の自然誌』日高敏隆・久保和彦訳、みすず書房、１９８５年 (Lorenz, K.

On aggression.)
ローレンツ『人イヌにあう』小原秀雄訳、至誠堂、１９６６年／ハヤカワ文庫、２００９年
(Lorenz, K. *Man meets dog.*)
ワトソン『匂いの記憶——知られざる欲望の起爆装置　ヤコブソン器官』旦敬介訳、光文社、２０００年 (Watson, L. *Jacobson's organ and the remarkable nature of smell.*)

訳者あとがき

本書は*Inside of a dog: what dogs see, smell, and know*（Scribner 2009）の全訳である。原書の「犬の内側《インサイド》」というタイトルは、「犬の外《ほか》（アウトサイド）では本が最良の友だが、犬の中（インサイド）では暗くて読めない」というグルーチョ・マルクスのよく知られたジョークからとられている。その暗い犬の内側に、著者は科学的知識というたいまつを掲げて入り込み、犬から見た世界がどんなものなのかを知ろうとする。

私たちはすでに、それが匂いに満ちていることを知っている。人間たちが大きな場所を占めていることも。…（中略）…それは地面に近い。それは舐められる。それは口にくわえられるか、くわえられないかのどちらかである。…（中略）…それは細部《ディテール》に満ちあふれ、すべてが儚《はかな》くもまたすみやかに過ぎてゆく。それは彼らの顔一面に書かれている。そしてそれはおそらく、わたしたちにとって「人間

であるとはどういうことか」というのとは、まったく別のものなのだろう。（本文より）

著者の立場は二十世紀の生物学者・哲学者のフォン・ユクスキュルが提唱した「ウムヴェルト＝環世界」という考え方に基づいている。なじみのない用語だが、べつに難しいことではない。動物の主観、もしくは自己世界、かんたんに言えば「動物から見た世界」のことである。人間を含めてすべての動物は自分だけの主観の泡に閉じ込められて生きており、それぞれ世界を見る見方はまったく違う。たとえば薔薇は人間にとって美しいものだが、ゾウにとっては棘であり、犬にとってはまわりの植物と区別がつかない。金槌は人間にとって道具だが犬にとっては存在しない。その薔薇や金槌に飼い主がさわったとか、他の犬の尿がかかっていたときのみ、それらは生き生きした意味をまとう。

犬と人間の自己世界の違いをはっきり示すものが匂いによる時間のとらえかただろう。本書で紹介される犬の匂いの世界は驚きと洞察に満ちている。匂いで世界を「見る」犬にとって、過去は弱まった、あるいは劣化した匂いで示される。そして犬の鼻は、これから向かう場所からの空気の匂いを嗅ぐ。「犬の現在は、そのなかに過去の影と、未来の響きをもつ」のだと著者は言う。

人間の環世界に生きる私たちが、このようにまったく異なる犬の環世界を理解することは容易ではない。本書のなかで、読者はまず犬の身体的情報（神経・感覚システム）、歴史的知識（進化、発達）、行動に関する最新の知識を手にいれ、つぎに後半で犬の内側にイマジネーションの飛躍をすることになる。犬であるとはどういうものか。その鼻が嗅ぐもの、その目が見るもの……そして最後にその心が感じるもの。はたして犬は心を読むのだろうか。

二〇〇五年八月号のアメリカの科学誌サイエンスは、著者が動物行動学会で発表した犬の社会的遊び行動についての研究を紹介し、これが犬には原始的な「心の理論」、つまり他者の心を読む能力があるということをはじめて実証したものだとコメントした。自然の状態におかれた犬同士の遊びを観察し、ビデオ分析を行った結果、つぎの行動が確認された。遊んでいて相手の犬が気が散ったとき、まだ遊びたい犬は相手の犬の気を引いて遊びに戻そうとする。それも相手の気が散っている程度に応じて、気をひく方法を変えるのだ。相手の犬がわずかに気が散っているだけなら吠えるとか鼻を押しつけるだけだが、ひどく気が散っていれば肩を軽く噛んだりする。要するに犬には相手がどのくらい気が散っているか、その心を理解することができるというのである。

このように犬が他者の心を理解する「原始的」な能力を持っているとしたら、それではその他者の中に人間は含まれるのだろうか。これをつきとめようと考え出されたさまざまな実験の描写がたいへんおもしろい。幼児の発達心理学で使われる課題を「犬バージョン」にデザイン変更して適用した結果は、やはり犬がごく初歩的ではあるが人間を対象とした「心の理論」をもっていることを立証しているようだ。犬の飼い主ならばそんなことはとうに知っていると言うだろう——犬はこちらが思っていること、感じていることがすぐに分かってしまう。だが長いこと、科学はこの「勘」を笑って相手にしてこなかった。

いま述べた「飼い主の勘」を著者は笑わない。この「勘」から擬人化のベールを取り去り、科学の目で分析し、再構成したとき、それは驚くほどの洞察の光をおびる。その一方で著者は、同じ科学の目を犬に関して世に流布している「常識」に対しても向けていく。たとえば人間と犬の集団を力のヒエラルキーにもとづく「パック＝群れ」とみなす考えについて、野生のオオカミについての最新の研究などから、「これを修正すべき時期にきている」と言う。「人間と犬は群れではない」というのが著者の考えだ。「わたしたちと犬は、群れというよりも仲良し集団《ギャング》に近い。…（中略）…楽しく、無為に、ギャングの維持のほか何も求めずに自己満足しているだけのギャングだ」。犬と一緒に暮らしている人なら、だれでもこれに共感することだろう。

犬と人間がこの仲良し集団＝絆を形成するうえで、キイとなったのは犬が私たちの目を見るという事実だと著者は言う。彼らは情感をこめてわたしたちの環世界＝内側をのぞきこむ。そうであれば、私たちのほうも彼らの内側をのぞきこみ、「犬から見た世界」がどんなふうなのかを想像してみるのが、公平というものだろう。

著者のアレクサンドラ・ホロウィッツは動物認知を専門とする心理学者。目下は「犬における擬人化」について、マーク・ベコフと共同で研究を行っている。なお二〇〇二年には、一年間にわたってソニーの研究員となり、犬型ロボット「アイボ」改良のための犬の遊び行動について研究している。私生活では夫で作家のアモン・シェイと小さな息子、そして雑種犬フィネガンと楽しく暮らしている様子がホームページで紹介されている。このフィネガンの前に一七年間ともに暮らしたパンパーニッケルについての愛情こもったスケッチ風の文章が各章の冒頭に掲げられており、本書のトーンに詩的な色合いを加えている。

本書の訳出にあたって多くの方々にお世話になった。たくさんの疑問に答えてくださった浜名克己先生、マルコ・ゴッタルド氏のおふたりにはとくにお礼を申し上げたい。またこの大冊を隅々まで読みこみ、適切な指摘と助言をいただいた白揚社編集部の鷹尾和彦、浮野明子の両氏に深く感謝する次第である。

最後に、著者の「犬たちへの謝辞」にならって訳者の私もまた自分の犬に感謝の言葉をなげかけるとしよう。本書を訳しているとき、私の足もとには、いつもすみれ——著者の愛犬パンプやフィネガン同様、出自不明年齢不詳の雑種犬——が寝そべってくれていた。たびたび私はキイをたたくのを中断して彼女の目をのぞきこみ、こう尋ねたものだ——そうだったの？　ほんとうにおまえはこんなふうに思っているの？——そして彼女は尻尾を振って私を見上げる。

竹内和世

サ

タ

ナ

索引

INSIDE OF A DOG
by Alexandra Horowitz

犬《いぬ》から見《み》た世界《せかい》

二〇一二年三月三〇日　第一版第一刷発行
二〇二三年一月二六日　第一版第十刷発行

著　者　アレクサンドラ・ホロウィッツ
訳　者　竹内和世《たけうちかずよ》
発行者　中村幸慈
発行所　株式会社　白揚社　©2012 in Japan by Hakuyosha
〒101-0062　東京都千代田区神田駿河台1-7
電話03-5281-9772　振替00130-1-25400
装　幀　岩崎寿文
印刷・製本　中央精版印刷株式会社

ISBN 978-4-8269-9051-6

犬であるとはどういうことか

アレクサンドラ・ホロウィッツ著　竹内和世訳

その鼻が教える匂いの世界

そのときあなたの犬は何を嗅ぎ、何に気づいているのか？　犬の認知行動の権威が、ユニークな観察を通して、匂いで世界を知ること＝「犬であること」を明らかにする。ベストセラー『犬から見た世界』著者の最新作。四六判　３５２頁　本体価格２５００円

幸せな犬の育て方

マイケル・W・フォックス著　北垣憲仁訳

あなたの犬が本当に求めているもの

アメリカで最も有名な獣医が教える、犬を幸せにする極意。犬とのコミュニケーション、ストレスを与えない躾、薬に頼らず自家製の餌やアロマで病気や虫を防ぐ方法など、実践的な知識を余すところなく解説する。四六判　２９４頁　本体価格２２００円

魚たちの愛すべき知的生活

ジョナサン・バルコム著　桃井緑美子訳

何を感じ、何を考え、どう行動するか

道具を使い、協力し、騙し、遊ぶ――近年、魚の知性や行動について、常識を覆す驚くべき発見が続いている。チンパンジー顔負けの知性や親しみを誘う行動……新発見を基に見すごされてきたその豊かな内面世界を描く。四六判　３２６頁　本体価格２５００円

鳥の卵

ティム・バークヘッド著　黒沢令子訳

小さなカプセルに秘められた大きな謎

たまご形、洋ナシ形、球形、卵の形や色・模様がこれほど多様なのはなぜ？　尖った先と丸い先、どちらが先に出てくる？　コレクターや博物学者の多彩なエピソードを交えつつ、卵に関するいくつもの「なぜ？」を解明する。四六判　３２８頁　本体価格２７００円

家は生態系

ロブ・ダン著　今西康子訳

あなたは20万種の生き物と暮らしている

生態学者の著者が家の中を調べると、そこには20万種を超す生き物がすみつき、複雑な生態系をつくりあげていた。彼らは人間の味方なのか、敵なのか？　暮らしや健康に影響大の身近な「自然」を案内するベストセラー。四六版　４２２頁　本体価格２７００円

経済情勢により、価格が多少変更されることがありますのでご了承ください。

表示の価格に別途消費税がかかります。